普通高等院校机械类"十三五"规划系列教材

# 数控机床加工工艺与编程

主　编　马有良

副主编　任　同

参　编　石　磊　廖　磊

　　　　廖晓波　刘自红　臧红彬

西南交通大学出版社

·成　都·

## 内容简介

《数控机床加工工艺与编程》是根据高等院校机械设计制造及其自动化专业"数控技术"类课程教学大纲编写而成的。全书共分 8 章，4 个附录，内容主要包括数控机床的机械结构与功能、机床的数字控制系统、铣削工具系统、加工工艺分析与设计、数控机床加工编程、CAXA 制造工程师的零件造型、CAXA 制造工程师加工编程、机床操作等，以及我们自己开发的数控远程实验系统简介、综合测试试卷等。

本书可作为机械设计制造及其自动化专业和机械电子工程专业本科学生的教学用书，也可作为机械类或近机类专业高职、电大、自考、网络教育学生的教材和其他机械类、机电类与相近机电类专业本科生或研究生的教材，还可作为从事机电一体化工作的工程技术人员的参考用书。若培养对象和培养目标不同，教师可根据实际情况对本书的章节做适当的删减或增添。

图书在版编目（ＣＩＰ）数据

数控机床加工工艺与编程 / 马有良主编. —成都：西南交通大学出版社，2018.11
ISBN 978-7-5643-6413-7

Ⅰ. ①数… Ⅱ. ①马… Ⅲ. ①数控机床－加工－教材 ②数控机床－程序设计－教材 Ⅳ. ①TG659

中国版本图书馆 CIP 数据核字（2018）第 207400 号

**数控机床加工工艺与编程**

主编　马有良

| | |
|---|---|
| 责任编辑 | 李　伟 |
| 助理编辑 | 李华宇 |
| 封面设计 | 何东琳设计工作室 |

| | |
|---|---|
| 出版发行 | 西南交通大学出版社 |
| | （四川省成都市二环路北一段 111 号 |
| | 西南交通大学创新大厦 21 楼） |
| 邮政编码 | 610031 |
| 发行部电话 | 028-87600564　028-87600533 |
| 网址 | http://www.xnjdcbs.com |
| 印刷 | 四川森林印务有限责任公司 |

| | |
|---|---|
| 成品尺寸 | 185 mm×260 mm |
| 印张 | 17.25 |
| 字数 | 431 千 |
| 版次 | 2018 年 11 月第 1 版 |
| 印次 | 2018 年 11 月第 1 次 |
| 定价 | 39.80 元 |
| 书号 | ISBN 978-7-5643-6413-7 |

课件咨询电话：028-87600533

# 前　言

"数控机床加工工艺与编程"是机械设计制造及其自动化专业的一门专业核心课程，其教学目标是：课程结束后学生能够掌握数控机床的结构和基本工作原理以及计算机数控（CNC）装置的基础知识，能进行零件的工艺分析和加工设计，利用国际标准 ISO 代码进行数控加工程序编制，并进行仿真加工，利用远程实验系统完成对数控机床的操作，为学习者在制造领域从事数控机床应用研究、技术开发、编程操作的工作奠定基础。

本书是根据高等院校机械设计制造及其自动化专业"数控技术"类课程教学大纲编写而成的。全书共分 8 章，4 个附录，内容主要包括数控机床的机械结构与功能、机床的数字控制系统、铣削工具系统、加工工艺分析与设计、数控机床加工编程、CAXA 制造工程师的零件造型、CAXA 制造工程师的加工编程、机床操作等，以及自主开发的数控远程实验系统简介、综合测试试卷等。本书重点突出了数控机床工艺与编程结合的特点，做到了理论联系实际，以数控加工信息流为主线顺序展开，讲述了数控技术及加工工艺在数控机床中的应用。课程体系新颖，内容简洁、实用，由浅入深，重点突出，有大量的工艺分析及编程实例，每章附有思考与练习题、自测题等，便于自学。

本书可作为机械设计制造及其自动化专业和机械电子工程专业本科学生的教学用书，也可作为机械类或近机类专业高职、电大、自考、网络教育学生的教材和其他相近机电类专业本科生或研究生的教材，还可作为从事数控机床工作的工程技术人员的参考用书。

本书为新型融合出版教材，内容充分利用了西南交通大学出版社的数字化教学平台，为学习者提供多维度的学习支持，包括微视频讲解、编程练习、知识点测试及案例分析等。

西南科技大学"数控机床加工工艺与编程"课程是第二批国家网络精品资源共享课程，全部资源已上传爱课程网站。参加本书撰写工作的人员都是长期从事数控技术类课程教学与科研的一线教师，也是精品资源共享课程组的成员，有着丰富的教学经验，部分教师有着实际工作经历。本书由西南科技大学马有良担任主编，具体编写分工名单如下：西南科技大学任同（编写第 3 章及第 4 章）、廖磊（编写第 5 章第 1、2 节）、石磊（编写第 6 章及第 7 章）、廖晓波（编写第 8 章第 1 节及附录 1）、刘自红（编写第 8 章第 2 节）、臧红彬（编写附录 2）、马有良（编写其余各章节和附录及数字化资源，并与任同一起统筹全书和定稿）。在此，衷心感谢对课程资源有过帮助的所有人以及西南科技大学从事数控技术教学与科研的所有老师们。

身处教学一线的我们，力图撰写一本更适合培养学生数控加工编程能力的好教材，但是由于不同学习者有不同的个性特征、认知结构、学习动机和风格等，本教材不一定能满足所有学习者的需要；同时由于编者学识水平有限，编写内容难免会存在不足之处，敬请读者批评指正，衷心希望广大读者能不吝赐教。

编　者

2018 年 8 月

# 目 录

# 第 1 章　数控机床的机械结构与功能

## 1.1　数控机床的机械组成与技术参数

### 1.1.1　数控机床的机械组成及各部分功用

以某机电研究院生产的 BV-75 加工中心为例来说明其机械组成和主要功用，如图 1-1 所示。

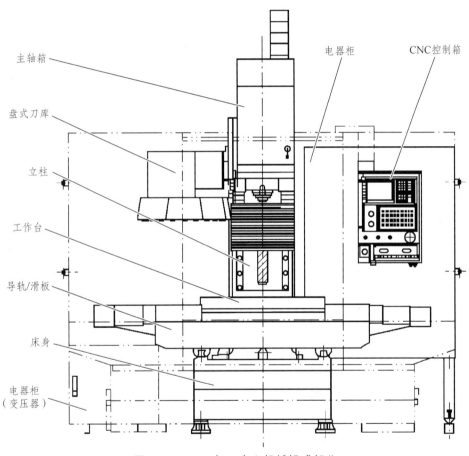

图 1-1　BV-75 加工中心机械组成部分

## 1. 立　柱

立柱装在床身后部，刀库和主轴箱装在立柱上。

Z 轴直线滚动导轨及 Z 轴滚珠丝杠都装在立柱的前面。Z 轴伺服电机装在立柱的顶部。Z 轴滚珠丝杠副的安装结构如图 1-2 所示。立柱前面靠近一侧导轨附近装有上下两个行程挡块，与行程开关配合控制 Z 轴的校准点位置（$Z = 712\ \text{mm}$）和 Z 轴行程的极限位置。立柱顶部装有两个吊环，起吊机床时，和床身上的两个吊环配合使用。

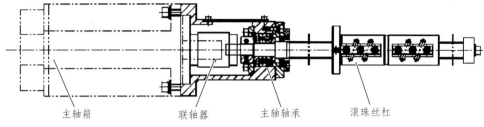

图 1-2  Z 轴滚珠丝杠副安装结构图

立柱空腔内有一个质量平衡块，通过链条、链轮等反吊于主轴箱的上端面，用于平衡主轴箱的质量，以提高 Z 轴定位精度。新机床安装后使用过程中应检查或经常检查链条的完好情况，运行中不能有障碍物，以防止链条破断造成恶性事故。

### 2. 主轴箱

主轴箱通过直线滚动导轨装在立柱上。Z 轴滚珠丝杠螺母座装在主轴箱的后部。Z 轴伺服电机旋转，可使主轴箱沿 Z 轴做上下运动。Z 轴的两个行程开关分别位于主轴箱上端左右两侧。主轴箱下部是挂帘式防护罩，主轴部件结构如图 1-3 所示。

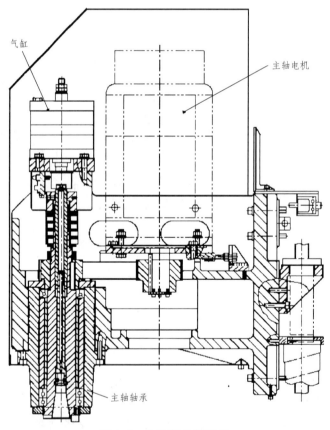

图 1-3  主轴部件结构图

机床主轴通过一组精密轴承装在主轴箱上，主轴电机通过同步齿形带带动主轴进行正反向旋转，主轴为空心结构，下部有 7∶24 的锥孔，端面有一个矩形端面键，换刀时刀柄的锥柄插入主轴锥孔中，刀柄键槽与主轴端面键必须对正。主轴中间装有拉杆，通过碟形弹簧把刀柄最上端的拉钉牢固地拉紧在主轴锥孔内。在主轴箱的上部装有气缸，活塞向下运动时，压缩碟形弹簧，推动拉杆向下并压迫拉钉尾端，使刀柄从主轴上松脱退出。

### 3. 滑　板

滑板通过直线滚动导轨装在床身上，滑板底部与 $Y$ 轴直线导轨的滑块固连。滑板下部还安装有 $Y$ 轴滚珠丝杠螺母座。$Y$ 轴伺服电机带动丝杠旋转，可使滑板沿 $Y$ 轴方向做直线运动。滑板的上面与 $X$ 轴垂直的方向，安有 $X$ 轴直线滚动导轨、$X$ 轴滚珠丝杠和 $X$ 轴伺服电机。$X$ 轴滚珠丝杠也采用双向消除轴向间隙结构，用户不得自行调整。滑板的前面和后面分别装有伸缩式和抽拉式防护罩。

### 4. 工作台

工作台装在滑板的上面，工作台底面安有 $X$ 轴直线滚动导轨的滑块及滚珠丝杠螺母座。$X$ 轴伺服电机旋转，可使工作台沿 $X$ 轴做直线运动。工作台下面装有两个行程挡块，与行程开关配合控制 $X$ 轴校准点位置（$X=0$）和 $X$ 轴行程的极限位置（超程断电）。

工作台上面有 5 条 T 形槽，供装夹工件、夹具、转台等。其中，中间的 T 形槽为基准 T 形槽。工作台的左右两端均装有伸缩式防护罩。

### 5. 电气柜

电气柜装在机床的右后部，内有数控系统，主轴伺服驱动器，$X$、$Y$、$Z$ 轴伺服驱动器，以及机床的各种电源装置与电气控制元件。柜内预留有第四轴驱动器、各选择项功能所必需的接触器、开关等电气元件的安装位置。

### 6. 刀　库

机床有盘式刀库和机械手刀库两种形式供用户任选。有关刀库的种类和工作方式，请阅读 1.2.6 节内容。

## 1.1.2　数控机床的主要技术参数

### 1. 常用术语的解释

* 分辨率：控制系统可以控制机床运动的最小位移量，它是数控机床的一个重要技术指标。一般为 0.000 1 ~ 0.01 mm，视具体机床而定。
* 脉冲当量：对应于每一个脉冲指令（最小位移指令）机床位移部件（如步进电机）的运动量。脉冲当量是衡量数控机床精度的重要参数。数控装置输出一个脉冲信号（一个移位节拍指令）使机床工作台移动的位移量叫作脉冲当量，用 mm/P 表示。进给伺服驱动系统定位精度越高，脉冲当量越小。常用的脉冲当量有 0.01 mm/P、0.05 mm/P、0.001 mm/P，精密数控机床要求达到 0.000 1 mm/P。
* 加工精度：被加工零件的尺寸、形状和位置精度。数控机床本身的精度主要是几何精度、运动精度和定位精度。

几何精度：机床在不运动或运动速度较低时的精度，它是由机床各主要部件的几何精度和它们之间的相对位置与相对运动轨迹的精度决定的。

运动精度：机床的主要部件以工作状态的速度运动时的精度。

定位精度：机床主要部件在运动终点所达到的实际位置的精度。

## 2. 数控机床的三大构成体系

按照系统的观点，数控机床主要由三大系统构成。

• 数控装置：完成 NC（Numerical Control）程序的接收，将 NC 程序翻译为机器码，将机器码分解为电脉冲信号并发送到相应的执行器件等功能。

• 伺服系统：包括伺服电动机及检测装置。数控机床的进给运动，是由数控装置经伺服系统控制的数控机床的进给传动，属伺服进给传动。所谓伺服，是指有关的传动或运动参数，均严格依照数控装置的控制指令实现。

• 机床本体：与普通机床相同或相似的部分，如机床床身、工作台等。

## 3. 数控机床常用性能指标

数控机床的性能指标一般有精度指标、坐标轴指标、运动性能指标及加工能力指标几种，详细内容及其含义与影响见表 1-1。

表 1-1　数控机床常用性能指标

| 种类 | 项目 | 含义 | 影响 |
|---|---|---|---|
| 精度指标 | 定位精度 | 数控机床工作台等移动部件在确定的终点所达到的实际位置的水平 | 直接影响加工零件的位置精度 |
| | 重复定位精度 | 同一数控机床上，应用相同程序加工一批零件所得连续质量的一致程度 | 影响一批零件的加工一致性、质量稳定性 |
| | 分度精度 | 分度工作台在分度时，理论要求回转的角度值和实际回转角度值的差值 | 影响零件加工部位的空间位置及孔系加工的同轴度等 |
| | 分辨率 | 指数控机床对两个相邻的分散细节间可分辨的最小间隔，即识别的最小单位的能力 | 决定机床的加工精度和表面质量 |
| | 脉冲当量 | 执行运动部件的移动量 | 决定机床的加工精度和表面质量 |
| 坐标轴 | 可控轴数 | 机床数控装置能控制的坐标数目 | 影响机床功能、加工适应性和工艺范围 |
| | 联动轴数 | 机床数控装置控制的坐标轴同时到达空间某一点的坐标数目 | 影响机床功能、加工适应性和工艺范围 |
| 运动性能指标 | 主轴转速 | 机床主轴转动速度（目前普遍达到 5 000～100 00 r/min） | 可加工小孔和提高零件表面质量 |
| | 进给速度 | 机床进给线速度 | 影响零件加工质量、生产效率、刀具寿命等 |
| | 行程 | 数控机床坐标轴空间运动范围 | 影响零件加工大小（机床加工能力） |
| | 摆角范围 | 数控机床摆角坐标的转角大小 | 影响加工零件的空间大小及机床刚度 |
| | 刀库容量 | 刀库能存放加工所需的刀具数量 | 影响加工适应性及加工效率 |
| | 换刀时间 | 带自动换刀装置的机床将主轴用刀与刀库中下一工序用刀交换所需的时间 | 影响加工效率 |
| 加工能力指标 | 每分钟最大金属切除率 | 单位时间内去除金属余量的体积 | 影响加工效率 |

对数控铣床和加工中心的评价技术参数见表 1-2 和表 1-3。

表 1-2 数控铣床主要技术参数

| 类 别 | 主 要 内 容 | 作 用 |
|---|---|---|
| 尺寸参数 | 工作台面积（长×宽）、承重 | 影响加工工件的尺寸范围（质量）、编程范围及刀具、工件、机床之间的干涉 |
| | 各坐标最大行程 | |
| | 主轴套筒移动距离 | |
| | 主轴端面到工作台距离 | |
| 接口参数 | 工作台 T 形槽数、槽宽、槽间距 | 影响工件及刀具安装 |
| | 主轴孔锥度、直径 | |
| 运动参数 | 主轴转速范围 | 影响加工性能及编程参数 |
| | 工作台快进速度、切削进给速度范围 | |
| 动力参数 | 主轴电机功率 | 影响切削负荷 |
| | 伺服电机额定扭矩 | |
| 精度参数 | 定位精度、重复定位精度 | 影响加工精度及其一致性 |
| | 分度精度（回转工作台） | |
| 其他参数 | 外形尺寸、质量 | 影响使用环境 |

表 1-3 加工中心主要技术参数

| 类 别 | 主 要 内 容 | 作 用 |
|---|---|---|
| 尺寸参数 | 工作台面积（长×宽）、承重 | 影响加工工件的尺寸范围（质量）、编程范围及刀具、工件、机床之间的干涉 |
| | 主轴端面到工作台距离 | |
| | 交换工作台尺寸、数量及交换时间 | |
| 接口参数 | 工作台 T 形槽数、槽宽、槽间距 | 影响工件、刀具安装及加工适应性和效率 |
| | 主轴孔锥度、直径 | |
| | 最大刀具尺寸及质量 | |
| | 刀库容量、换刀时间 | |
| 运动参数 | 各坐标行程及摆角范围 | 影响加工性能及编程参数 |
| | 主轴转速范围 | |
| | 各坐标快进速度、切削进给速度范围 | |
| 动力参数 | 主轴电机功率 | 影响切削负荷 |
| | 伺服电机额定扭矩 | |
| 精度参数 | 定位精度、重复定位精度 | 影响加工精度及其一致性 |
| | 分度精度（回转工作台） | |
| 其他参数 | 外形尺寸、质量 | 影响使用环境 |

例如，XK7136C 数控铣床的结构如图 1-4 所示，其主要技术参数如表 1-4 所示。

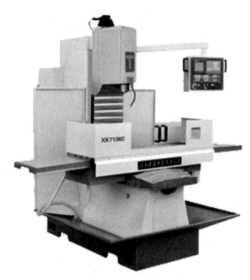

图 1-4  XK7136C 数控铣床

表 1-4  XK7136C 数控铣床主要技术参数

| 项　目 | 单　位 | 技 术 参 数 |
|---|---|---|
| $X$ 轴行程 | mm | 900 |
| $Y$ 轴行程 | mm | 360 |
| $Z$ 轴行程 | mm | 500 |
| 主轴端面至工作台面距离 | mm | 100～600 |
| 主轴中心至立柱导轨面距离 | mm | 460 |
| 快速移动（$X/Y/Z$） | mm/min | 5 000/5 000/4 000 |
| 切削进给速度 | mm/min | 1～2 000 |
| 工作台尺寸 | mm | 1 250×360 |
| 工作台最大承重 | kg | 400 |
| 工作台 T 形槽数/宽度/间距 | | 3/18 mm/80 mm |
| 主轴转速范围 | r/min | 200～4 000/无级 |
| 主轴电动机功率 | kW | 5.5 |
| 主轴孔锥度 | | BT40 |
| 定位精度 | mm | 0.04 |
| 重复定位精度 | mm | 0.02 |
| 机床净重 | kg | 2 200 |
| 外形尺寸 | mm | 2 220×1 850×2 350 |

### 1.1.3　数控机床的特点

#### 1. 数控机床的加工特点

（1）加工精度高，质量稳定。

能达到很高的精度，传动系统的刚度和稳定性好，测量误差补偿，自动加工方式避免了人为的干扰因素，同一批零件尺寸一致性好，产品合格率高，加工质量稳定。

（2）对加工对象的适应性强。

更换零件只需重新编制程序，对复杂零件、小批量生产零件、新试制产品提供了极大的便利。

（3）自动化程度高，劳动强度低。

操作者只需编程、装夹、按钮即可，有较好的安全防护，可自动排屑、冷却、润滑等，劳动条件也大大改善。

（4）生产效率高。

零件加工时间 = 机动时间 + 辅助时间。可强力切削，空行程时间短，节省调整时间，只作首件和关键件抽检，一台机床上可多工序加工。

（5）良好的经济效益。

投资见效快，节省工装夹具，废品率低，一机多用等。

（6）有利于现代化管理。

#### 2. 数控机床的使用特点

对操作和维修人员要求有较高的文化素质和技术素质，以及对机、电、液、计算机有全面知识，既有一般的工艺知识，又有专门的技术理论，经培训后需掌握操作和编程技术。

#### 3. 数控机床的应用范围

多品种小批量、复杂异形件、频繁改形件、价格昂贵不许报废的关键件、最小周期的急需件、精度高的零件。

## 1.2　数控机床机械结构与重要功能

### 1.2.1　数控机床运动坐标系与原点

#### 1. 坐标系建立的原则

（1）基本概念。

① 机床原点（Machine Origin 或 Home Position）：是在机床设计制造、装配调试时就已经设置下来的固定点。

② 机床坐标系：是以机床原点为坐标系原点的坐标系。

③ 机床参考点：为了正确地在机床工作时建立机床坐标系，通常设置一个机床参考点。因此，数控机床开机时，必须先正确找到机床原点的位置，建立机床坐标系。

（2）刀具相对于静止的工件而运动的原则。

由于机床结构不同，有的是刀具运动，工件固定；有的是刀具固定，工件运动；为了编程方便，一律规定为工件固定而刀具运动。

（3）标准坐标系采用右手直角笛卡儿坐标系。

大拇指代表 $X$ 坐标，食指代表 $Y$ 坐标，中指代表 $Z$ 坐标。

## 2. 坐标系的建立

数控机床的标准坐标系，$X$、$Y$、$Z$ 坐标轴的相互关系由右手直角笛卡儿直角坐标系决定，如图 1-5 所示。右手直角笛卡儿直角坐标系规定：

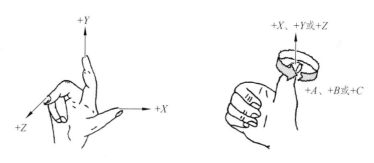

图 1-5　右手直角笛卡儿坐标系统

（1）伸出右手的大拇指、食指和中指，并互为 90°。则大拇指代表 $X$ 坐标，食指代表 $Y$ 坐标，中指代表 $Z$ 坐标。

（2）大拇指的指向为 $X$ 坐标的正方向，食指的指向为 $Y$ 坐标的正方向，中指的指向为 $Z$ 坐标的正方向。

（3）围绕 $X$、$Y$、$Z$ 坐标旋转的旋转坐标分别用 $A$、$B$、$C$ 表示，根据右手螺旋定则，大拇指的指向为 $X$、$Y$、$Z$ 坐标中任意轴的正向，则其余四指的旋转方向即为旋转坐标 $A$、$B$、$C$ 的正向。

ISO 对数控机床的坐标轴及其运动方向做了规定，例如铣床上，有机床的纵向运动、横向运动以及垂向运动，图 1-6 所示为立式数控铣床的标准机床坐标系。

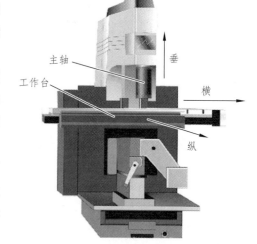

图 1-6　立式数控铣床

## 3. 运动正方向的确定

《数控机床坐标和运动方向的命令》（JB 3051—1999）中规定：机床某一部件运动的正方向，是增大刀具与工件之间的距离的方向。

（1）$Z$ 坐标的运动。

$Z$ 坐标的运动，是由传递切削力的主轴所决定，与主轴轴线平行的坐标轴即为 $Z$ 坐标。

$Z$ 坐标的正向为刀具离开工件的方向。如果机床上有几个主轴，则选一个垂直于工件装夹平面的主轴方向为 $Z$ 坐标方向；如果主轴能够摆动，则选垂直于工件装夹平面的方向为 $Z$ 坐标方向；如果机床无主轴，则选垂直于工件装夹平面的方向为 $Z$ 坐标方向。

（2）$X$ 坐标的运动。

规定 $X$ 坐标为水平方向，且垂直于 $Z$ 轴并平行于工件的装夹面。

确定 $X$ 轴的方向时，要考虑两种情况：

① 如果工件做旋转运动，则刀具离开工件的方向为 $X$ 坐标的正方向。

② 如果刀具做旋转运动，则分为两种情况：$Z$ 坐标水平时，观察者沿刀具主轴向工件看时，$+X$ 运动方向指向右方；$Z$ 坐标垂直时，观察者面对刀具，从主轴向立柱看时，$+X$ 运动方向指向右方。

③ $Y$ 坐标的运动

$Y$ 坐标轴垂直于 $X$、$Z$ 坐标轴，其运动的正方向根据 $X$ 和 $Z$ 坐标的正方向，按照右手直角笛卡儿坐标系来判断。

几种常见机床的坐标系方向如图 1-7 ~ 1-11 所示。

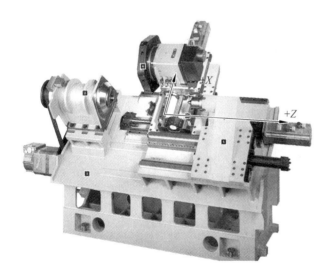

图 1-7 卧式车床坐标系

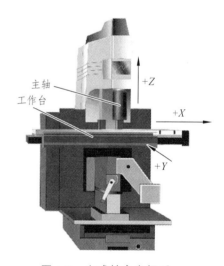

图 1-8 立式铣床坐标系

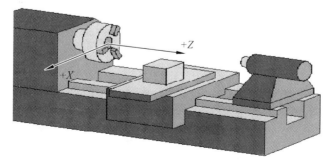

图 1-9 工件旋转的机床坐标系

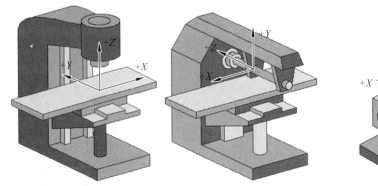 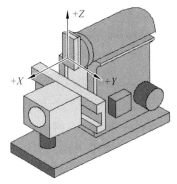

图 1-10　刀具旋转的机床坐标系　　　　　图 1-11　无主轴的机床坐标系

【例 1】　根据图 1-12 所示的数控立式铣床结构，试确定 $X$、$Y$、$Z$ 直线坐标的方向。

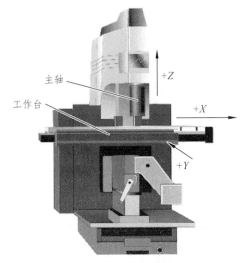

图 1-12　数控立式铣床

（1）$Z$ 坐标：平行于主轴，刀具离开工件的方向为正。

（2）$X$ 坐标：与 $Z$ 坐标垂直，且刀具旋转，所以面对刀具主轴向立柱方向看，向右为正。

（3）$Y$ 坐标：在 $Z$、$X$ 坐标确定后，用右手直角坐标系来确定。

### 4. 附加坐标

一般称 $X$、$Y$、$Z$ 为主坐标或第一坐标系，如果在 $X$、$Y$、$Z$ 主要坐标以外，还有平行于它们的坐标，第二组可分别指定为 $U$、$V$、$W$。如还有第 3 组运动，则分别指定为 $P$、$Q$、$R$。

### 5. 机床原点与机床坐标系

现代数控机床一般都有一个基准位置，称为机床原点（Machine orign 或 home position）。机床原点是机床制造商设置在机床上的一个物理位置，其作用是使机床与控制系统同步，建立测量机床运动坐标的起始点。它在机床装配、调试时就已确定下来，也是数控机床进行加工运动的基准参考点。机床坐标系建立在机床原点之上，是机床固有的坐标系。机床坐标系的原点位置用 $M$ 表示。

（1）数控车床的原点。

在数控车床上，机床原点一般取在卡盘端面与主轴中心线的交点处，如图 1-13 所示。同时，通过设置参数的方法，也可将机床原点设定在 $X$、$Z$ 坐标的正方向极限位置上。

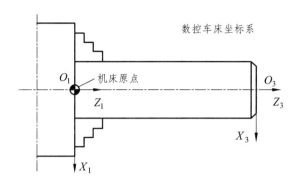

图 1-13　车床的机床原点

（2）数控铣床的原点。

在数控铣床上，机床原点一般取在 $X$、$Y$、$Z$ 坐标的正方向极限位置上，如图 1-14 所示。

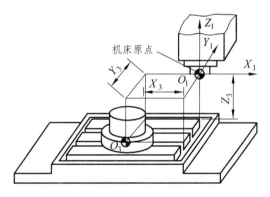

图 1-14　铣床的机床原点

（3）机床参考点。

与机床原点相应的还有一个机床参考点（Reference Point），它是机床制造商在机床上用行程开关设置的一个物理位置，与机床的相对位置是固定的，机床出厂之前由机床制造商精密测量确定。机床参考点一般不同于机床原点。一般来说，加工中心的参考点为机床的自动换刀位置。

机床参考点的位置是由机床制造厂家在每个进给轴上用限位开关精确调整好的，坐标值已输入数控系统中。因此，参考点对机床原点的坐标是一个已知数。

通常在数控铣床上，机床原点和机床参考点是重合的；而在数控车床上，机床参考点是离机床原点最远的极限点。图 1-15 所示为数控车床的参考点与机床原点。

数控机床开机时，必须先确定机床原点，而确定机床原点的运动就是刀架返回参考点的操作，这样通过确认参考点，就确定了机床原点。只有机床参考点被确认后，刀具（或工作台）移动才有基准。

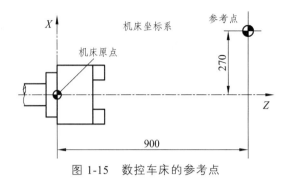

视频：机床回原点

图 1-15　数控车床的参考点

#### 6. 程序原点与工件坐标系

对于数控编程和数控加工来说，还有一个重要的原点就是程序原点，是编程人员在数控编程过程中定义在工件上的几何基准点，有时也称为工件原点。程序原点一般用 G92 或 G54～G59（对于数控镗铣床设置）和 G50（对于数控车床设置）。程序原点与工件坐标系建立的方法在第 5 章详细介绍。

#### 7. 装夹原点

除了上述 3 个重要原点（机床原点、参考点、程序原点）以外，有的机床还有一个重要的原点，即装夹原点，装夹原点常见于带回转（或摆动）工作台的数控机床或加工中心，一般是机床工作台上的一个固定点，比如回转中心，与机床参考点的偏移量可通过测量，存入 CNC 系统的原点偏置寄存器中，供 CNC 系统原点偏移计算用。图 1-16 描述了数控车床和数控镗铣床的坐标原点及其相互关系。

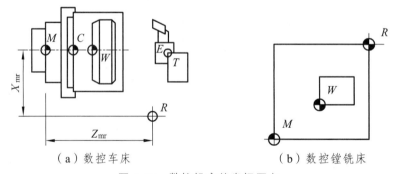

（a）数控车床　　　　　　　　（b）数控镗铣床

图 1-16　数控机床的坐标原点

### *1.2.2　数控机床的结构布局

数控机床的结构布局

### 1.2.3　数控机床主传动系统

数控机床对主传动系统的基本要求是：

（1）调速功能。有较宽的调速范围，增加了数控机床的加工适应性，便于选择合理的切削速度，使切削过程始终处于最佳状态。

（2）功率要求。有足够的功率和扭矩，使数控加工方便实现低速大扭矩、高速时恒功率，以保证加工的高效率。

（3）精度要求。各部件应有足够的精度、刚度和抗振度，以使主轴高精度运动，从而保证高精度数控加工。

### 1. 主传动方式

主轴在数控机床机械结构中起了非常重要的作用，如图 1-17 所示。

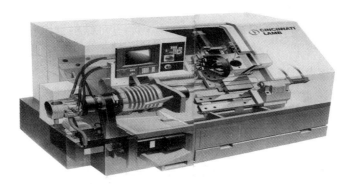

图 1-17　数控机床的主轴系统

（1）带有变速齿轮的主传动［见图 1-18（a）］。

通过少数几对齿轮降速扩大扭矩，一般适用于大中型数控机床，少数小型数控机床通过此法可获得较大扭矩。滑移齿轮的移位常采用液压拨叉或电磁离合器来改变其位置。

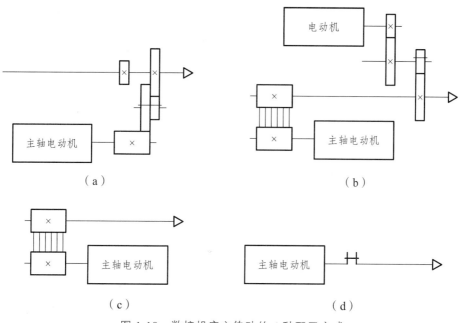

（a）　　　　　　　　　　　　　　　　（b）

（c）　　　　　　　　　　　　　　　　（d）

图 1-18　数控机床主传动的 4 种配置方式

（2）通过带传动的主传动［见图1-18（b）］。

可以避免齿轮传动的噪声与振动，适用于高速、低转矩特性有要求的主轴，常用的是同步齿形带。

（3）用两个电动机分别驱动主轴［见图1-18（c）］。

为上述两种方式的混合。高速时，由一个电动机通过带传动；低速时，由另一个电动机通过齿轮传动，齿轮起到降速和扩大变速范围的作用，使恒功率区增大，扩大了变速范围，避免了低速时转矩不够且电动机功率不能充分利用的问题。

（4）由主轴电动机直接驱动的主传动［见图1-18（d）］。

电机轴和主轴用联轴器同轴连接，有效提高了主轴的刚度，但是主轴输出扭矩小，且电机发热对主轴精度影响大。

内装电主轴的传动装置近年得到广泛推广和应用，这种结构也称一体化主轴、电主轴，由主轴电机直接驱动，电机、主轴合二为一。主轴为电机的转子，省去了电机和主轴间的传动件，主轴只承受扭矩而没有弯矩，用电动机变速来实现主轴变速。它在低速时恒扭矩变速，功率随转速的降低而减小，主要用于高速加工，如图1-19所示。该方式对处理好散热和润滑非常关键，需要特殊的冷却装置。

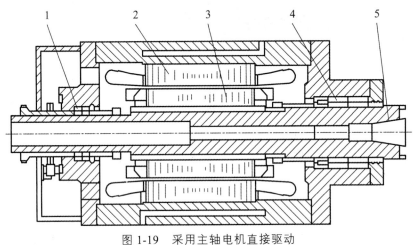

图1-19　采用主轴电机直接驱动

1—后轴承；2—定子磁极；3—转子磁极；4—前轴承；5—主轴

### 2．主轴部件

数控机床的主轴部件包括主轴、主轴的支承轴承、安装在主轴上的传动零件、刀具自动夹紧装置、主轴准停装置和主轴孔的切屑消除装置等。机床主轴带着刀具或夹具在支承件中做回转运动，需要传递切削扭矩，承受切削抗力，并保证必要的旋转精度。数控机床主轴支承根据主轴部件的转速、承载能力及回转精度等要求的不同而采用不同种类的轴承。主轴轴承形式如图1-20所示。

1）主轴轴承

（1）双列圆柱滚子轴承承载力大、刚性好，但只能承受径向载荷。前支撑采用圆锥孔双列圆柱滚子轴承和双向推力角接触球轴承。后支撑采用成对角接触球轴承，角接触球轴承可以承受轴向力。这种组合普遍应用于各类数控机床中。

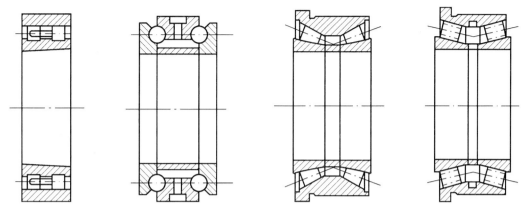

（a）双列圆柱滚子轴承（b）双列推力向心球轴承（c）双列圆锥滚子轴承（d）双列圆锥空心滚子轴承

图 1-20　主轴轴承形式

（2）前支撑采用高精度双列向心推力球轴承，接触角为 60°，能承受双向轴向载荷。后支撑采用双列圆柱滚子轴承。这种配套使用主轴刚性好，可以满足强力切削的要求，适应于高速低载和精密型机床。

（3）双列圆锥滚子轴承和圆锥滚子轴承。轴承可以同时承受径向载荷和轴向载荷，通常作为主轴的前支撑，后支撑采用单列圆锥滚子轴承。这种配置承载力强、安装调整方便，但是主轴的转速不能太高，仅用于中等精度、低速重载的数控机床中。

润滑方式：油脂润滑、迷宫式密封、强制润滑。

数控机床主轴轴承的支承形式、轴承材料、安装方式均不同于普通机床，其目的是保证足够的主轴精度。主轴轴承的选用对提高主轴转速至关重要，主轴的转速与主轴轴承的中径 $d_m$ 有关，$d_m$ 与其转速 $n$ 的乘积称为 $d_m n$ 值，它是评定主轴旋转速度的唯一标准。$d_m n$ 值相同时中径越小转速越高。主轴的最高转速可达 20 000 r/min。主轴的最高转速，有时受主轴轴承的极限转速限制。目前高速主轴常采用以下几种新型轴承。

（1）小球轴承，它是球轴承的一种，因其滚珠直径较小，故质量轻，使其极限转速比普通球轴承高，可用来提高主轴轴承的极限转速。采用质量轻的陶瓷球轴承可使主轴轴承的极限转速进一步提高。如陶瓷轴承，这种轴承的滚动体是用 $Si_2N_4$ 陶瓷材料制成，而内、外圈仍用轴承钢制造。其优点是质量轻，为轴承钢的 40%；热膨胀系数小，是轴承钢的 25%；弹性模量大，是轴承钢的 15 倍。采用的陶瓷滚动体，可大大减小离心力和惯性滑移，有利于提高主轴转速。

（2）磁悬浮轴承（见图 1-21），它靠电磁力将转子悬浮在中心位置，由于轴心的位置靠电子反馈控制系统进行自动调节，因此其刚度值可以设定得很高，主轴的轴向尺寸变化也很小。这种轴承温升低，回转精度很高（可达 0.1 μm）。由于转子和定子不接触，因此没有磨损，无须润滑，转速高，寿命很长，多用于高速电机主轴。其 $d_m n$ 值可高出滚动轴承 1 ~ 4 倍，最高线速度可达 200 m/s（陶瓷轴承为 80 m/s），是一种很有前途的轴承。

（3）流体动静压轴承，这种轴承与滚动轴承比较，其寿命更长，刚度也高出 5 ~ 6 倍，主轴功率为 57 kW 时最高转速可达 20 000 r/min。

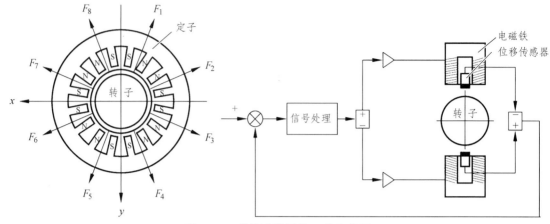

图 1-21 磁悬浮轴承的工作原理图

2）主轴的准停装置

主轴的准停是指数控机床的主轴每次能准确停止在一个固定的位置上，以便在该处进行换刀等动作。加工中心自动换刀时主轴上的端面键槽对准刀柄上的键槽，同时使每次装刀时刀柄与主轴的相对位置不变，以提高刀具的重复安装精度。电气式主轴准停装置如图 1-22 所示。

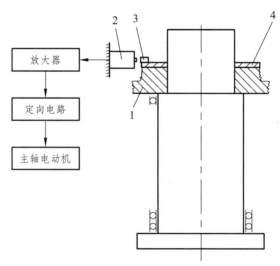

图 1-22 电气式主轴准停装置

3）刀具的自动安装及清屑装置

自动夹紧一般由液压或气压装置予以实现，而切削清洗则通过设于主轴孔内的压缩空气喷嘴来实现。其孔眼分布及其角度是影响清除效果的关键。BV-75 的主轴中心吹气装置的气路工作压力为 0.4 MPa，专用于换刀过程中吹去主轴锥孔及刀柄表面可能有的异物颗粒等，并防止外界异物侵入，保持其表面清洁。

4）润滑与冷却

低速主轴采用油脂、油液循环润滑；高速主轴采用油雾、油气润滑方式。主轴的冷却以减少轴承及切割磁力线发热，有效控制热源为主。

### 1.2.4　数控机床进给传动系统

数控机床进给传动系统的作用是负责接收数控系统发出的脉冲指令，经放大和转换后驱动机床运动执行件实现预期的目标。典型的数控机床进给传动系统如图 1-23 所示。

#### 1. 进给传动系统的种类

（1）步进伺服电机伺服进给系统。

（2）直流伺服电机伺服进给系统。

（3）交流伺服电机伺服进给系统。

（4）直线电机伺服进给系统。

#### 2. 对进给系统的要求

（1）精度和刚度高。

（2）运动件间的摩擦阻力小。

（3）无间隙。

（4）高的灵敏度（响应速度快）。

（5）小惯量，且有适当的阻尼。

（6）稳定性好，可靠性高。

#### 3. 滚珠丝杠

1）滚珠丝杠介绍

滚珠丝杠传动是数控机床伺服驱动的重要传动形式之一。其优点是摩擦系数小，传动精度高，传动效率高达 85%～98%，是普通滑动丝杠传动的 2～4 倍。滚珠丝杠副（见图 1-24）的摩擦角小于 1°，因此不能自锁，用于立式升降运动则必须有制动装置。由于动、静摩擦系数之差很小，有利于防止爬行和提高进给系统的灵敏度，而采用消除反向间隙和预紧措施，有助于提高定位精度和刚度。

图 1-23　数控机床进给传动方式

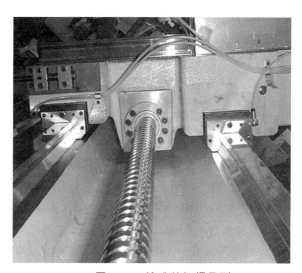

图 1-24　滚珠丝杠螺母副

2）滚珠丝杠螺母副的滚珠循环方式

在丝杠和螺母之间装有钢珠，使丝杠和螺母之间为滚动摩擦运动。三者均用轴承钢制成，经淬火、磨削达到足够高的精度。螺纹的截面为圆弧形，其半径略大于钢球半径。依回珠方式，滚珠丝杠螺母副可分为内循环和外循环两种方式，如图 1-25 所示。

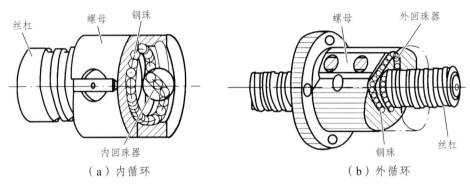

（a）内循环　　　　　　　　　　　　（b）外循环

图 1-25　滚珠丝杠滚珠循环方式

3）滚珠丝杠螺母副的预紧方式

滚珠丝杠的传动不允许存在轴向间隙，不仅因为它会造成反向冲击，更主要的是会产生定位误差，影响机床的精度稳定性。为了提高进给系统的刚度，应使滚珠丝杠在过盈条件下工作，即预加载荷或预紧。预紧方式分为 3 种：螺纹式、垫片式、齿差式。

滚珠丝杠螺母副预紧的基本原理是使两个螺母产生轴向位移，以消除它们之间的间隙和施加预紧力。机床上常用双螺母法预加载荷。如图 1-26 所示，装在一个共同的螺母体内的左右螺母，在 $F_0$ 的预加载荷下，向相反的方向把滚珠挤紧到丝杠上，接触角为 45°，使丝杠螺母处于过盈状态而提高接触刚度。图 1-26（a）为把左右螺母往两头撑开，图 1-26（b）为往中间挤紧。

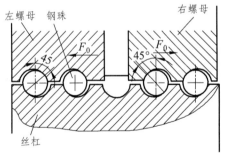 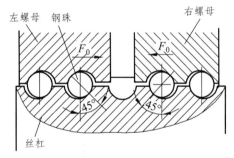

（a）左右螺母往两头撑开　　　　　　　（b）左右螺母往中间挤紧

图 1-26　滚珠丝杠副的消除间隙和预加载荷

采用垫片法消除间隙和预加载荷，如图 1-27 所示。在图 1-27（a）、（c）中，垫片比两螺母端面间的距离厚 $\delta$，把左右螺母向外撑开；图 1-27（b）的垫片则略薄，靠螺钉把左右螺母压紧。

滚珠丝杠在工作时会发热，其温度高于床身。丝杠的热膨胀将使导程加大，影响定位精度。为了补偿热膨胀，可将丝杠预拉伸。预拉伸量应略大于热膨胀量。发热后，热膨胀量由部分预拉伸量抵消，使丝杠内的拉应力下降，但长度却没有变化。

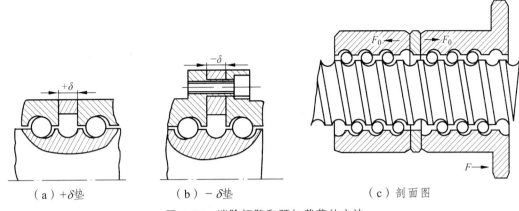

（a）+δ垫　　　　（b）−δ垫　　　　（c）剖面图

图 1-27　消除间隙和预加载荷的方法

## 1.2.5　数控机床支承件

机床支承件即机床的基础构件，包括床身、立柱、横梁、底座、刀架、工作台、箱体和升降台等。这些支撑件一般也称为"大件"。

### 1. 对床身等大件的基本要求

（1）应具有足够的静刚度和较高的刚度-重量比。
（2）应有较好的热变形特性。
（3）应有较好的动态特性。
（4）应有良好的工艺性，便于制造和装配。

### 2. 床身结构和刚度

床身的结构对机床的布局有很大影响。床身是机床的主要承载部件，是机床的主体。按照床身导轨面与水平面的相对位置，床身可分为水平床身、斜床身、水平床身斜滑板和立床身 4 种布局。

（1）水平床身的工艺性好，便于导轨面的加工。但是，水平床身下部空间小，导致排屑困难。

（2）水平床身配上倾斜放置的滑板并配置倾斜式导轨防护罩的布局形式，一方面，有水平床身工艺性好的特点；另一方面，机床宽度方向的尺寸较水平配置滑板的要小，且排屑方便。

（3）水平床身配上倾斜放置的滑板和斜床身配置斜滑板的布局形式被中小型数控车床所普遍采用。这是由于这两种布局形式排屑容易，切屑不会堆积在导轨上，也便于安装自动排屑器。

（4）斜床身导轨倾斜的角度可为 30°、45°、60°、75°和 90°（称为立式床身）等几种。倾斜角度小，排屑不便；倾斜角度大，导轨的导向性差，受力情况也差。导轨倾斜角度的大小还会直接影响机床外形尺寸高度与宽度的比例。综合考虑上面的诸因素，中小规格的数控车床，其床身的倾斜度以 60°为宜。

为提高静刚度和抗振性，应合理地设计床身横截面的形状与尺寸，合理地布置筋板结构。

图 1-28（a）是矩形外壁与菱形内壁组合的双层壁结构，图 1-28（b）是矩形外壁内用对角线加强筋组成多个三角形箱形结构，二者的抗弯、抗扭刚度都很高。图 1-29 是用于加工中心、数控镗铣床等的立柱横截面。

图 1-29 是在大件腔内用填充泥芯的办法来增加阻尼，减少振动。在底座内填充混凝土，使之具有较高的抗振性。床身四面封闭，在其纵向，每隔 250 mm 有一横隔板，可提高床身刚度。封闭床身内充满泥芯，不仅刚度高，且抗振性能也好。

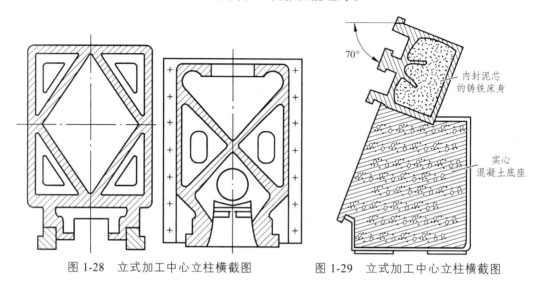

图 1-28　立式加工中心立柱横截图　　　　图 1-29　立式加工中心立柱横截图

### 3. 导　轨

机床导轨起导向和支承作用，同时也是进给传动系统的重要环节，是机床基本结构的要素之一，它在很大程度上决定数控机床的刚度、精度与精度保持性。导轨的质量对机床的刚度、加工精度和使用寿命有很大的影响。

#### 1）滑动导轨

滑动导轨具有结构简单、制造方便、刚度好、抗振性高等优点，在数控机床上应用广泛。目前多数使用金属对塑料形式，称为贴塑导轨。贴塑导轨副是一种金属对塑料的摩擦形式，属滑动摩擦导轨，它是在动导轨的摩擦表面上贴上一层由塑料和其他材料组成的塑料薄膜软带，而支承导轨则是淬火钢。贴塑导轨的优点是：摩擦系数低，在 0.03～0.05 范围内，动静摩擦系数接近，不易产生爬行现象；接合面抗咬合磨损能力强，减振性好；耐磨性高，与铸铁-铸铁摩擦副比可提高 1～2 倍；化学稳定性好，耐水、耐油；可加工性能好、工艺简单、成本低；当有硬粒落入导轨面上时，可挤入塑料内部，避免了磨粒磨损和撕伤导轨。塑料软带是以聚四氟乙烯为基体，并与青铜料、铅粉等填料经混合、模压、烧结等工艺，最终形成实际需要尺寸的软带，如图 1-30 所示。

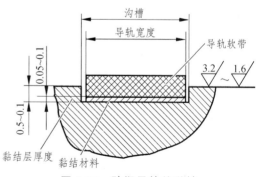

图 1-30　贴塑导轨的黏结

2）滚动导轨

滚动导轨是在导轨面之间放置滚珠、滚柱或滚针等滚动体，使导轨面之间为滚动摩擦而不是滑动摩擦。滚动导轨与滑动导轨相比，其灵敏度高，摩擦系数小，且动、静摩擦系数相差很小，因而运动均匀，尤其是在低速移动时，不易出现爬行现象；定位精度高，重复定位精度可达 0.2 μm；牵引力小，移动轻便；磨损小，精度保持性好，使用寿命长。但滚动导轨的抗振性差，对防护要求高，结构复杂、制造困难、成本高。

直线滚动导轨由一根长导轨轴和一个或几个滑块组成，滑块内有滚珠或滚柱。当滑块相对导轨运动时，滚珠在各自滚道内循环运动，其承受载荷形式和轴承类似。这种导轨可以预紧，因而刚度高，承载能力大，但不如滑动导轨。抗振性也不如滑动导轨。有过大的振动和冲击载荷的机床仍不宜采用直线导轨副。

带阻尼器的滚动直线导轨副如图 1-31 所示。

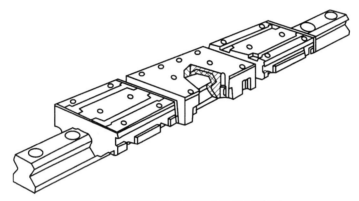

图 1-31　带阻尼器的滚动直线导轨副

图 1-32 是带保持器的直线滚动导轨。像滚动轴承一样，在滚动体之间装有保持器，因而消除了滚动体之间的摩擦，使滚动效率大幅度提高。与不带保持器的直线滚动导轨相比，它的寿命可提高 2.4 倍，滚动阻力仅为前者的 1/10，噪声也降低了 9.6 dB。这种导轨的移动速度可达 300 m/min，是近年来出现的一种新型高速导轨。

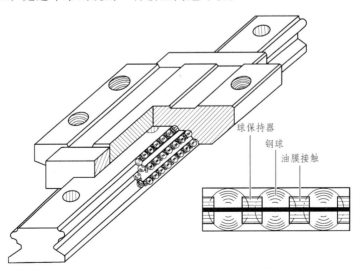

图 1-32　带保持器的直线滚动导轨

## 1.2.6 刀库和换刀装置

### 1. 刀 库

刀库的作用是储备一定数量的刀具,通过机械手实现与主轴上刀具的互换。刀库的类型有盘式刀库、链式刀库等多种形式,如图 1-33 所示。

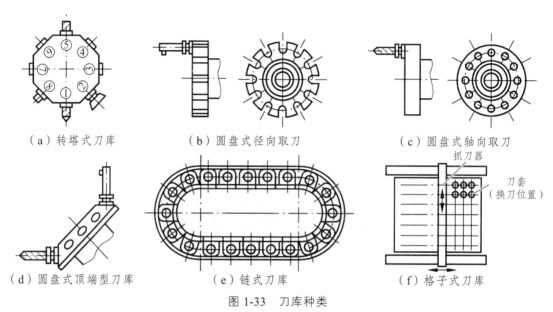

（a）转塔式刀库　　　　　（b）圆盘式径向取刀　　　　　（c）圆盘式轴向取刀

（d）圆盘式顶端型刀库　　　　　（e）链式刀库　　　　　（f）格子式刀库

图 1-33　刀库种类

转塔式刀库主要用于小型车削加工中心,用伺服电动机转位或机械方式转位。圆盘式刀库在卧式、立式加工中心上均可采用。侧挂型一般是挂在立式加工中心的立柱侧面,有刀库平面平行水平面或垂直水平面两种形式,前者靠刀库和轴的移动换刀,后者用机械手换刀。圆盘式顶端型则把刀库设在立柱顶上,链式刀库可以安装几十把甚至上百把刀具,占用空间较大,选刀时间较长,一般用在多通道控制的加工中心,通常加工过程和选刀过程可以同时进行。圆盘式刀库具有控制方便、结构刚性好的特点,通常用在刀具数量不多的加工中心上。格子式刀库容量大,适用于作为柔性制造系统(FMS)加工单元使用的加工中心。

在加工中心上使用的刀库最常见的有两种:一种是圆盘式刀库,另一种是链式刀库。圆盘式刀库(见图 1-34)装刀容量相对较小,一般为 1～24 把刀具,主要适用于小型加工中心;链式刀库(见图 1-35)装刀容量大,一般为 1～100 把刀具,主要适用于大中型加工中心。

图 1-34　圆盘式刀库

图 1-35　链式刀库

## 2．自动换刀装置

### 1）自动回转刀架

自动回转刀架是数控车床上使用的一种简单的自动换刀装置，有四方刀架（见图 1-36）和六角刀架等多种形式，回转刀架上分别安装有四把、六把或更多的刀具，并按数控指令进行换刀。

### 2）转塔头式换刀装置

带有旋转刀具的数控机床常采用转塔头式换刀装置，如数控钻镗床的多轴转塔头等。

图 1-36　立式四方刀架结构

### 3）带刀库的自动换刀系统

加工中心的换刀方式一般有两种：机械手换刀和主轴换刀。

（1）主轴换刀。

通过刀库和主轴箱的配合动作来完成换刀，适用于刀库中刀具位置与主轴上刀具位置一致的情况。一般采用把盘式刀库设置在主轴箱可以运动到的位置，或整个刀库能移动到主轴箱可以到达的位置。换刀时，主轴运动到刀库上的换刀位置，由主轴直接取走或放回刀具。主轴换刀多用于采用 40 号以下刀柄的中小型加工中心。

（2）机械手换刀。

由刀库选刀，再由机械手完成换刀动作，这是加工中心普遍采用的形式。机床结构不同，机械手的形式及动作均不一样。根据刀库及刀具交换方式的不同，换刀机械手也有多种形式。图 1-37 所示为常用的几种采用机械手进行刀具交换的方式。这是因为机械手换刀灵活，动作快，而且结构简单。机械手能够完成抓刀—拔刀—回转—插刀—返回等一系列动作。为了防止刀具掉落，机械手的活动爪都带有自锁机构。

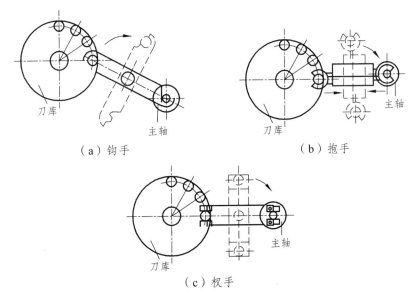

（a）钩手　　　　　　　　　　（b）抱手

（c）杈手

图 1-37　几种常用换刀机械手形式

### 3. 刀具识别方法

随着数控系统的发展，目前大多数的加工中心上的数控系统都采用任意选刀的方式，刀库中有多把刀具，要从刀库中调出所需刀具，就必须对刀具进行识别。刀具识别的方法有两种。

（1）刀座编码。

在刀库的刀座上编有号码，在装刀之前，首先对刀库进行重整设定，设定完后，就变成了刀具号和刀座号一致的情况，此时一号刀座对应的就是一号刀具。经过换刀之后，一号刀具并不一定放到一号刀座中（刀库采用就近放刀原则），此时数控系统自动记忆一号刀具放到了几号刀座中，数控系统采用循环记忆方式。

（2）刀柄编码。

刀柄上编有号码，将刀具号首先与刀柄号对应起来，把刀具装在刀柄上，再装入刀库，在刀库上装有刀柄感应器，当需要的刀具从刀库中转到装有感应器的位置时，被感应到后，从刀库中调出交换到主轴上。

## 本章小结

通过本章学习，学习者应该理解数控机床的机械结构，掌握数控机床的组成及主要功能，对数控机床的加工特点、运动坐标系与原点以及重要技术参数有比较深入的了解。通过学习数控机床机械结构中主传动系统、进给传动系统、机床的支承件、刀库与换刀装置，熟悉数控机床的各机械部件，了解它们相互协调组成一个复杂的机械系统，在数控系统的指令控制下，实现各种进给运动、切削加工和其他辅助操作等多种功能。

## 思考与练习题

**本章练习（自测）**

1. 按照系统的观点，数控机床主要由哪三大系统构成？
2. 数控机床按照性能的高低分为哪 3 个档次？
3. 简要说明数控机床的组成及各部分的作用。
4. 评价机床的主要性能指标有哪些？
5. 什么是机床坐标系和机床原点？什么是工件坐标系和工件原点？
6. 数控机床启动后为什么要返回参考原点？
7. 数控机床的坐标系及其方向是如何确定的？
8. 数控机床对进给系统的机械传动部分的要求是什么？
9. 数控机床对主传动系统有哪些要求？
10. 数控机床对进给传动系统的基本要求是什么？
11. 数控机床的主轴变速方式有哪几种？

12. 常用的主轴轴承有哪几种？它们在性能上有何区别？

13. 试述滚珠丝杠副轴向间隙调整和预紧的基本原理，常用的有哪几种结构形式？

14. 滚珠丝杠副中的滚珠循环方式可分为哪两类？试比较其结构特点及应用场合。

15. 简述滑动导轨和滚动导轨的作用和形式。

16. 数控机床对支承件的基本要求是什么？如何提高机床的刚性？

17. 简述立式加工中心换刀方式、换刀种类以及刀具识别方式。

# 第2章 机床的数字控制系统

计算机数控（CNC）装置是数控机床三大组成之一，是数控机床的控制核心。这一章主要学习 CNC 装置的组成与工作原理，在理解数字控制系统的软硬件组成和基本原理基础上，建立数控加工的概念。

## 2.1 数控技术概述

### 2.1.1 数控技术

#### 1. 数控的概念

用数字化信息对机床运动及其加工过程进行控制的一种方法，简称数控（Numerical Control，NC）。数控机床就是采用了数控技术的机床。将计算机作为控制单元的数控系统称为计算机数控系统，简称 CNC（Computer Numerical Control）。

数控机床是一种采用计算机，利用数字信息进行控制的高效、能自动化加工的机床，它能够按照机床规定的数字化代码，把各种机械位移量、工艺参数、辅助功能（如刀具交换、冷却液开与关等）表示出来，经过数控系统的逻辑处理与运算，发出各种控制指令，实现要求的机械动作，自动完成零件加工任务。在被加工零件或加工工序变换时，它只需改变控制的指令程序就可以实现新的加工。

#### 2. 数控设备的产生

科学技术的不断发展，对机械产品的性能、质量、生产率和成本提出了越来越高的要求，机械加工工艺过程自动化是实现上述目的的最主要措施之一。为此，自动机床、组合机床、专用机床被广泛采用，它们可以实现多刀、多工位、多面同时加工，以达到高效率和高自动化。但只有在大批量生产条件下（如汽车厂、家电厂等）才会有显著效益。实际的机械加工行业中，75% ~ 80% 为单件小批量生产，加上技术进步及市场竞争，其加工零件精度要求高，形状复杂，加工批量小，改型频繁，如果使用普通机床就不能适应，甚至不能加工。如果使用组合机床或专用机床也不太合理，因为要经常改装与调整设备，其周期长，费用高，有时在技术上讲甚至无法实现。

为解决上述矛盾，一种新型的柔性机床即用数字程序控制的机床应运而生。1948 年，美国为加速飞机工业的发展（对于复杂的零件和直升飞机的叶轮等的加工），美国空军委托帕森斯公司（Parsons Co）与麻省理工学院合作研究，于 1952 年试制成功了世界上第一台三坐标立式数控铣床。

## 2.1.2　数控加工（NC Machining）

数控加工，是根据零件图样及工艺要求等原始条件编制零件数控加工程序，输入数控系统，以数值与符号构成的信息，控制机床实现自动运转，也就是控制数控机床中刀具与工件的相对运动，从而完成零件的加工。图 2-1 是数控加工原理框图。

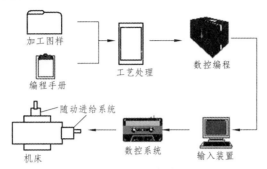

图 2-1　数控加工原理框图

在数控机床上加工零件通常要经过以下步骤：

（1）根据加工零件的图样与工艺方案，用规定的代码和程序格式编写程序单，并把它记录在载体上；

（2）把程序载体上的程序通过输入到 CNC 单元中去；

（3）CNC 单元将输入的程序经过处理后，向机床各个坐标的伺服系统发出信号；

（4）伺服系统根据 CNC 单元发出的信号，驱动机床的运动部件，并控制必要的辅助操作；

（5）通过机床机械部件带动刀具与工件的相对运动，加工出要求的工件；

（6）检测机床的运动，并通过反馈装置给 CNC 单元，以减小加工误差。

## 2.1.3　数控机床的组成与工作原理

### 1. 数控设备的组成

数控设备由控制介质、人机交互设备、计算机数控（CNC）装置、进给伺服驱动系统、主轴驱动系统、辅助控制装置、可编程控制器（PLC）、反馈系统、自适应控制、机床（设备）本体等组成，如图 2-2 所示。或者说由三大部分组成：数控系统、伺服系统、机床本体。

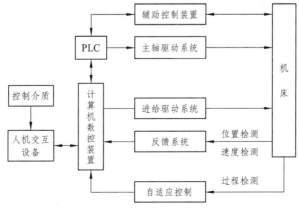

图 2-2　数控机床的组成

1）控制介质

要对数控机床进行控制，就必须在人与数控机床之间建立某种联系，这种联系的中间媒介物就是控制介质，又称为信息载体。根据零件的尺寸、形状和技术条件，编制出工件的加工程序，将加工工件时刀具相对于工件的位置和机床的全部动作顺序，按照规定的格式和代码记录在信息载体上，然后把信息载体上存放的信息（即工件加工程序）输入计算机控制装置。常用的控制介质有穿孔纸带、磁盘和磁带、移动存储器等。

2）人机交互设备

键盘和显示器是数控系统不可缺少的人机交互设备，操作人员可通过键盘和显示器输入简单的加入程序、编辑修改程序和发送操作等命令，即进行手工数据输入（Manual Data Input，MDI）。数控系统通过显示器提供正在编辑的程序或是机床的加工信息。最简单的显示器可由若干个数码管构成，现代数控系统一般都配有 CRT 显示器或点阵式液晶显示器，显示字符信息和加工轨迹图形。为了用户方便，数控机床可以同时具备两种输入装置，加工程序即可以通过手动方式（MDI 方式），用数控系统的操作面板上的按键，直接键入 CNC 单元；或者用与上级机通信方式直接将加工程序输入 CNC 单元。

3）计算机数控装置（CNC 单元）

数控装置是数控机床的中枢，目前，绝大部分数控机床采用微型计算机控制。数控装置由硬件和软件组成。其硬件通常由运算器、控制器（运算器和控制器构成 CPU）、存储器、输入接口、输出接口等组成。

4）进给伺服系统

进给伺服驱动系统由伺服控制电路、功率放大电路和伺服电动机组成。进给伺服系统的性能，是决定数控机床加工精度和生产效率的主要因素之一。伺服驱动的作用，是把来自数控装置的位置控制移动指令转变成机床工作部件的运动，使工作台按规定轨迹移动或精确定位，加工出符合图样要求的工件。因为进给伺服驱动系统是数控装置和机床本体之间的联系环节，所以它必须把数控装置送来的微弱指令信号，放大成能驱动伺服电动机的大功率信号。

5）主轴驱动系统

现代数控机床对主轴驱动提出了更高的要求，要求主轴具有很高的转速（液压冷却静压主轴可以在 20 000 r/min 的高速下连续运行）和很宽的无级调速范围，能在 1∶100～1∶1000 范围内进行恒扭矩调速和在 1∶10～1∶30 范围内进行恒功率调速；主传动电动机应具有 2～250 kW 的功率，既要能输出大的功率，又要求主轴结构简单，同时数控机床的主轴驱动系统能在主轴的正反方向都可以实现转动和加减速。主轴对加工工艺的影响很大，例如为了加工螺纹，要求主轴和进给驱动能实现同步控制；为了保证端面加工质量，要求主轴具有恒线速度切削功能。有的数控机床还要求主轴具有角度分度控制功能。现代数控机床绝大部分主轴驱动系统采用交流主轴驱动系统，由可编程控制器进行控制。

6）辅助控制装置

辅助控制装置包括刀库的转位换刀，液压泵、冷却泵等控制接口电路，电路含有的换向阀电磁铁，接触器等强电电气元件。现代数控机床采用可编程控制器进行控制，所以辅助装置的控制电路变得十分简单。

7）可编程控制器（PLC）

可编程控制器的作用是对数控机床进行辅助控制，即把计算机送来的辅助控制指令，经可编程控制器处理和辅助接口电路转换成强电信号，用来控制数控机床的顺序动作、定时计数，主轴电机的启动、停止，主轴转速调整，冷却泵启停以及转位换刀等动作。可编程控制器本身可以接受实时控制信息，与数控装置共同完成对数控机床的控制。

8）反馈系统

反馈分为伺服电动机的转角位移的反馈和数控机床执行机构（工作台）的位移反馈两种，运动部分通过传感器将上述角位移或直线位移转换成电信号，输送给 CNC 单元，与指令位置进行比较，并由 CNC 单元发出指令，纠正所产生的误差。

9）自适应控制

根据实际参数的变化值，自动改变机床切削进给量，使数控机床能自动适应任一瞬时的变化，始终保持在最佳加工状态，这种控制方法叫自适应控制。图 2-3 是自适应控制结构框图。其工作过程是通过各种传感器测得加工过程参数的变化信息并传送到适应控制器，与预先存储的有关数据进行比较分析，然后发出校正指令送到数控装置，自动修正程序中的有关数据。

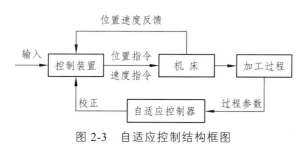

图 2-3　自适应控制结构框图

目前自适应控制仅用于高效率和加工精度高的数控机床，一般中低档数控机床很少采用。

10）机床的机械部件

数控机床的机械结构，除了主运动系统、进给系统以及辅助部分，如液压、气动、冷却和润滑部分等一般部件外，尚有些特殊部件，如储备刀具的刀库、自动换刀装置（ATC）、自动托盘交换装置等。与普通机床相比，数控机床的传动系统更为简单，但机床的静态和动态刚度要求更高，传动装置的间隙要尽可能小，滑动面的摩擦系数要小，并要有恰当的阻尼，以适应对数控机床高定位精度和良好的控制性能的要求。

## 2. 数控机床的基本工作原理

一般数控机床的加工过程是：根据被加工零件的图样与工艺方案，用规定的代码和程序格式编写加工程序；所编写的加工程序输入到机床数控装置；数控装置将程序（代码）进行译码、运算之后，向机床各个坐标的伺服机构和辅助装置发出信号，以驱动机床各运动部件，并控制所需要的辅助动作，最后加工出合格的零件。数控机床的工作原理如图 2-4 所示。

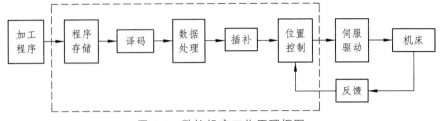

图 2-4　数控机床工作原理框图

### 2.1.4　数控机床的分类

#### 1. 按运动控制方式划分

可以划分为：点位控制、直线控制、轮廓控制，如图 2-5 所示。

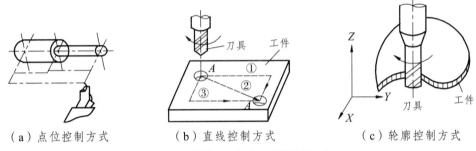

（a）点位控制方式　　　　（b）直线控制方式　　　　（c）轮廓控制方式

图 2-5　数控系统的运动控制方式

（1）点位控制：它只要求控制工具从一点到另一点的准确定位。点位控制的机床只能直线运动，局限于孔加工（钻孔、铰孔、镗孔等）。

（2）直线控制：除以上外，还有保证运动中的轨迹是一条平行于坐标轴或 45°斜线，在定位过程中对工件进行切削加工，不能加工圆弧和非 45°的斜线。

（3）连续控制：又称为轮廓控制系统。它能对两个或两个以上坐标方向的位移量和速度进行严格的不间断的控制。能很容易地完成圆弧及任意角度斜线的加工，具有直线、圆弧、或高次曲线插补的能力。

用点位控制系统的机床越来越少。因此，现行的 CNC 机床基本都采用连续控制系统。

#### 2. 按伺服系统类型划分

可以划分为：开环控制系统、半闭环控制系统、闭环控制系统，如图 2-6 所示。

（1）开环控制系统：数控装置根据输入的数据和指令值，经过运算发出输出脉冲列，送到电脉冲马达，使其转过一定的角度，带动丝杠螺母使工作台（或刀具）移动一定的距离。这种没有信号反馈和位置检测，也不将被控制量的实际值和指令值进行比较的系统叫开环系统。

（2）半闭环控制系统：这种控制系统也是有差控制系统的一种。其特点是对齿轮或丝杠旋转的转角进行测量，然后推算出线性位移量，再将此实际值与指令值进行比较，用差值进行控制。由于机床工作台不完全包括在内，所以叫半闭环控制系统。

（3）闭环控制系统：数控系统不仅根据输入的指令要求，发出指令值使机床运动，而且通过测量装置检测出工作台与刀具之间的相应位移的实际值，将实际值与指令值进行比较，用差值进行控制，直到差值等于零为止。这种控制系统称为闭环控制系统。

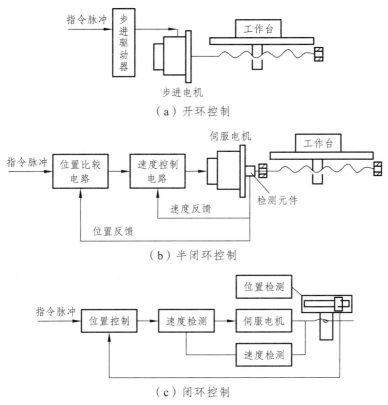

（a）开环控制

（b）半闭环控制

（c）闭环控制

图 2-6　伺服系统控制方式

### 3．按工艺用途划分

可以分为：金属切削类数控机床、金属成型类数控机床、金属特种加工机等、其他类型等，如图 2-7 所示。

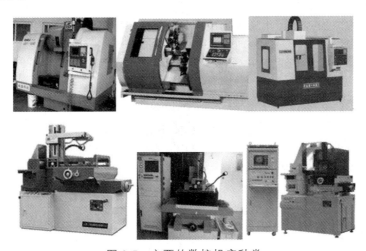

图 2-7　主要的数控机床种类

（1）金属切削类数控机床：如数控车床、数控铣床、数控钻床、数控磨床、数控镗铣床、数控冲床、数控剪床、数控液压机和在数控车床的基础上发展起来的车削加工中心、在数控镗铣床的基础上发展起来的数控加工中心等。

（2）金属成型类数控机床：如数控折弯机、数控弯管机等。

（3）金属特种加工机：如数控线切割机床、数控电火花加工机床。

（4）其他类型数控设备：如数控三坐标测量机、数控钻铆机、数控焊接机、数控缠绕机、数控雕刻机、彩色电脑喷画机、数控绣花机等。

### 4. 按数控系统的功能水平划分

按照数控系统的功能水平分，数控机床可以分为经济型、中档型和高档型三种类型。数控机床水平的高低由主要技术参数、功能指标和关键部件的功能水平来决定。从分辨率和进给速度、多坐标联动功能、主 CPU、伺服系统、显示功能、通信功能等方面进行评价，见表 2-1。

表 2-1　数控机床功能评价

| 项　目 | 低　档 | 中　档 | 高　档 |
|---|---|---|---|
| 分辨率 | 10 μm | 1 μm | 0.1 μm |
| 进给速度 | 8～15 m/min | 15～24 m/min | 15～100 m/min |
| 联动轴数 | 2～3 轴 | 2～4 轴或 3～5 轴以上 ||
| 主 CPU | 8 位 | 16 位、32 位甚至采用 RISC 的 64 位 ||
| 伺服系统 | 步进电机、开环 | 直流及交流闭环、全数字交流伺服系统 ||
| 内装 PLC | 无 | 有内装 PC，功能极强的内装 PC，甚至有轴控制功能 ||
| 显示功能 | 数码管，简单的 CRT 字符显示 | 有字符图形或三维图形显示 ||
| 通信功能 | 无 | RS232C 和 DNC 接口 | 高增益系统 |

### 5. 按使用专用计算机还是通用计算机划分

（1）硬件数控（NC）：其控制逻辑由专用的硬件结构来实现，通用性、灵活性差，在 20 世纪 70 年代初以前应用较广泛。

（2）软件数控（CNC）：用小型计算机代替控制逻辑电路，NC 的主要功能几乎用软件来实现，不仅灵活、适应性强，而且硬件通用，便于批量生产，软件、硬件模块化，提高了系统的质量和可靠性，系统功能也不断增加，成本不断下降，应用也越来越广。

### 6. 按数控机床功能的多寡划分

可划分为：全功能数控系统（标准性）和经济性数控系统。

## 2.1.5　数控机床的发展趋势

### 1. 数控技术的发展

1）发展阶段

随着微电子和计算机技术的不断发展，数控机床的数控系统不断更新，迄今为止已经经历了两个阶段和 6 代的变化。

第一个阶段为 NC 阶段：世界上第一台数控机床是用脉冲乘法器来实现直线插补，数控系统全部采用电子管元件，1955 年进入实用阶段。它在复杂曲面加工中，起了很大的作用，是第 1 代数控。1959 年晶体管的发明与应用，晶体管元件和印刷电路板技术运用到数控系统技术中，可靠性提高，成本下降，进入第 2 代数控。1965 年出现小规模集成电路和专用功能器件，进入第 3 代数控。

第二个阶段为 CNC 阶段：1970 年后，随着计算机技术发展，中、小规模集成电路出现，小型计算机价格下降，直接用小型计算机控制机床，许多功能依靠编制专用程序存储在计算机的存储器内，进入第 4 代数控。也就是 CNC 和 DNC。1974 年后，日、美等国研究出以微处理器为核心的数控系统，它采用大规模集成电路，具有体积小、功耗低、价格低廉、集成度高、可靠性强等特点，是第 5 代数控。1990 年后，出现了在 PC 机平台上开发的数控系统，即 PC 数控系统（PC 嵌入 NC 结构的开发式数控系统），是第 6 代数控。第 6 代数控在功能、性能、可靠性等方面远远强于前 5 代。当然这不是简单的取代，而是 2 ~ 3 代之间的渗透和共存。

2）国外数控技术发展现状

从诞生世界上第一台数控机床起，美国即一直领先世界。到了 20 世纪 70 年代，苏联超过美国成为世界第一。20 世纪 80 年代后日本超过苏联成为世界第一。日本全国机床总量为 80 万台，年生产机床 7 万台，其中数控机床年生产量达到 5 万台，数控化生产率达到 70% 左右。

目前世界上著名的数控生产厂家有：日本发那科（Fanuc），1 年生产 5 万套以上系统，占世界市场约 50%；德国西门子（Siemens），约占 20% 以上；再次是德国德汉尔；意大利菲地亚；日本马扎克、信浓、大隈、三菱、安川等系统；西班牙发格系统；德国施宾纳；美国 API、美国新新那提（Cincinnati Hydrotel）等。

3）国内数控技术发展现状

我国是 1958 年开始研制，到 1975 年研制出 40 个品种 300 多台，到 1979 年累计生产出 7 000 多台（大多数是线切割机），三四十年的发展，也经过 1，2，3 代。1980 年后，我国重视发展数控事业，采取暂时从国外引进控制机和伺服系统，为国产主机配套的方针，很快达到国外 20 世纪 70 年代末 80 年代初的水平，目前大多数机床厂已可以生产各种类型数控机床，包括加工中心、五坐标铣床、车削中心等，形成有高、中、低不同档次，个别品种出口进入国际市场。

现在国内著名的数控生产厂家有北京（密云）机床研究所（北京发那科）、南京机专（东方西门子）、华中数控、广州数控、广泰数控等。"九五"后形成一些名牌：华中 1 号、中华 1 号、航天 1 号、蓝天 1 号等。

4）数控在机械工业中的进展

从 20 世纪 60 年代应用的自适应系统到直接数字控制（DNC），即用一台计算机直接控制一群机床。20 世纪 60 年代后期，CNC 系统逐步取代了硬件数控，产生了以 CNC 机床为基础的 DNC 系统，并有了很大的变化，主计算机的任务也不大相同，还增加了刀具管理和运输控制，因此称它为柔性制造单元（FMC）。20 世纪 80 年代在 DNC 基础上发展起来的柔性制造系统（FMS）是由统一的控制系统和输送系统连接起来的一组加工设备，可极大地提高劳动生产率，提高技术经济效益。再发展到设计制造一体化（CAD/CAM），即把计算机设计的零件信息直接转化为加工信息传递给加工设备，使一种产品从设计到制造在一个系统内完成。

### 2. 数控的技术领域及应用

数控技术是以数字程序的形式实现控制的一门技术，它综合应用了各个技术领域里的新成就，具有广泛的通用性，是高自动化程度的工业自动控制技术，除了机械技术外，还有计算机及接口技术、自动控制技术、传感器技术、信息技术等，应用很广泛。

### 3. 数控技术发展趋势

当今数控技术发展趋势主要是：发展两种 CNC 系统——多功能、通用化、高性能的全功能数控系统和经济型数控系统，以形成不同档次，可满足不同设备的需要，促进数控技术得到广泛应用。两种 CNC 系统并存。

数控技术发展趋势

## 2.2 CNC 装置（插补原理及控制方法）

CNC 装置负责将加工零件图上的几何信息和工艺信息数字化，同时进行相应的运算、处理，然后发出控制信号，使刀具实现相对运动，完成零件的加工过程。

### 2.2.1 CNC 装置的组成结构（硬件和软件）与作用

### 1. CNC 装置的组成

CNC 装置由硬件和软件组成。CNC 装置的硬件一方面具有计算机的基本结构，另一方面具有数控机床所特有的功能模块和接口单元，如图 2-8 所示。

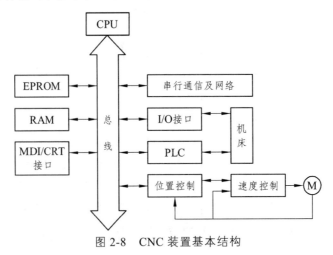

图 2-8　CNC 装置基本结构

CNC 装置的软件又称系统软件，从本质上看是具有实时性和多任务性的专用操作系统；从功能特征看，包括 CNC 管理软件和 CNC 控制软件。CNC 系统的硬件和软件构成了 CNC 系统的系统平台，如图 2-9 所示。软件、硬件相互关系是密不可分的，软件、硬件在一起构成了 CNC 装置的系统平台；有些控制任务，可以由硬件/或软件来完成。

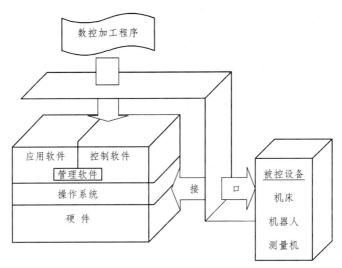

图 2-9　CNC 装置的系统平台

## 2. CNC 装置功能

CNC 装置功能是指满足用户操作和机床控制要求的方法及手段，包括基本功能和选择功能。基本功能是必备的功能，用于满足数控系统基本配置的要求；选择功能是用户可根据实际要求选择的功能。CNC 装置主要的功能有：

1）控制功能

指能够控制和联动控制的进给轴数，包括移动轴、回转轴，基本轴、附加轴的控制。控制的进给轴数越多，表明 CNC 装置功能越强。

2）准备功能

准备功能即 G 代码功能，其作用是使机床准备好某种加工方式，包括指令有基本移动、程序暂停、平面选择、坐标设定、刀具补偿、固定循环加工、公英制转换、子程序调用等。

3）插补功能和固定循环功能

插补功能是指实现零件轮廓加工轨迹运算的功能。一般的 CNC 装置具有直线插补、圆弧插补功能；高档的 CNC 装置还具有椭圆插补、正弦线插补、抛物线插补、螺旋线插补、样条曲线插补等功能。

固定循环功能是指在加工一些特定表面（如车削台阶、切削螺纹、钻孔、镗孔、攻丝）时，加工动作按照一定的循环模式多次重复进行，实现上述加工轨迹运算的功能；即把若干有关的典型固定动作顺序用一个指令来表示，用 G 代码定义，直接调用，可大大简化编程。

4）进给功能

进给速度的控制功能，包括：

（1）进给速度：控制刀具相对工件的进给速度，所用单位一般是 mm/min。

（2）同步进给速度：实现切削速度和进给速度的同步；用于加工螺纹，所用单位一般为 mm/r。

（3）进给倍率：又称进给修调率，指通过操作面板上的波段开关，人工实时修调进给速度。

5）主轴功能

指主轴的控制功能，包括：

（1）切削速度：即主轴转速控制的功能，所用单位一般是 m/min 或 r/min 。

（2）恒线速度：指刀具切削点的切削速度为恒速的控制功能；主要用于车端面或磨削加工，可获得较高的表面质量。

（3）主轴定向控制：指主轴在径向（周向）的某一位置准确停止的功能；常用于换刀。

（4）C 轴控制：指主轴在径向（周向）的任一位置准确停止的功能。

（5）切削倍率（主轴修调率）：指通过操作面板上的波段开关，人工实时修调切削速度的功能。

6）辅助功能

是指机床的辅助操作的功能，即 M 指令功能，包括主轴的正转、反转、停止，冷却泵的打开、关闭，工件的夹紧、松开，换刀等功能。

7）刀具管理功能

是指实现刀具几何尺寸、刀具寿命、刀具号的管理的功能。其中刀具几何尺寸一般指刀具半径、长度参数，常用于刀具半径补偿、长度补偿；刀具寿命一般指时间寿命；刀具号的管理是用于标识、选择刀具，常和 T 指令连用。

8）补偿功能

（1）刀具半径补偿和长度补偿。

（2）传动链误差补偿：一般有螺距误差补偿和反向间隙补偿。

（3）智能补偿。

9）人机对话功能

是指通过显示器，进行字符、图形的显示，从而方便用户的操作和使用。

10）自诊断功能

是指利用软件诊断程序，在故障出现后，可迅速查明故障的类型和部位，以便及时排除。

11）通信功能

是指 CNC 装置与外界进行信息和数据交换的功能。一般 CNC 装置具有 RS232C 接口，可与上级计算机相连；若具有 DNC 接口，可实现直接数控；若具有 FMS 接口，则可按 MAP（制造自动化协议）通信，实现车间和工厂的自动化。

3. CNC 装置的硬件结构

CNC 装置的硬件结构一般分为单（微处理）机结构和多（微处理）机结构。单（微处理）机结构用在经济型、普及型的数控装置中；而多（微处理）机结构则用在全功能型的数控装置中。

1）单（微处理）机结构的 CNC 装置

单（微处理）机结构的 CNC 装置的特点是整个 CNC 装置中只有一个 CPU；通过该 CPU 来集中管理和控制整个系统的资源（包括存储器、总线），并通过分时处理的方法，实现各种数控功能。

（1）微处理器和总线。

微处理器 CPU 由运算器及控制器两大部分组成。运算器对数据进行算术运算和逻辑运算，控制器则是将存储器中的程序指令进行译码，并向 CNC 装置各部分顺序发出执行操作的控制信号，并且接收执行部件的反馈信息，从而决定下一步的命令操作。

（2）存储器。

CNC 装置的存储器包括只读存储器（ROM）和随机存储器（RAM）两类。

CNC 装置的系统程序存放在只读存储器 EPROM 之中。零件加工程序、机床参数、刀具参数等存放在有后备电池的 RAM 中，断电后信息仍被保留。

（3）位置控制器。

它主要用来控制数控机床各进给坐标轴的位移量，需要随时把插补运算所得的各坐标位移指令与实际检测的位置反馈信号进行比较，并结合有关补偿参数，适时地向各坐标伺服驱动控制单元发出位置进给指令，使伺服控制单元驱动伺服电动机运转。位置控制是一种同时具有位置控制和速度控制两种功能的反馈控制系统。

（4）PLC。

PLC 是用来代替传统机床强电的继电器逻辑控制，利用 PLC 的逻辑运算功能实现各种开关量的控制。

（5）MDI/CRT 接口。

MDI 接口即手动数据输入接口，数据通过操作面板上的键盘输入。CRT 接口是在 CNC 软件配合下，在显示器上实现字符和图形显示。近年来已开始出现平板式液晶显示器（LCD）。

（6）I/O 接口。

CNC 装置和机床之间一般不直接连接，需要通过输入和输出 I/O 接口电路连接。接口电路的主要作用有两个：一是进行必要的电器隔离，防止电磁干扰信号引起误动作，主要是用光电耦合器或继电器将 CNC 装置和机床间的信号在电气上加以隔离；二是进行电平转换和功率放大，一般 CNC 装置的信号是 TTL 电平，而机床控制信号通常不是 TTL 电平，负载较大，须进行必要的信号电平转换和功率放大。

2）多微处理器结构

多微处理器 CNC 装置多采用模块化结构，每个微处理器分管各自的任务，形成特定的功能单元。

多微处理器 CNC 装置一般采用紧耦合结构（有集中的操作系统，共享资源）和松耦合结构（有多重操作系统，可以有效地实现并行处理），如图 2-10 所示。

多微处理器 CNC 装置具有良好的适应性和扩展性，且结构紧凑，可使故障对系统的影响降到最低限度，其运算速度有了很大的提高，因此更适合于多轴控制、高进给速度、高精度、高效率的数控要求。

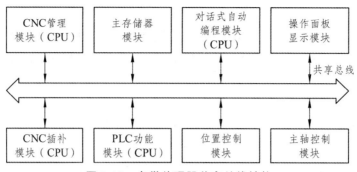

图 2-10　多微处理器共享总线结构

### 4. CNC 装置的软件结构

CNC 管理软件主要进行系统资源的管理和系统各子任务的调度，CNC 控制软件主要完成各种控制功能。图 2-11 是 CNC 装置的软件结构。

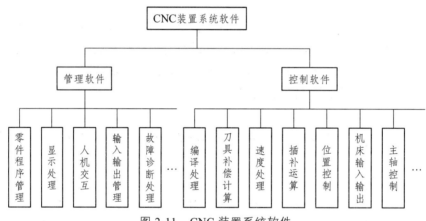

图 2-11　CNC 装置系统软件

1）多任务并行处理

（1）CNC 系统的多任务性。

在许多情况下，管理和控制的某些工作必须同时进行。在单 CPU 数控系统中，其软件结构采用前后台型和中断型的软件结构；而在多 CPU 数控系统中，通常是各个 CPU 分别承担一项任务，然后通过它们之间相互通信、协调工作来完成控制。

（2）CNC 系统的多任务并行处理。

并行处理是指计算机在同一时刻完成两种或两种以上性质相同或不相同的工作。

2）实时中断处理

（1）前、后台软件结构的中断模式。

前台程序是一个实时中断服务程序，它完成全部的实时功能，如插补、位置控制等；而后台程序即背景程序，其实质是一个循环运行程序，它完成管理及插补准备等功能。

（2）中断型软件结构的中断模式。

除了初始化程序之外，系统软件中所有任务模块均被安排在不同级别的中断服务程序中。

3）CNC 系统软件的工作过程

一个零件的加工程序首先要输入到 CNC 装置中，经过译码、数据处理、插补、位置控制，由伺服系统执行 CNC 输出的指令以驱动机床完成加工。其加工过程中的数据转换过程如图 2-12 所示。

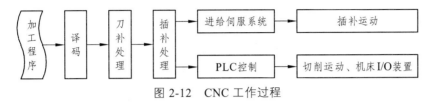

图 2-12　CNC 工作过程

（1）加工程序：输入 CNC 系统中的零件加工程序，一般是通过键盘、磁盘或纸带阅读机等方式输入的。

（2）译码：将输入的零件程序翻译成本系统所能识别的语言。

（3）数据处理：即预计算，通常包括刀具长度补偿、刀具半径补偿、反向间隙补偿、丝杠螺距补偿、进给速度换算和机床辅助功能处理等。

（4）插补运算：在实际的 CNC 系统中，常采用软件粗插补，硬件精插补。

（5）位置控制：将插补计算的指令位置与实际反馈位置相比较，用其差值去控制伺服电动机。

（6）输出：完成伺服控制，反向间隙、丝杠螺距补偿处理及 M、S、T 辅助功能，还完成 CNC 与 PLC 之间的 I/O 信号处理。

（7）管理与诊断：主要包括 CPU 管理与外设管理。

## 2.2.2　插补的基本概念

数控机床在加工各种零件轮廓时，必须控制刀具相对于工件以给定的速度沿指定的路径运动，即控制各轴按某一规律协调运动。这个功能在数控系统中称为插补功能。

### 1. 插补的基本概念

在 CNC 数控机床上，各种轮廓加工都是通过插补计算实现的。所谓插补是指数据密化的过程，插补计算的任务就是对轮廓线（函数曲线或样条线）从起点到终点密集计算出有限个坐标点，刀具沿着这些坐标点移动来逼近理论轨迹，使其实际轨迹和理论轨迹之间的误差小于一个脉冲当量。插补程序的运行时间和计算精度影响着整个 CNC 系统的性能指标，可以说插补是整个 CNC 系统控制软件的核心。

### 2. 插补的方法

目前普遍应用的算法可分为两大类：一类是脉冲增量插补；另一类是数字增量插补。

### 3. 脉冲增量插补（又称基准脉冲插补）

每插补运算一次，最多给每一个运动坐标轴送出一个脉冲。每输出一个脉冲，移动部件移动一定距离，这个距离称为脉冲当量，根据加工精度不同，脉冲当量可取 0.01～0.001 mm。

移动部件的移动速度与脉冲频率成正比,脉冲数量表示其位移量。最高移动速度取决于插补软件一次插补所需的时间,这类方法简单易实现,通常只要做加法和位移即可。

方法:最常用是逐点比较法、数字积分法。逐点比较法和数字积分法又分为直线插补和圆弧插补。

### 4. 数字增量插补(又称数据采样插补)

其插补运算分两步完成。第一步是粗插补,即在给定起点和终点的曲线之间插入若干个点,用若干条微小直线段来逼近给定曲线,每一微小直线段的长度相等,且与给定的进给速度有关。粗插补在每个插补周期中计算一次,因此,每一微小直线段的长度,即进给量 $f$ 与进给速度 $F$ 和插补周期 $T$ 有关,即 $f = FT$。粗插补的特点是把给定的一条曲线用一组直线段来逼近。第二步是精插补,它是在粗插补时算出的每一条微小直线段上再做"数据点的密化"的工作,这一步相当于对直线的脉冲增量插补。粗、精二次插补的方法,适用于以直流或交流伺服电动机为驱动装置的闭环或半闭环位置采样控制系统,常用的数字增量插补有时间分割法和扩展数字积分法等。

### 2.2.3 逐点比较法直线插补

逐点比较法的基本原理是被控对象在按要求的轨迹运动时,每走一步都要与规定的轨迹进行比较,进行一次偏差计算和偏差判别,比较到达的新位置点坐标与理想轮廓上对应点的坐标的偏差,控制进给轴向理想轮廓靠近,以缩小偏差;从而使加工轮廓逼近给定轮廓。

用此方法插补控制机床每走一步需要 4 个节拍(步骤):

(1)偏差判别:判别加工点对规定图形的偏离位置,决定进给方向。

(2)坐标进给:控制工作台沿某个坐标进给一步,缩小偏差,趋近规定图形。

(3)偏差计算:计算新的加工点对规定图形的偏差,作为下一步判别的依据。

(4)终点判别:判断是否到达终点,若到达终点则停止插补,否则再回到第一拍重复上述循环过程。

这种算法的特点是运算直观,插补误差小于一个脉冲当量,输出脉冲均匀,且输出脉冲的速度变化小,调节方便,因此在两坐标数控机床中应用较为普遍。

### 1. 直线插补原理

#### 1)偏差判别

根据图 2-13 建立直线方程式,设起点 $O$ 为原点,终点为 $E(x_e,\ y_e)$,在直线上的点 $P(x_i,\ y_i)$ 应满足直线方程式 $x_i / x_e = y_i / y_e$,$y_i x_e - x_i y_e = 0$,并令直线插补偏差判别式为 $F_i = y_i x_e - x_i y_e$ 则得出:

(1)$F_i = 0$ 时,动点在直线 $OA$ 上面;

(2)$F_i > 0$ 时,动点在直线 $OA$ 上方;

(3)$F_i < 0$ 时,动点在直线 $OA$ 下方。

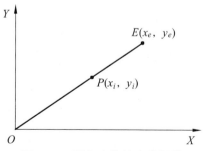

图 2-13 逐点比较法直线插补

2）进给加工

坐标进给是向使偏差减小的方向进给一步，由插补装置发出一个进给脉冲，控制向某一方向进给。

以 $F_i = y_i x_e - x_i y_e$ 为判别式，来判别进给运动方向。为了减少误差，使刀具向加工直线靠拢，当 $F_i > 0$ 时，应向 "$+x$" 方向发送一个脉冲；当时 $F_i < 0$，应向 "$+y$" 方向发送一个脉冲；$F_i = 0$ 时可以任意，为使运动进行下去，通常把 $F_i = 0$ 划入 $F_i > 0$。

3）偏差计算

为了便于计算机的计算，在插补运算的新偏差计算中，通常采用偏差函数的递推公式来进行。即设法找出相邻两个加工动点偏差值之间的关系，每进给一步后，新加工动点的偏差可用前一加工动点的偏差推算出来。

若 $F_i \geqslant 0$，加工点向 $+X$ 方向进给一步，则有

$$F_{i+1} = y_i x_e - x_{i+1} y_e = F_i - y_e \tag{2-1}$$

同理，当 $F_i < 0$，加工点向 $+Y$ 方向进给一步，则有

$$F_{i+1} = y_{i+1} x_e - x_i y_e = F_i + x_e \tag{2-2}$$

式（2-2）就是第一象限直线插补的偏差递推公式。由此可见，偏差 $F_{i+1}$ 计算只用到了终点坐标值 $(x_e, y_e)$，不必计算每一加工动点的坐标值。

4）终点判别

每进给一步，就要进行一次终点判别。直线插补的终点判别采用两种方法：一是根据 $X$、$Y$ 坐标方向所要走的总步数 $\sum$ 来判断，即 $\sum = x_e + y_e$，每走一步，均进行 $\sum$-1 计算，当 $\sum$ 减为零时即到终点；二是比较 $x_e$ 和 $y_e$，取其中的大值为 $\sum$，当沿该方向进给一步时，进行 $\sum$-1 计算，直至 $\sum = 0$ 时停止插补。注意：在终点判别中均用坐标的绝对值进行计算。

2. 直线插补举例

图 2-14 是第一象限直线插补计算流程图。

【例 1】 加工第一象限直线 $OA$，起点 $O$ 为坐标原点，终点 A 的坐标为 $x_e = 5$，$y_e = 4$。

解：总步数 $n = 5 + 4 = 9$。

开始时刀具在直线起点，即在直线上，故 $F_0 = 0$，表 2-2 列出了直线插补运算过程，插补轨迹如图 2-15 所示。

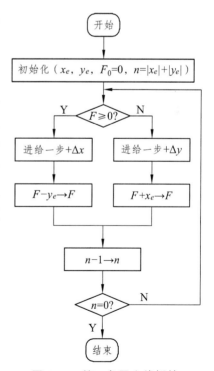

图 2-14 第一象限直线插补
计算流程图

表 2-2　直线插补运算过程

| 序　号 | 偏差判别 | 进给 | 偏差计算 | 终点判别 |
|---|---|---|---|---|
| 0 | | | $F_0 = 0$ | $n = 5 + 4 = 9$ |
| 1 | $F_0 = 0$ | $+\Delta x$ | $F_1 = F_0 - y_e = 0 - 4 = -4$ | $n = 9 - 1 = 8$ |
| 2 | $F_1 < 0$ | $+\Delta y$ | $F_2 = F_1 + x_e = -4 + 5 = 1$ | $n = 8 - 1 = 7$ |
| 3 | $F_2 > 0$ | $+\Delta x$ | $F_3 = F_2 - - y_e = 1 - 4 = -3$ | $n = 7 - 1 = 6$ |
| 4 | $F_3 < 0$ | $+\Delta y$ | $F_4 = F_3 + x_e = -3 + 5 = 2$ | $n = 6 - 1 = 5$ |
| 5 | $F_4 > 0$ | $+\Delta x$ | $F_5 = F_4 - y_e = 2 - 4 = -2$ | $n = 5 - 1 = 4$ |
| 6 | $F_5 < 0$ | $+\Delta y$ | $F_6 = F_5 + x_e = -2 + 5 = 3$ | $n = 4 - 1 = 3$ |
| 7 | $F_6 > 0$ | $+\Delta x$ | $F_7 = F_6 - y_e = 3 - 4 = -1$ | $n = 3 - 1 = 2$ |
| 8 | $F_7 < 0$ | $+\Delta y$ | $F_8 = F_7 + x_e = -1 + 5 = 4$ | $n = 2 - 1 = 1$ |
| 9 | $F_8 > 0$ | $+\Delta x$ | $F_9 = F_8 - y_e = 4 - 4 = 0$ | $n = 1 - 1 = 0$ |

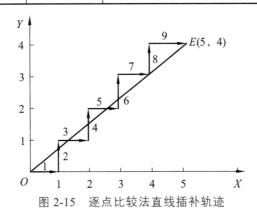

图 2-15　逐点比较法直线插补轨迹

## 2.2.4　逐点比较法圆弧插补

加工一个圆弧，很容易令人想到用加工点到圆心的距离与该圆弧的名义半径相比较来反映加工偏差。以第一象限逆时针圆弧为例进行分析。

### 1. 圆弧插补原理

1）偏差判别

如图 2-16 所示，设加工半径为 $R$ 的第一象限逆时针圆弧为 $AB$，将坐标原点定在圆心上，$A(x_0,\ y_0)$ 为圆弧起点，$B(x_e,\ y_e)$ 为圆弧终点，$P(x_i,\ y_i)$ 为加工动点。若 $P$ 点在圆弧上，则

$$x_i^2 + y_i^2 - R^2 = 0$$

定义偏差函数 $F_i$ 为

$$F_i = x_i^2 + y_i^2 - R^2$$

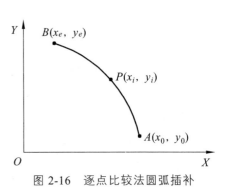

图 2-16　逐点比较法圆弧插补

若 $F_i = 0$ ，表示加工动点位于圆弧上；$F_i > 0$ ，表示加工动点位于圆弧外；若 $F_i < 0$ ，表示加工动点位于圆弧内。

2）进给加工

为了减少误差，根据偏差符号按下述规则发送脉冲：当 $F_i > 0$ 时，应向 "$-x$" 方向发送一个脉冲；当 $F_i < 0$ 时，应向 "$+y$" 方向发送一个脉冲；所以以 $F_i = x_i^2 + y_i^2 - R^2$ 为判别式，来判别进给运动方向。为使运动进行下去，把 $F_i = 0$ 划入 $F_i > 0$ 。

3）偏差计算

每进给一步后，计算一次偏差函数 $F_i$ ，以 $F_i$ 符号作为下一步进给方向的判别标准。显然，直接按偏差函数的定义公式计算偏差很麻烦，为了便于计算，使用偏差函数的递推公式，如下：

若 $F_i \geq 0$ ，则向 $-X$ 方向进给一步，加工点由 $P_i(x_i, y_i)$ 移动到 $P_{i+1}(x_{i+1}, y_i)$ ，则新加工点 $P_{i+1}$ 的偏差为：

$$x_{i+1} = x_i - 1$$
$$F_{i+1} = F_i - 2x_i + 1 \qquad (2\text{-}3)$$

若 $F_i < 0$ ，则向 $+Y$ 方向进给一步，则新加工点 $P_{i+1}$ 的偏差为：

$$y_{i+1} = y_i + 1$$
$$F_{i+1} = F_i + 2y_i + 1 \qquad (2\text{-}4)$$

式（2-4）就是第一象限逆圆插补加工时偏差计算的递推公式。

4）终点判别

根据 $X$ ，$Y$ 方向应该进给的总步数之和 $\Sigma$ 判断，每进给一步 $\Sigma$ -1 计算，直到 $\Sigma$ 为 0 停止插补。分别判断各坐标轴的进给步数：$\Sigma_x = |x_e - x_0|$ ，$\Sigma_y = |y_e - y_0|$ 。向坐标轴进给一步，相应的进给步数 $\Sigma$ -1，直到 $\Sigma_x = 0$ ，$\Sigma_y = 0$ 时停止插补。

2. 圆弧插补举例

逐点比较法圆弧插补计算流程如图 2-17 所示。

【例 2】　设有第一象限逆圆弧 $AB$ ，起点为 $A(5, 0)$ ，终点为 $B(0, 5)$ ，用逐点比较法插补 $AB$ 。

解：$n = |5 - 0| + |0 - 5| = 10$ 。

开始加工时刀具在起点，即在圆弧上，$F_0 = 0$ 。加工运算过程见表 2-3，插补轨迹如图 2-18 所示。

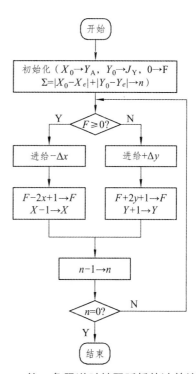

图 2-17　第一象限逆时针圆弧插补计算流程图

表 2-3  逐点比较法圆弧插补运算过程

| 序 号 | 偏差判别 | 进 给 | 偏差计算 | | 终点判别 |
|---|---|---|---|---|---|
| 0 | | | $F_0 = 0$ | $x_0 = 5$，$y_0 = 0$ | $n = 10$ |
| 1 | $F_0 = 0$ | $-\Delta x$ | $F_1 = F_0 - 2x + 1 = 0 - 2 \times 5 + 1 = -9$ | $x_1 = 4$，$y_1 = 0$ | $n = 10 - 1 = 9$ |
| 2 | $F_1 < 0$ | $+\Delta y$ | $F_2 = F_1 + 2y + 1 = -9 + 2 \times 0 + 1 = -8$ | $x_2 = 4$，$y_2 = 1$ | $n = 8$ |
| 3 | $F_2 < 0$ | $+\Delta y$ | $F_3 = -8 + 2 \times 1 + 1 = -5$ | $x_3 = 4$，$y_3 = 2$ | $n = 7$ |
| 4 | $F_3 < 0$ | $+\Delta y$ | $F_4 = -5 + 2 \times 2 + 1 = 0$ | $x_4 = 4$，$y_4 = 3$ | $n = 6$ |
| 5 | $F_4 = 0$ | $-\Delta x$ | $F_5 = 0 - 2 \times 4 + 1 = -7$ | $x_5 = 3$，$y_5 = 3$ | $n = 5$ |
| 6 | $F_5 < 0$ | $+\Delta y$ | $F_6 = -7 + 2 \times 3 + 1 = 0$ | $x_6 = 3$，$y_6 = 4$ | $n = 4$ |
| 7 | $F_6 = 0$ | $-\Delta x$ | $F_7 = 0 - 2 \times 3 + 1 = -5$ | $x_7 = 2$，$y_7 = 4$ | $n = 3$ |
| 8 | $F_7 < 0$ | $+\Delta y$ | $F_8 = -5 + 2 \times 4 + 1 = 4$ | $x_8 = 2$，$y_8 = 5$ | $n = 2$ |
| 9 | $F_8 > 0$ | $-\Delta x$ | $F_9 = 4 - 2 \times 2 + 1 = 1$ | $x_9 = 1$，$y_9 = 5$ | $n = 1$ |
| 10 | $F_9 > 0$ | $-\Delta x$ | $F_{10} = 1 - 2 \times 1 + 1 = 0$ | $x_{10} = 0$，$y_{10} = 5$ | $n = 0$ |

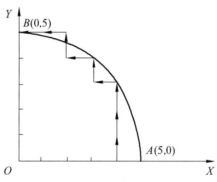

图 2-18  逐点比较法圆弧插补轨迹

## *2.2.5  其他象限的直线插补和圆弧插补

**其他象限的直线插补和圆弧插补**

## 2.2.6  数字积分法直线插补

数字积分法又称数字微分分析法（DDA），是用数字积分的方法计算刀具沿各坐标轴的移动量，从而使刀具沿着设定的曲线运动。实现数字积分插补计算的装置称为数字积分器，这种方法运算速度快，脉冲分配均匀，可以实现一次、二次曲线的插补和各种函数运算；易于实现多坐标联动控制，应用广泛。

### 1. 数字积分法的工作原理

其基本原理可以用图 2-19 所示的函数积分表示，从微分几何概念来看，从时刻 0 到时刻 $t$，求函数 $y = f(t)$ 曲线所包围的面积时，可用积分公式：

$$S = \int_0^t f(t)\,\mathrm{d}t \tag{2-5}$$

求此函数在 $t_0 \sim t_n$ 的积分，既求函数曲线与横坐标 $t$ 在 $t_0 \sim t_n$ 区间所围成的面积。

$$s = \int_{t_0}^{t_n} y\,\mathrm{d}t = \sum_{i=1}^{n} y_{i-1}\Delta t \tag{2-6}$$

是（$n-1$）个面积之和。

$y_i$ 是 $t = t_i$ 时的 $f(t)$ 值，可知，它求积分的过程可以用累加的方式来近似，若 $\Delta t$ 取基本单位时间 "1"，则

$$s = \int_{i=1}^{n} y_i \tag{2-7}$$

式（2-7）说明：积分可以用数的累加来近似代替，其几何意义就是用一系列小矩形面积之和来近似表示函数 $f(t)$ 下面的面积，如图 2-19 所示。

对终点坐标的函数值进行累加，设一个累加器，令其容量为一个单位面积，则在累加运算过程中超过一个单位面积时必然会溢出，那么累加过程中产生的溢出脉冲总数就是要求的面积的近似值，或说积分近似值。

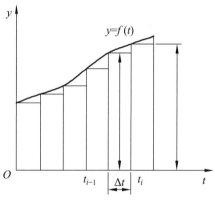

图 2-19　数字积分原理

### 2. 数字积分器的构成

平面直线插补原理如图 2-20 所示。

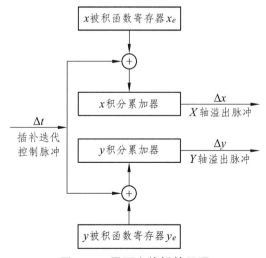

图 2-20　平面直线插补原理

一般地，每个坐标方向需要一个被积函数寄存器和一个累加器，其工作过程如图 2-21 所示。

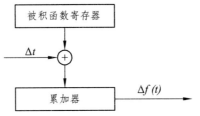

图 2-21　一个坐标方向上的积分器示意图

被积函数寄存器用以存放坐标值 $f(t)$，累加器也称余数寄存器，用于存放坐标的累加值。每当 $\Delta t$ 出现一次，被积函数寄存器中的 $f(t)$ 值就与累加器中的数值相加一次，并将累加结果存放于累加器中，如果累加器的容量为一个单位面积，被积函数寄存器的容量与累加器的容量相同，那么在累加过程中每超过一个单位面积累加器就有溢出，当累加次数达到累加器的容量时，所产生的溢出总数就是要求的总面积，即积分值。

### 3．插补算法

动点从原点出发向终点的过程，可以看成是坐标各轴每隔一个单位时间 $\Delta t$，分别以增量 $k \cdot x_e$ 及 $k \cdot y_e$ 同时对两个累加器累加的过程。

直线插补算法：设起点 $O$ 为原点，终点为 $A(x_e,\ y_e)$，直线方程式 $x/y = x_i/y_i$ 化成对时间 $t$ 的参量方程为

$$\left.\begin{aligned} x &= k \cdot x_e \cdot t \\ y &= k \cdot y_e \cdot t \end{aligned}\right\}$$

式中，$k$ 为比例系数。

对参量方程求微分：

$$\left.\begin{aligned} \mathrm{d}x &= k \cdot x_e \cdot \mathrm{d}t \\ \mathrm{d}y &= k \cdot y_e \cdot \mathrm{d}t \end{aligned}\right\}$$

$$\left.\begin{aligned} x &= \int \mathrm{d}x = k \int x_e \cdot \mathrm{d}t \\ y &= \int \mathrm{d}y = k \int y_e \cdot \mathrm{d}t \end{aligned}\right\}$$

$$x = \sum_{i=1}^{n} k \cdot x_e \cdot \Delta t$$

$$y = \sum_{i=1}^{n} k \cdot y_e \cdot \Delta t$$

$\Delta t$ 为单位时间，可以省去。动点从原点出发向终点的过程，可以看成是坐标各轴每隔一个单位时间 $\Delta t$，分别以增量 $k \cdot x_e$ 及 $k \cdot y_e$ 同时对两个累加器累加的过程。当累加值超过一个坐标单位（脉冲当量）时产生溢出，溢出脉冲驱动伺服系统进给一个脉冲当量，从而走出给定直线。

若经过 $m$ 次累加后，$x$、$y$ 分别到达终点，式（2-8）、（2-9）成立：

$$x = \sum_{i=1}^{m} k \cdot x_e = k \cdot x_e \cdot m = x_e \qquad (2\text{-}8)$$

$$y = \sum_{i=1}^{m} k \cdot y_e = k \cdot y_e \cdot m = y_e \qquad (2\text{-}9)$$

由此可得出：$k \cdot m = 1$，$m = 1/k$，m 是整数，$k$ 一定是小数，$k$ 的选择主要考虑每次增量 $k \cdot x_e$ 及 $k \cdot y_e$ 的值不大于 1，$k$ 的值与累加器的容量有关。累加器的容量应大于各坐标轴的最大值，一般二者位数相同，以保证每次累加最多输出一个脉冲。设累加器为 $n$ 位，$k = 1/2^n$，$m = 2^n$，这也表明，若累加器位数是 $n$，整个插补过程要进行 $2^n$ 次才能达到直线的终点。

对于一个二进制数来讲，一个 $n$ 位寄存器存放 $x_e$ 或 $(y_e)$ 与存放 $k \cdot x_e$ 或 $(k \cdot y_e)$ 的数字是相同的，只是认为后者的小数点出现在最高位数前面。所以可以用 $x_e$ 或 $(y_e)$ 直接对两轴累加器进行累加。

### 4. 插补过程（组成）及处理方法

由两个数字积分器组成，每个坐标的积分器由累加器和被积函数积存器组成。后者存放终点坐标值，每隔一个时间间隔 $\Delta t$，将被积函数的值向各自的累加器中累加，哪一个轴溢出，则该轴被驱动走一步。再设一个 $n$ 位长度计数器 $J_\Sigma$ 来计算累加脉冲数，来作为终点判别。可以是加法（从 0 开始到 $n$ 位溢出）或减法（从 $2^n$ 开始到减 1 为 0），有溢出后则停止插补。

注意：当累加器和寄存器的位数长，而加工时间较短的直线时，就会出现累加很多次才能溢出一个脉冲的情况，影响生产率。可在插补前把 $x_e$ 或 $(y_e)$ 同时扩大 $2^m$ 倍，以提高进给速度。

### 5. 加工实例

【例 3】　设有一直线 $OA$，起点在坐标原点，终点的坐标为 (5，6)。试用 DDA 法直线插补此直线。

**解：** $J_{vx} = 5$，$J_{vy} = 6$，选寄存器位数 $N = 3$，则累加次数 $n = 2^3 = 8$，运算过程如表 2-4 所示，插补轨迹如图 2-22 所示。

表 2-4　DDA 直线插补运算过程

| 累加次数 $n$ | $x$ 积分器 $J_{Rx} + J_{vx}$ | 溢出 $\Delta x$ | $y$ 积分器 $J_{Ry} + J_{vy}$ | 溢出 $\Delta y$ | 终点判断 $J_E$ |
|---|---|---|---|---|---|
| 0 | 0 | 0 | 0 | 0 | 0 |
| 1 | 0 + 5 = 5 | 0 | 0 + 6 = 6 | 0 | 1 |
| 2 | 5 + 5 = 8 + 2 | 1 | 6 + 6 = 8 + 4 | 1 | 2 |
| 3 | 2 + 5 = 7 | 0 | 4 + 6 = 8 + 2 | 1 | 3 |
| 4 | 7 + 5 = 8 + 4 | 1 | 2 + 6 = 8 + 0 | 1 | 4 |
| 5 | 4 + 5 = 8 + 1 | 1 | 0 + 6 = 6 | 0 | 5 |
| 6 | 1 + 5 = 6 | 0 | 6 + 6 = 8 + 4 | 1 | 6 |
| 7 | 6 + 5 = 8 + 3 | 1 | 4 + 6 = 8 + 2 | 1 | 7 |
| 8 | 3 + 5 = 8 + 0 | 1 | 2 + 6 = 8 + 0 | 1 | 8 |

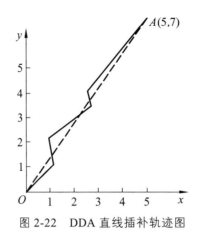

图 2-22　DDA 直线插补轨迹图

### 2.2.7　数字积分法圆弧插补

试加工第一象限逆圆弧，起点为 $A(x_0，y_0)$，终点为 $E(x_e，y_e)$圆弧半径为 $R$，圆心 $O$ 在坐标原点。

动点从起点出发向终点的过程，可以看成是坐标各轴每隔一个单位时间 $\Delta t$，$x$ 积分式中的被积函数是变量 $k \cdot y$，$y$ 积分式中的被积函数是变量 $k \cdot x$。

$X$ 积分器的被积函数寄存器 $J_{vx}$ 存放变量 $y$，由于变量是动点的瞬时坐标值，因此由 $Y$ 积分器的溢出 $\Delta Y$ 来修正。

$Y$ 积分器的被积函数寄存器 $J_{vy}$ 存放变量 $x$，由于变量是动点的瞬时坐标值，因此由 $X$ 积分器的溢出 $\Delta X$ 来修正。第一象限逆圆 DDA 插补轨迹如图 2-23 所示。

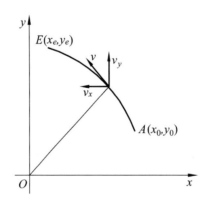

图 2-23　第一象限逆圆 DDA 插补

其工作过程是，先将圆弧起点坐标 $A(x_0，y_0)$分别存入 $X$ 和 $Y$ 的被积函数寄存器中，并使累加器为零，然后开始积分，每来一个 $\Delta t$，就将的被积函数寄存器中数值送入累加器，而累加器溢出脉冲，即是相应坐标的指令脉冲，又是 $X$ 和 $Y$ 的被积函数的修正指令脉冲，如图 2-24 所示。表 2-5 中用 + 、- 表示修改动点坐标时的加"1"或减"1"的关系。

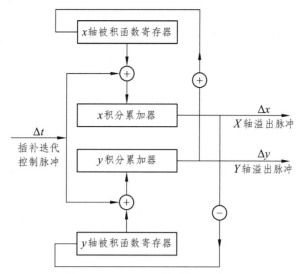

图 2-24 DDA 圆弧插补原理框图

表 2-5 DDA 圆弧插补方向

| 插补方向 | 顺 圆 | | | | 逆 圆 | | | |
|---|---|---|---|---|---|---|---|---|
| 象限 | I | II | III | IV | I | II | III | IV |
| $\Delta X$ | + | + | − | − | − | − | + | + |
| $\Delta Y$ | − | + | + | − | + | − | − | + |

【例 4】 设有第一象限逆圆弧 $AE$，起点 $A(5, 0)$，终点 $E(0, 5)$，设寄存器位数 $N$ 为 3，试用 $DDA$ 法插补此圆弧。

解：取 $J_{vx} = 0 = 0$，$J_{vy} = 5 = 5$，寄存器容量为：$2^N = 2^3 = 8$。运算过程见表 2-6，插补轨迹如图 2-25 所示。

表 2-6 DDA 圆弧插补插补计算举例

| 累加器 $n$ | $x$ 积分器 | | | | $y$ 积分器 | | | |
|---|---|---|---|---|---|---|---|---|
| | $J_{vx}$ | $J_{Rx}$ | $\Delta x$ | $J_{Ex}$ | $J_{vy}$ | $J_{Ry}$ | $\Delta y$ | $J_{Ey}$ |
| 0 | 0 | 0 | 0 | 5 | 5 | 0 | 0 | 5 |
| 1 | 0 | 0 | 0 | 5 | 5 | 5 | 0 | 5 |
| 2 | 0 | 0 | 0 | 5 | 5 | 8 + 2 | 1 | 4 |
| 3 | 1 | 1 | 0 | 5 | 5 | 7 | 0 | 4 |
| 4 | 1 | 2 | 0 | 5 | 5 | 8 + 4 | 1 | 3 |
| 5 | 2 | 4 | 0 | 5 | 5 | 8 + 1 | 1 | 2 |
| 6 | 3 | 7 | 0 | 5 | 5 | 6 | 0 | 2 |
| 7 | 3 | 8 + 2 | 1 | 4 | 5 | 8 + 3 | 1 | 1 |
| 8 | 4 | 6 | 0 | 4 | 4 | 7 | 0 | 1 |

| 累加器 n | x 积分器 | | | | y 积分器 | | | |
|---|---|---|---|---|---|---|---|---|
| | $J_{vx}$ | $J_{Rx}$ | $\Delta x$ | $J_{Ex}$ | $J_{vy}$ | $J_{Ry}$ | $\Delta y$ | $J_{Ey}$ |
| 9 | 4 | 8 + 2 | 1 | 3 | 4 | 8 + 3 | 1 | 0 |
| 10 | 5 | 7 | 0 | 3 | 3 | 停 | 0 | 0 |
| 11 | 5 | 8 + 4 | 1 | 2 | 3 | | | |
| 12 | 5 | 8 + 1 | 1 | 1 | 2 | | | |
| 13 | 5 | 6 | 0 | 1 | 1 | | | |
| 14 | 5 | 8 + 3 | 1 | 0 | 1 | | | |
| 15 | 5 | 停 | 0 | 0 | 0 | | | |

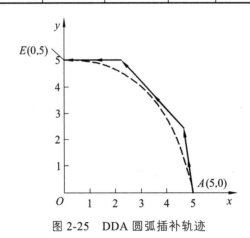

图 2-25 DDA 圆弧插补轨迹

## *2.2.8　数据采样插补

**数据采样插补**

# 2.3　CNC 装置（刀具补偿原理）

## 2.3.1　基本概念

### 1. 刀补的基本概念

在轨迹控制中，为保证一定的精度和编程方便，常进行刀具的位置和半径补偿。

### 2. 刀具补偿的方法

应用最多的是刀具长度补偿和刀具半径补偿。

## 3．刀具长度补偿

更换长度不一样的铣刀或在其用过一段时间后，由于磨损长度会变短，需要进行长度补偿。长度补偿值等于所用刀具与零长度刀具的长度差。

## 4．刀具半径补偿

根据按零件轮廓编制的程序和预先设定的偏置参数，数控装置能实时自动生成刀具中心轨迹的功能称为刀具半径补偿功能。

## 5．左刀补和右刀补

刀具半径补偿是指数控装置使刀具中心偏移零件轮廓一个指定的刀具半径值。根据 ISO 标准，当刀具中心轨迹在程序加工前进方向的右侧时，称右刀具半径补偿（见图 2-27），用 G42 表示；反之称为左刀具半径补偿（见图 2-26），用 G41 表示；撤销刀具半径补偿用 G40 表示。

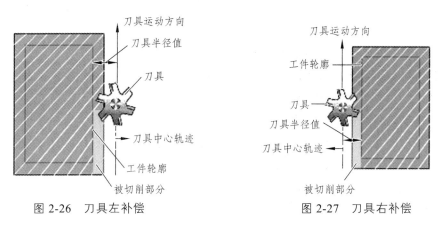

图 2-26　刀具左补偿　　　　　　　　图 2-27　刀具右补偿

刀具半径补偿功能的优点是：在编程时可以按零件轮廓编程，不必计算刀具中心轨迹；刀具的磨损，刀具的更换不需要重新编制加工程序；可以采用同一程序进行粗、精加工；可以采用同一程序加工凸凹模。

刀具半径补偿的补偿值，由数控机床调整人员，根据加工需要，选择或刃磨好所需刀具，测量出每一把刀具的半径值，通过数控机床的操作面板，在 MDI 方式下，把半径值送入刀具参数中。

不同类型的机床与刀具，需要考虑的刀补参数也不同。对于轮廓铣刀而言，只需刀具半径补偿；对于打孔钻头，只要一个坐标长度补偿；然而对于车刀，需要两个坐标长度补偿和刀具半径补偿。

## 2.3.2　刀具长度补偿

刀具长度是一个很重要的概念，它只和 $Z$ 坐标有关，不同长度的刀具对于 $Z$ 坐标的零点就不一样了。此时如果设定刀具补偿，零点 $Z$ 坐标已经自动向 $Z+$（或 $Z$）补偿了刀具的长度，保证了加工零点的正确。

刀具长度补偿有两种方式。

一种是用刀具的实际长度作为刀长的补偿（推荐使用这种方式）。使用刀长作为补偿就是使用对刀仪测量刀具的长度，然后把这个数值输入到刀具长度补偿寄存器中，作为刀长补偿。

在数控立式铣镗床上，当刀具磨损或更换刀具使 Z 向刀尖不在原初始加工的编程位置时，必须在 Z 向进给中，通过伸长（见图 2-28）或缩短 1 个偏置值 e 的办法来补偿其尺寸的变化，以保证加工深度仍然达到原设计位置。

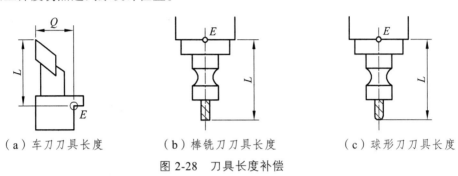

（a）车刀刀具长度　　　　（b）棒铣刀刀具长度　　　　（c）球形刀刀具长度

图 2-28　刀具长度补偿

另外一种是利用刀尖在 Z 方向上与编程零点的距离值（有正负之分）作为补偿值。

刀具长度补偿由准备功能 G43、G44、G49 以及 H 代码指定。用 G43、G44 指令指定偏置方向，其中 G43 为正向偏置，G44 为负向偏置。H 代码指令指示偏置存储器中存偏置量的地址。无论是绝对或增量指令的情况，G43 是执行将 H 代码指定的已存入偏置存储器中的偏置值加到主轴运动指令终点坐标值上去，而 G44 则相反，是从主轴运动指令终点坐标值中减去偏置值。G43、G44 是模态 G 代码，如图 2-29 所示。另外一个指令 G49 是取消 G43（G44）指令的，其实我们不必使用这个指令，因为每把刀具都有自己的长度补偿，当换刀时，利用 G43（G44）、H 指令赋予了自己的刀长补偿而自动取消了前一把刀具的长度补偿。

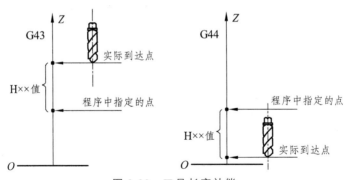

图 2-29　刀具长度补偿

### 2.3.3　刀具半径补偿

刀具半径补偿概念

数控铣削轮廓时，用户按实际轮廓尺寸编程，数控系统依据实际输入的刀补数据，软件计算出一条在轮廓线方向上偏移量为 $r$ 的平行轨迹，并控制沿该偏移轨迹插补进给，精确地完成零件加工。

实际的刀具半径补偿是在 CNC 装置内部由计算机自动完成的。CNC 装置根据零件轮廓尺寸和刀具运动的方向指令（G41、G42、G40），以及实际加工中所用的刀具半径自动地完成刀具半径补偿计算，如图 2-30 所示。

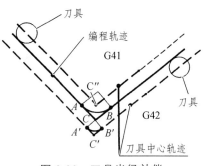

图 2-30　刀具半径补偿

### 1. 刀具半径的补偿过程

在实际轮廓加工过程中，刀具半径补偿的执行过程分为刀具补偿的建立、刀具补偿的进行和刀具补偿撤销。

1）刀具补偿的建立

刀具由起刀点接近工件，由于建立刀补，所以本段程序执行后，刀具中心轨迹的终点不在下一段程序指定的轮廓起点，而是在法线方向上偏移一个刀具半径的距离。偏移的左右方向取决于 G41 还是 G42。

2）刀具补偿的进行

建立刀补后，刀补状态一直维持到刀补撤销。在刀补进行期间，刀具中心轨迹始终偏离程序轨迹一个刀具半径的距离。

3）刀具补偿的撤销

刀具撤离工件，回到起刀点。此时应按编程的轨迹和上段程序末刀具的位置，计算出运动轨迹，使刀具回到起刀点。刀补撤销命令用 G40 指令，刀补仅在指定的二维坐标平面内进行。

### 2. B 功能刀具半径补偿

B 功能刀具半径补偿为基本的刀具半径补偿，它只根据本段程序的轮廓尺寸进行刀具半径补偿，计算刀具中心的运动轨迹。

直线轮廓刀具半径补偿计算如图 2-31（a）所示。设要加工直线 $OA$，其起点在坐标原点 $O$，终点为 $A(x, y)$。上一段程序的刀具中心轨迹终点 $O'(x_0, y_0)$ 为本段程序刀具中心的起点，$OO'$ 为轮廓直线 $OA$ 的垂线，且 $O'$ 点与 $OA$ 的距离为刀具半径 $r$。$A'(x', y')$ 为刀具中心轨迹直线的终点，$AA'$ 也必然垂直于 $OA$，$A'$ 点与 $OA$ 的距离也为刀具半径 $r$。$A'$ 点同时也为下一段程序刀具中心轨迹的起点。由于起点为已知，$O'A'$ 与 $OA$ 斜率和长度都相同，因此从 $O'$ 点到 $A'$ 点的坐标增量与从 $O$ 点到 $A$ 点的坐标增量相等，即

$$x = x' - x_0$$
$$y = y' - y_0$$

（2-10）

式中 $x_0$，$y_0$ 为已知，本段的增量 $x$，$y$ 由本段轮廓直线确定，也为已知。因此，通过式（2-11）就可以求得刀具中心轨迹终点 $A'(x', y')$：

$$x' = x + x_0$$
$$y' = y + y_0$$

（2-11）

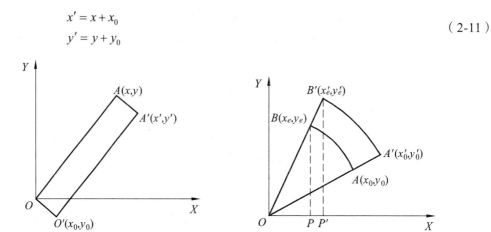

（a）直线轮廓             （b）圆弧轮廓

图 2-31　B 功能刀具半径补偿功能

圆弧轮廓刀具半径补偿计算如图 2-31（b）所示。设被加工圆弧的圆心在坐标原点，圆弧半径为 $R$，弧 $AB$ 为加工段，弧 $A'B'$ 是补偿后的同心圆弧，刀具半径为 $r$，圆弧起点为 $A(x_0, y_0)$，终点为 $B(x_e, y_e)$。设 $A'(x_0', y_0')$ 为前一段程序刀具中心轨迹的终点，为已知，只需计算终点 $B'$。根据三角形相似原理有：

$$\left. \begin{array}{l} x_e' = x_e + x \\ y_e' = y_e + y \end{array} \right\}$$

$$\angle OBP = \angle OB'P' = \alpha$$

$$\left. \begin{array}{l} X = r\cos\alpha = r\dfrac{x_e}{R} \\ Y = r\sin\alpha = r\dfrac{y_e}{R} \end{array} \right\}$$

代入即可求出终点 $B'$ 的坐标值。

### 3. C 功能刀具半径补偿

B 功能刀具补偿在确定刀具中心轨迹时，采用了读一段，算一段，再走一段的控制方法。这样无法预计到由于刀具半径所造成的下一段加工轨迹对本段加工轨迹的影响。

所谓 C 功能刀具补偿，主要是要解决下一段加工轨迹对本段加工轨迹的影响问题。在计算完本段加工轨迹后，应提前将下一段程序读入，然后根据两段轨迹之间转接的具体情况，再对本段的加工轨迹做适当的修正，得到本段的正确加工轨迹。

### 4. 轮廓拐角处刀具中心的圆弧连接

在有刀补的情况下，轮廓拐角处刀具中心的连接方式可以是尖角和圆弧两种方式，一种是图 2-32 所示的尖角拐弯时的 3 种轨迹。C 功能刀具补偿算法，根据两段程序轨迹的夹角和刀补方向等，对外轮廓采用所谓的缩短、伸长、插入处理。

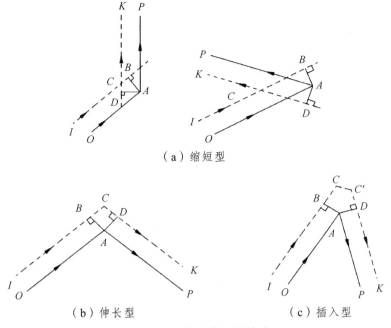

（a）缩短型

（b）伸长型　　　　　　　　（c）插入型

图 2-32　尖角过渡刀具轨迹

另外一种是圆弧方式，如图 2-33 所示。由于圆弧连接不需要计算转接交点，因而简单方便，但对于缩短型轨迹，插入的圆弧将使刀具产生过切现象，如图 2-34（a）所示，所以利用圆弧连接编程时，应把编程轨迹改成有过渡圆弧的形式，如图 2-34（b）所示。过渡圆弧要大于或等于刀具半径，并且与原来的工件轮廓线相切。

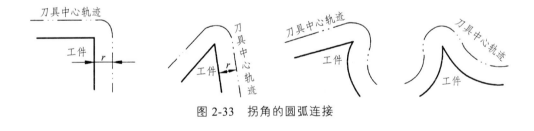

图 2-33　拐角的圆弧连接

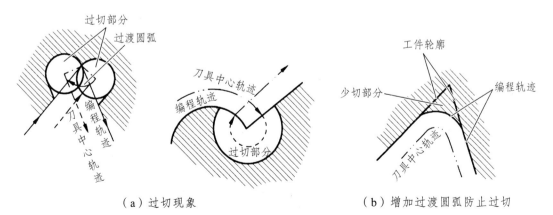

（a）过切现象　　　　　　　（b）增加过渡圆弧防止过切

图 2-34　圆弧过渡与过切

这样我们将根据工件尺寸进行编程，然后把刀具半径作为半径补偿放在半径补偿寄存器里。临时更换铣刀也好，进行粗精加工也好，我们只需更改刀具半径补偿值，就可以控制工件外形尺寸的大小了。

### *2.3.4　CNC 装置的加减速控制

CNC 装置的加减速控制

### *2.3.5　CNC 装置的接口电路

CNC 装置的接口电路

### 2.3.6　数控系统的重要性能评价

数控系统的性能评价指标是指数控系统的主要参数、功能指标及关键部件的功能水平等方面，见表 2-7。

表 2-7　数控系统性能指标评价表

| 项　目 | 含　义 |
| --- | --- |
| 分辨率 | 与数控机床中的含义相同，该性能直接影响机床性能 |
| 进给速度 | 与数控机床中的含义相同，它与机床相关结构相匹配 |
| 可控轴与联动轴数 | 与数控机床中的含义相同 |
| 显示功能 | 反映提供何类信息、多少内容等方面的能力 |
| 通信功能 | 反映与外部的沟通能力、多少、方式及接口等能力 |
| 主 CPU 性能 | 反映数控系统执行程序时的表现并与进给系统相协调 |
| 自诊断功能 | 反映数控机床提供出现故障时相关信息的能力 |

### *2.3.7　夹具偏置补偿

夹具偏置补偿

# 2.4　位置检测装置

## 2.4.1　概　述

### 1. 位置检测元件

位置检测元件是数控机床伺服系统的重要组成部分，作用是检测长度、角度、位移，并发出反馈信号，构成闭环（半闭环）控制。实践表明，闭环伺服系统的定位精度和加工精度主要由位置检测元件决定。

一般要求测量系统的分辨率或脉冲当量比加工精度高出一个数量级。

（1）组成。位置测量装置是由检测元件（传感器）和信号处理装置组成的。

（2）作用。实时测量执行部件的位移和速度信号，并变换成位置控制单元所要求的信号形式，将运动部件现实位置反馈到位置控制单元，以实施闭环控制。

分辨率：所能测量的最小位移量。

（3）数控系统中的检测装置分为位移、速度和电流三种类型。数控机床对位置检测装置有如下要求：

① 受温度、湿度的影响小，工作可靠，能长期保持精度，抗干扰能力强；

② 在机床执行部件移动范围内，能满足精度和速度的要求；

③ 使用维护方便；

④ 成本低。

位置检测装置的分类见表 2-8。

表 2-8　位置检测装置分类

| 位置检测装置 | 按检测方式分类 | 直接测量 | 光栅位置检测装置，感应同步器，磁尺位置检测装置 |
| --- | --- | --- | --- |
| | | 间接测量 | 脉冲编码器，旋转变压器，测速发电机 |
| | 按测量装置编码方式分类 | 增量式测量 | 光栅位置检测装置，增量式光电编码盘 |
| | | 绝对式测量 | 接触式码盘，绝对式光电编码盘 |
| | 按检测信号的类型分类 | 数字式测量 | 光栅位置检测装置，光电码盘，接触式编码盘 |
| | | 模拟式测量 | 旋转变压器，感应同步器，磁尺位置检测装置 |

### 2. 直接测量和间接测量

位置传感器有直线式和旋转式两大类。若位置传感器所测量的对象就是被测量本身，即用直线式传感器测直线位移，用旋转式传感器测角位移，则该测量方式为直接测量，如图 2-35所示。

若旋转式位置传感器测量的回转运动只是中间值，再由它推算出与之关联的移动部件的直线位移，则该测量方式为间接测量，如图 2-36 所示。

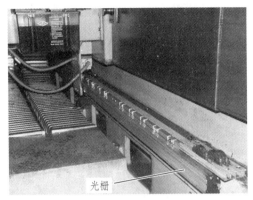

图 2-35　直接测量示例

图 2-36　间接测量示

### 3. 增量式和绝对式测量

增量式测量是以前一测量点作为后一测量点的测量基准。绝对式测量是被测量的任一点位置都是从一个坐标系的原点算起。数控机床上一般多采用增量式测量装置。

### 4. 数字式和模拟式测量

数字式测量装置是将被测量用数字形式表示。

模拟式测量装置是将被测量用连续变化的模拟量来表示，如相位、电压变化等。

除了位置检测装置用来对运动部件的位置做测量外，还有速度检测装置，如测速发电机是对运动部件做速度测量。常用位置检测元件及其特点、应用见表 2-9。

表 2-9　常用位置检测元件

| 类　　别 | | 特　点　及　应　用 |
| --- | --- | --- |
| 直线型 | 直线感应同步器 | 精度高，抗干扰能力强，工作可靠，可测量长距离位置，但安装调试要求高 |
| | 光栅尺 | 响应速度快，精度仅次于激光式测量 |
| | 磁栅尺 | 精度高，安装调试方便，对使用条件要求较低，稳定性好，但使用寿命有限制 |
| | 激光干涉仪 | 使用干涉原理测量，分辨率高，速度快，工作可靠，超高精度，多用于三坐标测量机 |
| 旋转型 | 脉冲编码器 | 应用广泛，以光电式最为常见 |
| | 旋转变压器 | 多采用无刷式，结构简单，动作灵敏，对环境无特殊要求，维护方便，工作可靠 |
| | 圆感应同步器 | 测量角位移，同直线型 |
| | 圆光栅 | 测量角位移，同直线型 |
| | 圆磁栅 | 测量角位移，同直线型 |

### 2.4.2　脉冲编码器

脉冲编码器是一种回转式数字测量元件，通常装在被检测轴上，随被测轴一起转动，可将被测轴的角位移转换为增量脉冲形式或绝对式的代码形式。数控机床上主要使用光电式脉冲编码器，其型号由每转发出的脉冲数来区分。光电式脉冲编码器又称为光电码盘，按其编码方式的不同可分为增量式和绝对式两种。

### 1. 增量式光电编码器

增量式光电编码器的结构最为简单，其特点是每产生一个输出脉冲信号，就对应一个增量角位移。

#### 1）基本结构

光电编码器由 LED（带聚光镜的发光二极管）、光栏板、码盘、光敏元件及印制电路板（信号处理电路）组成，如图 2-37 所示。图中码盘与转轴连在一起，它一般是由真空镀膜的玻璃制成的圆盘，在圆周上刻有间距相等的细密狭缝和一条零标志槽，分为透光和不透光两部分；光栏板是一小块扇形薄片，制有和码盘相同的三组透光狭缝，其中 A 组与 B 组条纹彼此错开 1/4 节距，狭缝 A、$\overline{A}$ 和 B、$\overline{B}$ 在同一圆周上，另外一组透光狭缝 C、$\overline{C}$ 称为零位狭缝，用以每转产生一个脉冲，光栏板与码盘平行安装且固定不动；LED 作为平行光源与光敏元件分别置于码盘的两侧。

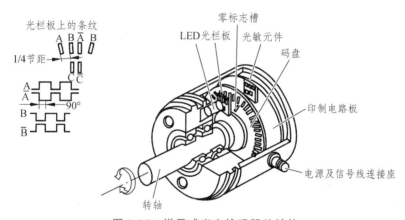

图 2-37 增量式光电编码器的结构

#### 2）工作原理

当码盘随工作轴一起转动时，每转过一个缝隙就发生一次光线的明暗变化，由光敏元件接收后，变成一次电信号的强弱变化，这一变化规律近似于正弦函数。光敏元件输出的信号经信号处理电路的整形、放大和微分处理后，便得到脉冲输出信号，将上述脉冲信号送到计数器中计数，脉冲数就等于转过的缝隙数（即转过的角度），脉冲频率就表示了转速。

由于 A 组与 B 组两组狭缝彼此错开 1/4 节距，故此两组信号 A、B 彼此相差 90°相位，用于辩向，即光电码盘正转时 A 信号超前 B 信号 90°，反之，B 信号超前 A 信号 90°，如图 2-37 所示。而 A、$\overline{A}$ 和 B、$\overline{B}$ 为差分信号，用于提高传输的抗干扰能力。C、$\overline{C}$ 也为差分信号，对应于码盘上的零标志槽，产生的脉冲为基准脉冲，又称零点脉冲，它是轴旋转一周在固定位置上产生的一个脉冲，该脉冲信号又称"一转信号"或零标志脉冲，可用于机床基准点的找正，如图 2-38 所示。

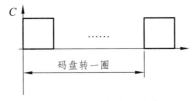

图 2-38 光电脉冲同步信号

C 信号的作用：

（1）被测轴的周向定位基准信号。

（2）被测轴的旋转圈数记数信号。

增量式光电编码器的测量精度取决于它所能分辨的最小角度，这与码盘圆周内的狭缝数有关，其分辨角 $\alpha = 360°/$狭缝数。

### 2. 绝对式光电编码器

绝对式脉冲编码器可直接将被测角用数字代码表示出来，且每一个角度位置均有对应的测量代码，因此这种测量方式即使断电也能测出被测轴的当前位置，即具有断电记忆功能。绝对式编码器可分为接触式、光电式和电磁式三种。

#### 1）接触式码盘

图 2-39 所示为一个 4 位二进制编码盘的示意图，图 2-39（a）中码盘与被测转轴连在一起，涂黑的部分是导电区，其余是绝缘区，码盘外四圈按导电为 1、绝缘为 0 组成二进制码。通常把组成编码的各圈称为码道，对应于 4 个码道并排安装有 4 个固定的电刷，电刷经电阻接电源负极。码盘最里面的一圈是公用的，它和各码道所有导电部分连在一起接电源正极。当码盘随轴一起转动时，与电刷串联的电阻上将出现两种情况：有电流通过，用 1 表示；无电流通过，用 0 表示。出现相应的二进制代码，其中码道的圈数为二进制的位数，高位在内、低位在外，编码方式如图 2-39（b）所示。

图 2-39（c）所示为 4 位格雷码盘，其特点是任何两个相邻数码间只有一位是变化的，它可减少因电刷安装位置或接触不良造成的读数误差。通过上述分析可知，对于一个 $n$ 位二进制码盘，就有 $n$ 圈码道，且圆周均分 $2^n$ 等分，即共用 $2^n$ 个数据来表示其不同的位置，其能分辨的角度为 $\alpha = 360°/2^n$。显然，位数越大，测量精度越高。

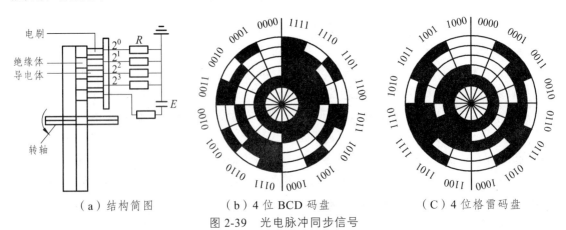

（a）结构简图　　　（b）4 位 BCD 码盘　　　（C）4 位格雷码盘

图 2-39　光电脉冲同步信号

2）绝对式光电码盘

绝对式光电码盘与接触式码盘结构相似，只是将接触式码盘导电区和绝缘区改为透光区和不透光区，由码道上的一组光电元件接收相应的编码信号，即受光输出为高电平，不受光输出为低电平。光电码盘的特点是没有接触磨损，码盘寿命高，允许转速高，精度高，但结构复杂，光源寿命短。

3）脉冲编码器在数控机床上的应用

光电式脉冲编码器在数控机床中可用于工作台或刀架的直线位移的测量；在数控回转工作台中，通过在回转轴末端安装编码器，可直接测量回转台的角位移；在数控车床的主轴上安装编码器后，可实现 $C$ 轴控制，用以控制自动换刀时的主轴准停和车削螺纹时的进刀点和退刀点的定位；在交流伺服电动机中的光电编码器可以检测电动机转子磁极相对于定子绕组的角度位置，控制电动机的运转，并可以通过频率/电压（$f/U$）转换电路，提供速度反馈信号等。此外，在进给坐标轴中，还应用一种手摇脉冲发生器，用于慢速对刀和手动调整机床。

## 2.4.3　光栅测量装置

光栅是利用光的透射、衍射现象进行工作的光学元件。它是用于数控机床的精密检测装置，是一种非接触式测量元件。按形状可分为圆光栅和尺光栅。圆光栅用于角位移的检测，尺光栅用于直线位移的检测。光栅的检测精度较高，可达 1 μm 以上。二者原理相似，这里仅介绍透射式直尺光栅的结构和检测原理。

### 1. 光栅的结构

光栅位置检测装置是由光源、透镜、标尺光栅、指示光栅和光电接收元件等组成（见图2-40）。通常标尺光栅固定在机床活动部件（如工作台）上，指示光栅连同光源、聚光镜及光电池组等安装在机床的固定部件上。

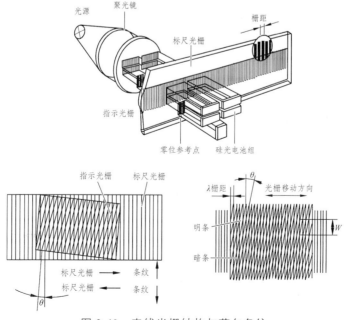

图 2-40　直线光栅结构与莫尔条纹

## 2. 莫尔条纹的产生

标尺光栅和指示光栅间保持一定的间隙，重叠在一起，并在自身的平面内转一个很小的角度$\theta$。图 2-40 中指示光栅和标尺光栅上均刻有很多等距的条纹，形成透光和不透光两个区域，通常情况下光栅刻线的透光和不透光宽度相等。当光源的光线经聚光镜呈平行光线垂直照射到标尺光栅上时，在与两块光栅线纹相交的钝角角平分线上，出现粗大条纹，并随标尺光栅的移动而上下明暗交替地运动，此条纹称为莫尔条纹。图 2-41 中相邻两条明条（或暗条）之间的距离称为莫尔条纹的节距 $W$，由于光栅线纹相互平行，各线纹之间的距离相等，称此距离为栅距$\lambda$。

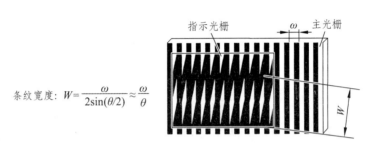

条纹宽度：$W = \dfrac{\omega}{2\sin(\theta/2)} \approx \dfrac{\omega}{\theta}$

图 2-41　莫尔条纹的参数

$W$ 与光栅的栅距$\lambda$、两光栅线纹间的夹角$\theta$（$\theta$ 较小时）之间的关系可近似地表示成：

$$W = \lambda / \theta \qquad\qquad (2-12)$$

这表明，莫尔条纹的节距是栅距的 $1/\theta$ 倍。当标尺光栅移动时，莫尔条纹就沿与光栅移动方向垂直的方向移动。当光栅移动一个栅距$\lambda$时，莫尔条纹就相应准确地移动一个节距 $W$，也就是说，两者一一对应。因此，只要读出移过莫尔条纹的数目，就可知道光栅移过了多少个栅距。而栅距在制造光栅时是已知的，所以光栅的移动距离就可以通过光电检测系统对移过的莫尔条纹进行计数、处理后自动测量出来。

## 3. 莫尔条纹的特性

（1）放大性：

$W = \omega / \theta$，夹角$\theta$很小$\rightarrow W \gg \omega \rightarrow$光学放大$\rightarrow$提高灵敏度。

（2）莫尔条纹移动与栅距成比例：

光栅移动一个栅距$\omega \rightarrow$莫尔条纹沿垂直方向移动一个间距 $W$。

（3）准确性：

大量刻线$\rightarrow$误差平均效应$\rightarrow$克服个别/局部误差$\rightarrow$提高精度。

（4）在一个栅距内，光电元件所检测的光强变化为正弦（或余弦）变化。

常见的尺光栅的线纹密度为 25 条/mm、50 条/mm、100 条/mm、250 条/mm。同一个光栅元件，其标尺光栅和指示光栅的线纹密度必须相同。如光栅的刻线为 100 条/mm 时，即栅距为 0.01 mm 时，人们是无法用肉眼来分辨的，但其莫尔条纹却清晰可见。所以莫尔条纹是一种简单的放大机构，其放大倍数取决于两光栅刻线的交角$\theta$，如$\lambda = 0.01$ mm，$W = 10$ mm，

则其放大倍数为 $1/\theta = W/\lambda = 1\,000$ 倍。这种放大特点是莫尔条纹系统的特性。

光栅在机床上面的应用如图 2-42 和图 2-43 所示。

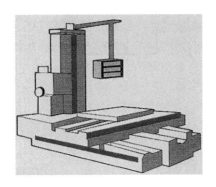

图 2-42　光栅在数控车床上的安装位置

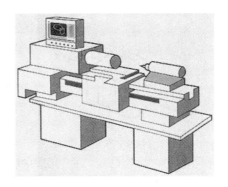

图 2-43　光栅在数控铣床上的安装位置

### 4. 光栅的特点

（1）响应速度快，量程宽，测量精度高。测直线位移，精度可达 0.5 ~ 3 μm（300 mm 范围内），分辨率可达 0.1 μm；测角位移，精度可达 0.15″，分辨率可达 0.1″，甚至更高。

（2）可实现动态测量，易于实现测量及数据处理的自动化。

（3）具有较强的抗干扰能力。

（4）怕振动，怕油污，高精度光栅的制作成本高。

## *2.4.4　磁栅测量装置

磁栅又称磁尺，是一种录有等节距磁化信号的磁性标尺或磁盘，其录磁和拾磁原理与普通磁带相似。在拾磁过程中，磁头读取磁性标尺上的磁化信号并把它转换成电信号，然后通过检测电路将磁头相对于磁性标尺的位置送入计算机或数显装置。它具有调整方便，对使用环境的条件要求低，对周围电磁场的抗干扰能力强，在油污、粉尘较多的场合下使用有较好的稳定性等特点，故在数控机床、精密机床上得到了广泛应用。

磁栅按其结构可分为直线型磁栅［带状和线状，见图 2-44（a）、（c）］和圆型磁栅，如图 2-44（b）所示，分别用于直线位移和角位移的测量，图 2-44（d）所示为磁栅组成框图，它由磁性标尺、磁头和检测电路组成。

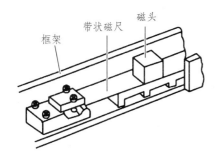

（a）带状磁栅

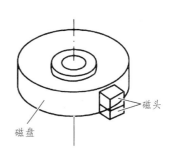

（b）圆型磁栅

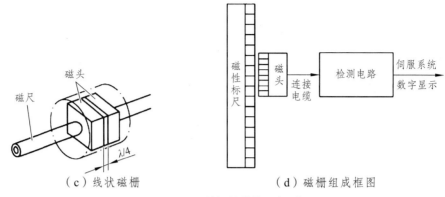

（c）线状磁栅　　　　　　（d）磁栅组成框图

图 2-44　磁栅的结构和组成

　　磁性标尺常采用不导磁材料做基体，在上面镀上一层 10～30 μm 厚的高导磁材料，形成均匀磁膜；再用录磁磁头在尺上记录相等节距的周期性磁化信号，用以作为测量基准。信号可为正弦波、方波等，节距通常为 0.05 mm，0.1 mm，0.2 mm 及 1 mm 等几种。最后在磁尺表面涂上一层 1～2 μm 厚的保护层，以防磁头与磁尺频繁接触而形成磁膜磨损。

　　拾磁磁头是一种磁电转换器，用来把磁尺上的磁化信号检测出来变成电信号送给检测电路。拾磁磁头可分为动态磁头与静态磁头。

　　动态磁头又称为速度响应型磁头，它只有一组输出绕组，所以只有当磁头和磁尺有一定相对速度时才能读取磁化信号，并有电压信号输出。这种磁头用于录音机、磁带机的拾磁磁头，不能用于测量位移。

　　由于用于位置检测用的磁栅要求当磁尺与磁头相对运动速度很低或处于静止时才能测量位移或位置，所以应采用静态磁头。静态磁头又称磁通响应型磁头，它在普通动态磁头上加有带励磁线圈的可饱和铁心，从而利用了可饱和铁心的磁性调制的原理。静态磁头可分为单磁头、双磁头和多磁头。

　　由于单个磁头输出的信号较小，为了提高输出信号的幅值，同时降低对录制的磁化信号正弦波形和节距误差的要求，在实际使用时，常将几个或几十个磁头以一定的方式连接起来，组成多间隙磁头。多间隙磁头中的每一个磁头都以相同的间距放置，相邻两磁头的输出绕组反向串联，这样，输出信号为各磁头输出信号的叠加。

## \*2.4.5　旋转变压器测量装置

　　它是一种电磁式传感器，又称同步分解器，是一种转角位移检测元件。

### 1．结　构

　　是一种控制用交流电机，由转子和定子组成，与普通交流电机相似。定子为变压器的原边，转子为变压器的副边。分解器的定子线圈外接激励电压，（无刷时，通过变压器向外输出，代替有刷）转子与变压器原边相连接，从变压器二次绕组引出最后的输出信号。激磁频率常用的有 400 Hz、500 Hz、1 000 Hz、2 000 Hz 和 5 000 Hz。旋转变压器在结构上保证了其定子和转子在空气间隙内磁通分布符合正弦规律等。

## 2. 工作原理

旋转变压器是根据互感原理工作的，如图 2-45 所示。加于定子绕组的交流激励电压，脉冲磁场通过电磁耦合，转子绕组中产生感应电势与转角 $\theta$ 的关系也是一个正弦电。

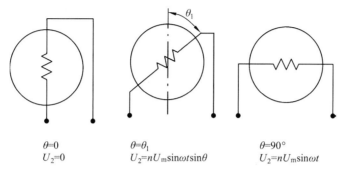

图 2-45　旋转变压器工作原理

## 3. 信号处理方式

当定子绕组通以交流电 $U_1 = U_m \sin \omega t$ 时，将在转子绕组产生感应电动势

$$U_2 = nU_1 \sin \theta = nU_m \sin \omega t \sin \theta \qquad (2\text{-}13)$$

式中，$n$ 为变压比；$U_m$ 为激磁最大电压；$\omega$ 为激磁电压角频率；$\theta$ 为转子与定子相对角位移，当转子磁轴与定子磁轴垂直时，$\theta = 0°$；当转子磁轴与定子磁轴平行时，$\theta = 90°$。

因此，旋转变压器转子绕组输出电压的幅值，是严格按转子偏转角的正弦规律变化的。数控机床正是利用这个原理来检验伺服电机轴或丝杠的角位移的。

旋转变压器构成角位移测量系统时，其信号处理方式分为鉴幅型和鉴相型两种。

### 1）鉴相型工作方式

在鉴相型工作方式下，旋转变压器的定子两相正交绕组，即正弦绕组 $S$ 和余弦绕组 $C$ 中分别加上幅值相等，频率相同，而相位相差 90° 的正弦交流电压，即

$$\left. \begin{array}{l} U_S = U_m \sin \omega t \\ U_C = U_m \cos \omega t \end{array} \right\} \qquad (2\text{-}14)$$

式中，$U_m$ 为交流电压最大值。

这两相励磁电压在转子绕组中产生的感应电动势为

$$e_2 = kU_m(\sin \omega t \cos \alpha + \cos \omega t \sin \alpha) = kU_m \sin(\omega t + \alpha) \qquad (2\text{-}15)$$

式中，$\omega$ 为励磁角频率；$\alpha$ 为转子相对于定子的角位移。

测量转子绕组输出电压的相位角 $\alpha$，即可测得转子相对于定子的转角位置。

### 2）鉴幅型工作方式

当旋转变压器工作在鉴幅型方式下，定子两相绕组的励磁电压为频率相同、相位相同，而幅值分别按正弦、余弦变化的交变电压，即

$$\left. \begin{array}{l} u_s = U_m \sin \alpha \sin \omega t \\ u_c = U_m \cos \alpha \sin \omega t \end{array} \right\}$$

它们在转子绕组产生的感应电动势为：

$$e = KU_m \sin \omega t \sin(\alpha_{机} - \alpha_{电})$$
（2-16）

若 $\alpha_{机} = \alpha_{电}$，则 $e = 0$。在实际应用中，根据转子误差电压的大小，不断修改定子励磁信号的 $\alpha_{电}$（即励磁幅值），使其跟踪 $\alpha_{机}$ 的变化，以测量角位移 $\alpha_{机}$。

### 4. 应　用

通常应用的旋转变压器为二极旋转变压器，其定子和转子绕组中各有互相垂直的两个绕组。其控制系统通常有两种控制方式，一种是鉴相控制，一种是鉴幅控制。此时它可以安装在丝杠上或者和直流电机组装在一起检测转角，一般用于精度要求不高的数控机床上。

### *2.4.6　感应同步器测量装置

感应同步器是由旋转变压器演变而来的，它相当于一个展开的多极旋转变压器。它利用滑尺上的励磁绕组和定尺上的感应绕组之间相对位置变化而产生电磁耦合的变化，从而发出相应的位置电信号来实现位移检测。根据用途和结构特点分为直线式和旋转式两类，分别用于测量直线位移和旋转角度。数控铣床常用直线式的感应同步器。

#### 1. 直线感应同步器的结构

定尺和滑尺基板是由与机床热膨胀系数相近的钢板做成，钢板上用绝缘黏结剂剪贴以铜箔，并利用照相腐蚀的办法做成印刷绕组。其中定尺上是连续绕组，滑尺上是分段绕组（又称正、余旋绕组，即在空间错开 90° 电角度）。

图 2-46（a）所示为直线式感应同步器的外观及安装示意图。由图可知，直线式感应同步器由相对平行移动的定尺和滑尺组成，定尺安装在床身上，滑尺安装在移动部件上与定尺保持 0.2～0.3 mm 间隙平行放置，并随工作台一起移动。定尺上的绕组是单向、均匀、连续的；滑尺上有两组绕组，一组为正弦绕组 $u_s$，另一组为余弦绕组 $u_c$，其节距均与定尺绕组节距相同，为 2 mm，用 $\tau$ 表示。当正弦绕组与定尺绕组对齐时，余弦绕组与定尺绕组相差 1/4 节距，即 90° 相位角，如图 2-46（b）所示。

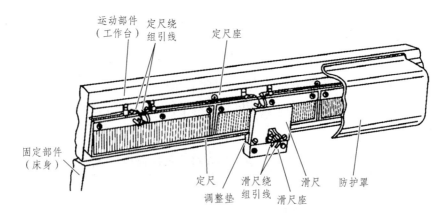

（a）直线式感应同步器的安装示意图

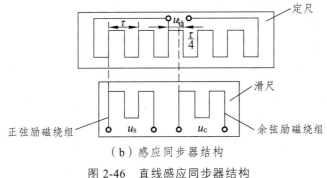

（b）感应同步器结构

图 2-46　直线感应同步器结构

## 2. 感应同步器的工作原理

感应同步器滑尺上的绕组是励磁绕组，定尺上的绕组是感应绕组。当滑尺相对于定尺移动时，由于电磁耦合的变化，感应绕组中的感应电压随位移的周期性变化，滑尺移动一个节距 $\tau$，感应电压变化一个周期。当定尺和滑尺的相对位移是 $x$，定子绕组感应电压因机械位移引起的相位角的变化为 $\theta$ 时，定尺绕组中的感应电压

$$U_\mathrm{d} = kU_\mathrm{m}\cos\theta\sin\omega t = kU_\mathrm{m}\cos\frac{2\pi x}{\tau}\sin\omega t \qquad （2\text{-}17）$$

只要测出 $U_\mathrm{d}$ 值，便可得出 $\theta$ 角和滑尺相对于定尺移动的距离 $x$。

## 3. 应　用

同旋转变压器一样，根据励磁绕组中励磁方式的不同，感应同步器也有相位和幅值两种工作方式。

（1）处于相位工作方式时，滑尺的正弦绕组和余弦绕组分别通以与旋转变压器相同的频率和幅值而相位相差 90° 的励磁电压，则滑尺移动 $x$ 时，定子绕组的感应电压

$$U_\mathrm{d} = kU_\mathrm{m}\sin(\omega t - \theta) = kU_\mathrm{m}\sin\left(\omega t - \frac{2\pi x}{\tau}\right) \qquad （2\text{-}18）$$

说明定尺绕组上感应电压的相位与滑尺的位移严格对应，只要测出定尺感应电压的相位，即可测得滑尺的位移量。

（2）处于幅值工作方式时，滑尺的正弦绕组和余弦绕组分别通以与旋转变压器相同的频率和相位但幅值不同的励磁电压，则定尺绕组产生的感应电压可近似表示为

$$U_\mathrm{d} = \frac{2\pi x}{\tau}\sin\omega t \qquad （2\text{-}19）$$

当滑尺的位移量 $\Delta x$ 较小时，感应电压的幅值和 $\Delta x$ 成正比，因此可以通过测量 $U_\mathrm{d}$ 的幅值来测定 $\Delta x$ 的大小。

## 4. 几点说明

（1）感应同步器的测量周期为其绕组的节距 $\tau$（2 mm）。
（2）感应同步器的测量精度取决于测量电路对输出感应电压的细分精度。

（3）现在商品化的感应同步器的输出大多是脉冲量，使其能方便地采用现代的数字处理技术。

（4）感应同步器的特点：精度高；对环境的适应能力强，抗湿度、温度、热变形影响的能力强；维护简单、寿命长，它是一种非接触测量，无磨损，精度保持性好；测量距离长，通过接长可满足大行程测量的要求。

（5）感应同步器的使用注意事项：

① 在安装方面：

要保证安装精度（安装面的精度、定尺与滑尺的相对位置精度、接缝的调整精度）；一般要加装防护装置（避免切屑、油污、灰尘的影响）。

② 在电气方面：要保证激磁电压波形的对称性和保真性。鉴相系统要求激磁电压的幅值、频率相等；相位差90°；鉴幅系统要求保证对 $U_m \sin\theta_1$、$U_m \cos\theta_1$ 调制的精确性；当失真度大于2%时，将严重影响测量精度。

长感应同步器目前被广泛地应用于大位移静态与动态测量中，如用于三坐标测量机、程控数控机床及高精度重型机床及加工中测量装置等。圆感应同步器则被广泛地用于机床和仪器的转台以及各种回转伺服控制系统中。

## 2.5 伺服驱动系统

伺服系统是数控系统主要的子系统。如果说 CNC 装置是数控系统的"大脑"，是发布命令的"指挥所"，那么伺服系统的伺服电机则是数控系统的"四肢"，是一种执行机构。它忠实地执行由 CNC 装置发来的运动命令，精确控制执行部件的运动方向，进给速度与位移量。如果说数控机床的功能由 CNC 决定的话，那么伺服系统在很大程度上决定了数控机床的性能。以加工中心为例（见图 2-47），在进给机构、主轴机构和换刀机构上都需要配置伺服电机。伺服驱动系统的作用归纳如下：

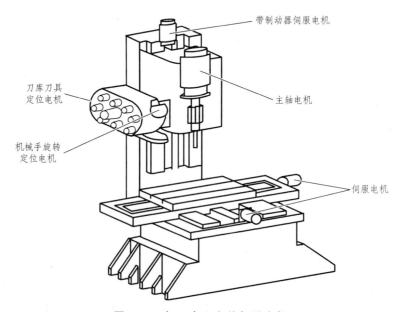

图 2-47　加工中心上的伺服电机

（1）伺服驱动系统能放大控制信号，具有输出功率的能力；

（2）伺服驱动系统根据 CNC 装置发出的控制信息对机床移动部件的位置和速度进行控制。

数控机床的最高转速、跟踪精度、定位精度等重要指标主要取决于驱动系统性能的优劣。

## 2.5.1　伺服驱动系统概述

### 1. 伺服系统的组成和原理

图 2-48（a）所示为闭环伺服系统结构原理图。安装在工作台上的位置检测元件把机械位移变成位置数字量，并由位置反馈电路送到 CNC 内部，该位置反馈量与 CNC 的指令位置进行比较，如果不一致，CNC 送出差值信号，经驱动电路将差值信号进行变换、放大后驱动电动机，经减速装置带动工作台移动。当比较后的差值信号为零时，电动机停止转动，此时，工作台移到指令所指定的位置。这就是数控机床的位置控制过程。

图 2-48（a）中的测速发电机和速度反馈电路组成反馈回路，可实现速度恒值控制。测速发电机和伺服电动机同步旋转。假如因外负载增大而使电动机的转速下降，则测速发电机的转速下降，经速度反馈电路，把转速变化的信号转变成电信号，送到驱动电路，与输入信号进行比较，比较后的差值信号经放大后，产生较大的驱动电压，从而使电动机转速上升，恢复到原先调定转速，使电动机排除负载变动的干扰，维持转速恒定不变。

该电路中，由速度反馈电路送出的转速信号是在驱动电路中进行比较，而由位置反馈电路送出的位置信号是在微机中进行比较。比较的形式也不同，速度比较是通过硬件电路完成的，而位置比较是通过 CNC 软件实现的。

伺服系统组成原理可以用框图 2-48（b）表示，进给伺服系统是以机床移动部件（如工作台）的位置和速度作为控制量的自动控制系统，主要由以下几个部分组成：

（1）比较环节：它能接收输入的加工程序和反馈信号，经系统软件运行处理后，由输出口送出指令信号。

（2）驱动电路：接收微机发出的指令，并将输入信号转换成电压信号，经过功率放大后，驱动电动机旋转。转速的大小由指令控制。若要实现恒速控制功能，驱动电路应能接收速度反馈信号，将反馈信号与微机的输入信号进行比较，将差值信号作为控制信号，使电动机保持恒速转动。

（3）执行元件：可以是直流伺服电动机、交流伺服电动机，也可以是步进电动机。采用步进电动机的通常是开环控制。

（4）传动装置：包括减速箱和滚珠丝杠等。

（5）位置检测元件及反馈电路：位置检测元件有直线感应同步器、光栅和磁尺等。位置检测元件检测的位移信号由反馈电路转变成计算机能识别的反馈信号送入计算机，由计算机进行数据比较后送出差值信号。

（6）测速发电机及反馈电路：测速发电机实际是小型发电机，发电机两端的电压值和发电机的转速成正比，故可将转速的变化量转变成电压的变化量。除微型计算机外，其余部分称为伺服驱动系统。

数控机床的定位精度与其使用的伺服系统类型有关。步进电动机开环伺服系统的定位精度是 0.01 ~ 0.005 mm；对精度要求高的大型数控设备，通常采用交流或直流伺服电机，闭环或半闭环伺服系统。对高精度系统必须采用高精度检测元件，如感应同步器、光电编码器或磁尺等。对传动机构也必须采取相应措施，如采用高精度滚珠丝杠等，闭环伺服系统定位精度可达 0.001 ~ 0.003 mm。

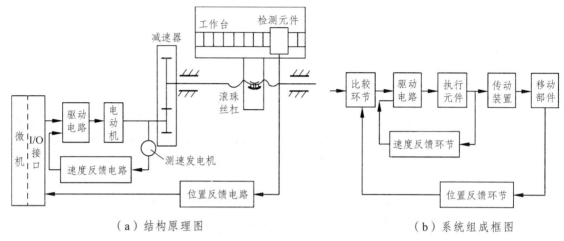

（a）结构原理图　　　　　　　　　　　（b）系统组成框图

图 2-48　伺服系统的结构与组成

## 2. 伺服系统的分类

1）按用途和功能分

（1）进给驱动系统：是用于数控机床工作台坐标或刀架坐标的控制系统，控制机床各坐标轴的切削进给运动，并提供切削过程所需的力矩。主要关心其力矩大小，调速范围大小、调节精度高低、动态响应的快速性。进给驱动系统一般包括速度控制环和位置控制环。

（2）主轴驱动系统：用于控制机床主轴的旋转运动，为机床主轴提供驱动功率和所需的切削力。主要关心其是否有足够的功率，宽的恒功率调节范围及速度调节范围；它只是一个速度控制系统。

2）按使用的执行元件分

（1）电液伺服系统：其伺服驱动装置是电液脉冲马达和电液伺服马达。其优点是在低速下可以得到很高的输出力矩，刚性好，时间常数小、反应快和速度平稳；其缺点是液压系统需要供油系统，体积大、有噪声、漏油等。

（2）电气伺服系统：其伺服驱动装置伺服电机（如步进电机、直流电机和交流电机等）。其优点是操作维护方便，可靠性高。

① 直流伺服系统：其进给运动系统采用大惯量宽调速永磁直流伺服电机和中小惯量直流伺服电机；主运动系统采用他激直流伺服电机。其优点是调速性能好；其缺点是有电刷，速度不高。

② 交流伺服系统：其进给运动系统采用交流感应异步伺服电机（一般用于主轴伺服系统）和永磁同步伺服电机（一般用于进给伺服系统）。优点是结构简单，不需维护，适合于在恶劣环境下工作；动态响应好，转速高和容量大。

3）按控制原理分

（1）开环伺服系统：系统中没有位置测量装置，信号流是单向的（数控装置→进给系统），故系统稳定性好。

（2）半闭环伺服系统：系统的位置采样点是从伺服电机或丝杠的端部引出，采样旋转角度进行检测，不是直接检测最终运动部件的实际位置。

（3）闭环伺服系统：系统中有反馈控制系统，位置采样点从工作台引出，可直接对最终运动部件的实际位置进行检测；能得到更高的速度、精度和驱动功率。

4）按反馈比较控制方式分

（1）脉冲、数字比较伺服系统：该系统是将数控装置发出的数字（或脉冲）指令信号与检测装置测得的以数字（或脉冲）形式表示的反馈信号直接进行比较，以产生位置误差达到闭环控制。这种系统结构简单，容易实现，整机工作稳定，应用十分普遍。

（2）相位比较伺服系统：该系统中，位置检测装置采取相位工作方式，指令信号与反馈信号都变成某个载波的相位，然后通过两者相位的比较，获得实际位置与指令位置的偏差，实现闭环控制。它常用感应式检测元件（旋转变压器、感应同步器），载波频率高，响应快，抗干扰性强，适用于连续控制的伺服系统。

（3）幅值比较伺服系统：该系统是以位置检测信号的幅值大小来反映机械位移的数值，并以此信号作为位置反馈信号，一般还要将此幅值信号转换成数字信号才与指令数字信号进行比较，从而获得为位置偏差信号构成闭环控制系统。

（4）全数字伺服系统：有电流、速度、位置构成的三环反馈控制全部数字化。该系统使用灵活，柔性好，采用了许多新的控制技术和改进伺服性能的措施，使控制精度和品质大大提高。

### 3. 伺服系统的控制方式

数控机床伺服电机驱动主要指对机床的工作台和主轴的控制，控制对象主要针对位置环、速度环、电流环这三环，有 3 种方式：

1）开环控制（步进电机驱动）方式

开环进给伺服系统是数控机床中最简单的伺服系统，从图 2-49 可以看出，此方式信号流是单向的（数控装置→进给系统），故系统稳定性好。

开环伺服系统的特点：

（1）一般以功率步进电机作为伺服驱动元件。

（2）无位置反馈，精度相对闭环系统来讲不高，机床运动精度主要取决于伺服驱动电机和机械传动机构的性能和精度。步进电机步距误差，齿轮副、丝杠螺母副的传动误差都会反映在零件上，影响零件的精度。

（3）结构简单，工作稳定，调试方便，维修简单，价格低廉，因此在精度和速度要求不高、驱动力矩不大的场合得到广泛应用。一般用于经济型数控机床。

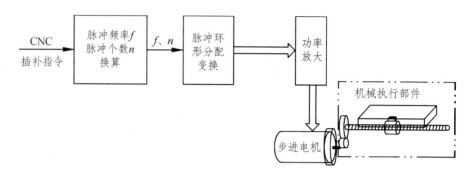

图 2-49　开环控制方式

2）半闭环控制方式

半闭环数控系统的位置采样点是从驱动装置（常用伺服电机）或丝杠引出，检测其旋转角度，而不是直接检测运动部件的实际位置，如图 2-50 所示。

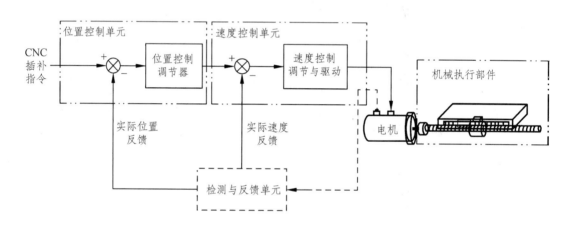

图 2-50　半闭环控制方式

半闭环伺服系统的特点：

（1）半闭环环路内不包括或只包括少量机械传动环节，因此可获得稳定的控制性能，其系统的稳定性虽不如开环系统，但比闭环要好。

（2）由于丝杠的螺距误差和齿轮间隙引起的运动误差难以消除，因此，其精度较闭环差，较开环好。但可对这类误差进行补偿，因而仍可获得满意的精度。

（3）由于半闭环伺服系统结构简单，调试方便，精度也较高，因而在现代 CNC 机床中得到了广泛应用。

3）全闭环控制方式

全闭环数控系统的位置采样点从机械执行部件（即运动部件）上引出，如图 2-51 的虚线所示，直接对运动部件的实际位置和运动速度进行检测。

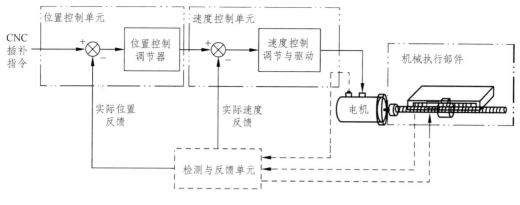

图 2-51　全闭环控制方式

闭环伺服系统的特点：

（1）从理论上讲，可以消除整个驱动和传动环节的误差、间隙和失动量，具有很高的位置控制精度。从理论上讲，机床运动精度只取决于检测装置的精度，与传动链误差无关。但实际对传动链和机床结构仍有严格要求。

（2）由于位置环内的许多机械传动环节的摩擦特性、刚性和间隙都是非线性的，故很容易造成系统的不稳定，使闭环系统的设计、安装和调试都相当困难。该系统主要用于精度要求很高的镗铣床、超精车床、超精磨床以及较大型的数控机床等。

### 4. 数控机床对伺服系统的基本要求

1）精度高

由于数控机床的动作是由伺服电动机直接驱动的，为了保证移动部件的定位精度和轮廓加工精度，要求它有足够高的定位精度。一般要求定位精度为 0.01 ~ 0.001 mm；高档设备的定位精度要求达到 0.1 μm 以上，目前已有纳米级定位精度的机床。

2）快速响应

快速响应是伺服系统的动态性能，反映了系统的跟踪精度。目前数控机床的插补时间都在 10 ms 以内，在这么短时间内指令变化一次，要求伺服电动机迅速加/减速，并具有很小的超调量。

3）调速范围宽

目前数控机床一般要求进给伺服系统的调速范围是 0 ~ 30 m/min，且速度均匀、稳定，低速无爬行，速降小。使用直线电动机的系统，最高快进速度已达到 240 m/min。若考虑到有的系统中安装减速齿轮副的减速作用，伺服电动机要有更宽的调速范围。对于主轴电动机，因使用无级调速，要求有 1∶100 ~ 1∶1000 范围内的恒扭矩调速以及 1∶10 以上的恒功率调速。在低速切削时，还要求伺服系统能输出较大的转矩，即从工件材料、刀具以及加工要求各不相同，要保证数控机床在任何情况下都能得到最佳切削条件，伺服系统就必须有足够的调速范围，既能满足高速加工要求，又能满足低速进给要求。

4）低速扭矩大

机床在低速切削时，切削深度和进给都较大，要求主轴电动机输出的扭矩较大。现代的数控机床，通常是伺服电动机与丝杠直联，没有降速齿轮，这就要求进给电动机在低速时能输出较大的扭矩。

5）惯量匹配

移动部件加速和减速时都有较大的惯量，由于要求系统的快速响应性能好，因而电动机的惯量要与移动部件的惯量匹配。通常要求电动机的惯量不小于移动部件的惯量的1/3。

5）过载能力较强

由于电动机加减速时要求有很快的响应速度，而使电动机可能在过载的条件下工作，这就要求电动机有较强的抗过载能力。通常要求在数分钟内过载4～6倍而不损坏。

特别提醒：伺服系统对伺服电机的要求更高。

（1）从最低速到最高速电机都能平稳运转，转矩波动要小，尤其在低速如0.1 r/min或更低速时，仍有平稳的速度而无爬行现象。

（2）电机应具有大的较长时间的过载能力，以满足低速大转矩的要求。

（3）为满足快速响应的要求，电机应有较小的转动惯量和大的堵转转矩，并具有尽可能小的时间常数和启动电压。

（4）电机应能承受频繁启动、制动和反转。

## 2.5.2　步进电机开环伺服系统

步进电机驱动装置是最简单经济的开环位置控制系统，在中小机床的数控改造中经常采用，掌握其工作原理及应用也有着重要的现实意义。它由机床数控装置送来的指令脉冲，经驱动电路、功率步进电机、减速器、丝杆螺母副转换成机床工作台的移动。

### 1．步进电机分类

步进电机又称为脉冲电动机、电脉冲马达，是将电脉冲信号转换成机械角位移的执行器件。步进电机按力矩产生原理，可分为：

（1）反应式：转子无绕组，由被励磁的定子绕组产生感应力矩实现步进运动。

（2）励磁式：定、转子绕组都有励磁，转子采用永久磁钢励磁，相互产生电磁力矩实现步进运动。

步进电机按定子绕组数量可分为两相、三相、四相、五相和多相。

### 2．结　构

目前我国使用的步进电机一般为反应式步进电机，这种电动机有径向分相和轴向分相两种，如图2-52（a）、（b）所示，是由定子、定子绕组和转子组成的。

电机的定子和转子铁心通常由硅钢片叠成。定子铁心其上有6个均匀分布的大齿（磁极），每个齿上又开了5个小齿（定子磁极小齿），齿槽等宽，齿间夹角是9°；定子上有A、B、C三对磁极，在相对应的磁极上绕有A、B、C三相控制绕组。转子上没有绕组，只有均匀分布的40个小齿（转子齿），齿槽也是等宽的，齿间夹角也是9°。另外，三相定子磁极小齿在空间位置上依次错开1/3齿距，即当A相定子磁极小齿与转子齿对齐时，B相定子磁极小齿刚好超前（或滞后）转子齿1/3齿距角，C相磁极齿超前（或滞后）转子齿2/3齿距角。

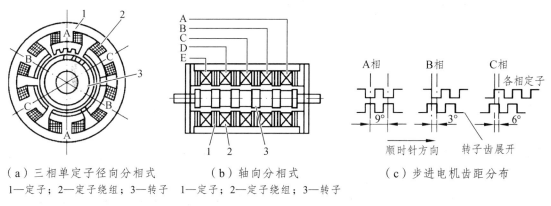

（a）三相单定子径向分相式　　（b）轴向分相式　　（c）步进电机齿距分布
1—定子；2—定子绕组；3—转子　1—定子；2—定子绕组；3—转子

图2-52 步进电机结构示意图

### 3. 步进电机的工作原理

步进电机是一种把电脉冲转换成角位移的电机。用专用的驱动电源向步进电机供给一系列的且有一定规律的电脉冲信号，每输入一个电脉冲，步进电机就前进一步，其角位移与脉冲数成正比，电机转速与脉冲频率成正比，而且转速和转向与各相绕组的通电方式有关。

由于三相定子磁极上的小齿在空间上依次错开了1/3齿距，当A相磁极上的齿与转子上的齿对齐时，B相磁极上的齿刚好超前（或滞后）转子齿1/3齿距角，即3°，C相磁极上的齿超前（或滞后）转子齿2/3齿距角，即6°。当直流电源给三相反应式步进电机的A、B、C三相定子绕组轮流供电时，感应力矩将吸引步进电机的转子齿与A、B、C三相定子磁极上的齿分别对齐，转子将被拖动，按定子上A、B、C磁极位置顺序的方向一步一步移动，每步移动的角度为3°，称为步距角。

所以错齿是步进电机工作的根本原因。

### 4. 步进电机的通电方式

步进电机的运行方式有：三相单三拍、三相双三拍和三相六拍。

步进电机绕组的每一次通断电称为一拍，每拍中只有一相绕组通电，即按A→B→C→A的顺序连续向三相绕组通电，称为三相单三拍通电方式。如果每拍中都有两相绕组通电，即按AB→BC→CA→AB的顺序连续通电，则称为三相双三拍通电方式。这种通电方式定子绕组的通电状态每改变一次，转子转过3°。

如果通电循环的各拍交替出现单、双相通电状态，即按A→AB→B→BC→C→CA→A，称为三相六拍通电方式，又称三相单双相通电方式。这种通电方式当从A相通电转为A和B同时通电时，转子齿将同时受到A相绕组产生的磁场和B相绕组产生的磁场的共同吸引，转子齿只好停在A和B两相磁极之间，转子转过1.5°。当由A和B两相同时通电转为B相通电时，转子再沿顺时针方向旋转1.5°，使转子齿与B相磁极对齐。依此类推。在三相六拍通电时，定子绕组的通电状态每改变一次，转子转过 1.5°。与三相三拍通电方式相比，可使每次转角缩小一半。

在某种通电方式中如果改变步进电机绕组通电的顺序，如在三相单三拍通电方式中，将通电顺序改变为 A→C→B→A，则步进电机将向相反方向运动。

### 5. 步距角

综上所述，可以得到如下结论：

（1）步进电机定子绕组的通电状态每改变一次，它的转子便转过一个确定的角度，即步进电机的步距角 $a$；

（2）改变步进电机定子绕组的通电顺序，转子的旋转方向随之改变；

（3）步进电机定子绕组通电状态的改变速度越快，其转子旋转的速度越快，即通电状态的变化频率越高，转子的转速越高；

（4）步进电机步距角 $a$ 与定子绕组的相数 $m$、转子的齿数 $z$、通电方式 $k$ 有关，可用式（2-25）表示：

$$\alpha = \frac{360°}{mzk} \tag{2-20}$$

式中，$m$ 为定子绕组的相数；$Z$ 为转子的齿数；$K$ 为通电方式系数；当 $m$ 相 $m$ 拍通电时，$k=1$；$m$ 相 $2m$ 拍通电时，$k=2$。

### 6. 步进电机功率驱动

功能：将具有一定频率 $f$、一定数量和方向的进给脉冲转换成控制步进电机各项定子绕组通断电的电平信号。驱动控制电路由环形分配器和功率放大器组成。

#### 1）环形分配器

环形分配器是用于控制步进电机的通电方式，其作用是将数控装置送来的一系列指令脉冲按照一定的顺序和分配方式加到功率放大器上，控制各相绕组的通电、断电。环形分配器可以由硬件逻辑线路构成，也可以用软件来实现，如图 2-53 和图 2-54 所示。

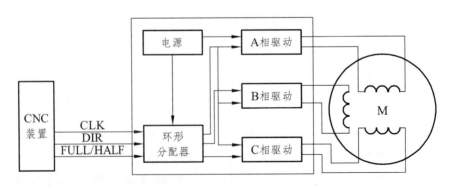

图 2-53 三相硬件环形分配器的驱动控制

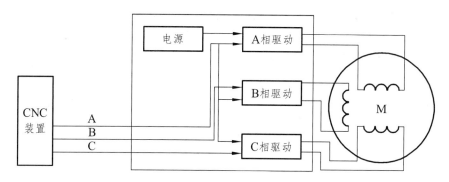

图 2-54 三相软件环形分配器的驱动控制

2）功率放大电路

从环形分配器来的进给控制信号的电流只有几毫安，而步进电机的定子绕组需要几安培以上电流。因此，需要对从环形分配器来的信号进行功率放大，以提供幅值足够，前后沿较好的励磁电流。一般要求：

（1）能够提供快速上升、下降的电流，并使电流波形尽量接近矩形。

（2）具有供截止期间释放电流的回路，以降低相绕组两端的反电动势，加快电流衰减。

（3）功耗低，效率高。

常用高低压双电源型、恒流斩波型和调频调压型。

（1）单极型驱动电路。

利用开关晶体管，只控制相绕组电流的导通和截止，是最简单的驱动电路，用来控制反应式步进电机。

（2）双极型驱动电路。

利用 4 只晶体管组成的桥式驱动电路，它不仅可以控制相绕组电流的导通和截止，还可以控制相绕组电流的方向，故称为"双极性"驱动电路。

该驱动电路的效率要比单极型驱动电路高，但在续流过程中要克服电源电压，因而相电流衰减速度很快。

由于上述两种驱动电路在绕组上至少都要串有一个限流电阻，这样可提高电流上升和下降的速度，但也增大了功率损耗，使之效率低，放热量大，体积增大。

（3）高、低电压切换电路（可克服上述缺点）：又称双电压供电功放器，如图 2-55 所示。

图 2-55 中，$U_g$ 是高压电源电压；$U_d$ 是低压电源电压；$V_g$ 是高压控制晶体管；$V_d$ 低压控制晶体管；$VD_1$ 是续流二极管；$VD_2$ 是阻断二极管；$U_{cp}$ 是步进控制脉冲；$U_{cg}$ 是高压控制脉冲。

工作原理：当步进控制脉冲 $U_{cp}$ 到来时，经驱动电路放大，控制高、低压功率晶体管 $V_g$、$V_d$ 同时导通，由于 $VD_2$ 的作用，阻断了高压 $U_g$ 到低压 $U_d$ 的通路。使高压 $U_g$ 作用在电机绕组 W 上。高压脉冲信号 $U_{cg}$ 在高压脉宽定时电路的控制下，经过一定的时间（小于 $U_{cp}$ 的宽度）便消失，使高压管 $V_g$ 截止。这时，由于低压管 $V_d$ 仍导通，低压电源 $U_d$ 便经二极管 $VD_2$ 向绕组供电，一直维持到步进脉冲 $U_{cp}$ 的结束。$U_{cp}$ 结束时，$V_d$ 关断，绕组中的续流经 $VD_1$ 释放。整个工作过程个控制信号及绕组的电压、电流波形如图 2-55（b）所示。

特点：由于绕组通电时，先采用高压供电，提高绕组的电流上升率。可通过调整 $V_g$ 的开通时间（由 $U_{cg}$ 控制）来调整电流的上冲值。高压脉宽不能太长，以免由于电流上冲值过大而损坏功率晶体管或引起电机的低频振荡。在 $V_d$ 截止时，绕组中续流的泄放回路为 W→$R_s$ →$VD_1$→$U_g$ + →$U_{g-}$→$U_d$ + →$VD_2$→W。在泄放工程中，由于 $U_g$ > $U_d$，绕组上承受和开通时相反的电压，从而加速了泄放过程，使绕组电流脉冲有较陡的下降沿。

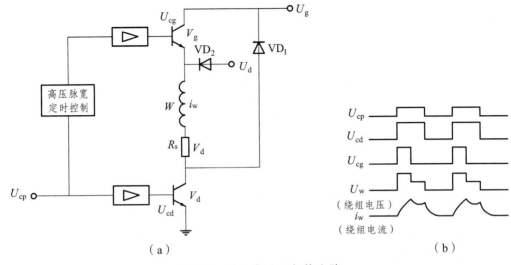

图 2-55　高、低电压切换电路

由此可见，采用高低压供电的驱动电源，绕组电流的建立和消失都比较快，从而改善了步进电机的高频性能。

步进电机的绕组是铁心电感线圈，在接通或断开时，电流不能突变。由于过渡过程的存在，在一个通电周期中，实际电流平均值比理想的矩形波小，从而使电机运行时的输出转矩降低。

（4）带斩波器的高、低压驱动电源

（5）细分电路：也称微步驱动，它通过控制各相绕组电流的大小和比例，使布距角减小到原来的几分之一到几十分之一。细分电路既提高了步进电机的分辨率，又能够平滑步进运动，减弱甚至消除振荡。

### 7. 步进电机的主要特征

1）最大静转矩 $T_{max}$

电磁转矩的最大值称为最大静态转矩。它与通电状态及绕组内电流的值有关。在一定通电状态下，最大静转矩与绕组内电流的关系，称为最大静转矩特性。当控制电流很小时，最大静转矩与电流的平方成正比地增大，当电流稍大时，受磁路饱和的影响，最大转矩 $T_{max}$ 上升变缓，电流很大时，曲线趋向饱和。

2）启动频率

步进电动机的启动频率 $f_q$ 是指它在一定的负载转矩下能够不失步地启动的最高频率。启动频率的大小是由许多因素决定的，绕组的时间常数越小，负载转矩和启动惯量越小，步距角越小，则启动频率越高。

３）连续运行频率

步进电机连续运行时，所能接收的并保证不丢步运行的极限频率 $f_{max}$，称为最高工作频率。

４）矩频特性

在图 2-56 所示的矩角特性中，电磁转矩的最大值称为最大静态转矩。图 2-57 是一个三相步进电动机单相通电状态下最大静转矩特性。

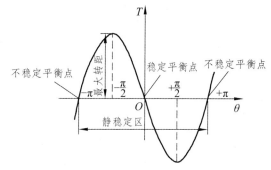

图 2-56　步进电机的静态矩角特性

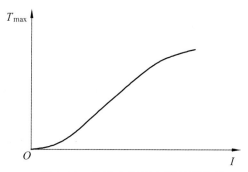

图 2-57　步进电机最大静转矩特性

５）静态步矩误差

静态步距误差是指理论的步距角和实际的步距角误差。影响步距误差的因素主要有：① 步进电机齿距制造误差；② 定子和转子间气隙不均匀；③ 各相电磁转矩不均匀。

**8. 步进电机的选择**

步进电机步距角（涉及相数）、静转矩及电流三大要素组成。一旦三大要素确定，步进电机的型号便确定下来了。

**9. 提高步进伺服系统精度的措施**

步进电机的质量、机械传动部分的结构和质量以及控制电路的完善与否，均影响到系统的工作精度。

用步进电机驱动的开环误差的来源：

（1）步进电机：步距角的误差，动态性能，开、停误差，高速大转矩容易失步，频繁的启、停、换向等。

（2）机械传动机构：传动间隙误差、螺距误差等。

在控制方法上采取的措施：

（1）传动间隙消除和补偿。

（2）螺距误差补偿（用软件）。

（3）细分线路：把步进电机的一步再分的细一些；减小脉冲当量。

## 2.5.3　交流伺服电机闭环驱动

闭环控制系统是采用直线型位置检测装置（直线感应同步器、长光栅等）对数控机床工作台位移进行直接测量并进行反馈控制的位置伺服系统，其控制原理如图 2-58 所示。这种系统有位置检测反馈电路，有时还加上速度反馈电路。

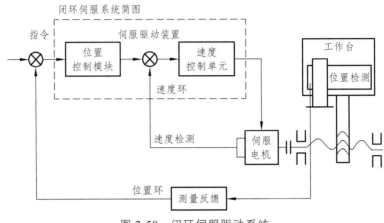

图 2-58　闭环伺服驱动系统

　　数控机床曾经大量使用直流伺服电机进行闭环驱动。直流伺服系统具有优良的调速性能，但存在着固有的缺陷，如电刷和换向器易磨损，换向时会产生火花等，使其在最高转速、应用环境上均受到限制。随着大功率半导体器件、变频技术和数字伺服技术的发展，在大中型数控机床中交流伺服电机已经开始取代直流伺服电机。

　　交流伺服电动机分为异步型和同步型两种。同步型交流伺服电动机按转子的不同结构又可分为永磁式、磁滞式和反应式等多种类型。数控机床的交流进给伺服系统多采用永磁式交流同步伺服电动机。

### 1. 永磁交流同步伺服电机的结构

　　图 2-59 所示为永磁交流同步伺服电动机的结构示意图。由图可知，它主要由定子、转子和检测元件（转子位置传感器和测速发电机）等组成。定子内侧有齿槽，槽内装有三相对称绕组，其结构和普通感应电动机的定子相似。定子上有通风孔，外形呈多边形，且无外壳以便于散热；转子主要由多块永久磁铁和铁心组成，这种结构的优点是磁极对数较多，气隙磁通密度较高。

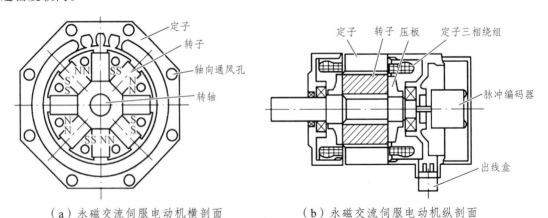

（a）永磁交流伺服电动机横剖面　　　　（b）永磁交流伺服电动机纵剖面

图 2-59　永磁式同步电动机的结构示意图

## 2. 永磁交流同步伺服电机的工作原理

当三相定子绕组通入三相交流电后，就会在定子和转子间产生一个转速为 $n_0$ 的旋转磁场，转速 $n_0$ 称为同步转速。设转子为两极永久磁铁，定子的旋转磁场用一对旋转磁极表示，由于定子的旋转磁场与转子的永久磁铁的磁力作用，使转子跟随旋转磁场同步转动，如图 2-60 所示。当转子加上负载扭矩后，转子磁极轴线将落后定子旋转磁场轴线一个 $\theta$ 角，随着负载增加，$\theta$ 角也将增大；负载减小时，$\theta$ 角也减小。只要负载不超过一定限度，转子始终跟着定子的旋转磁场以恒定的同步转速 $n_0$ 旋转。若三相交流电源的频率为 $f$，电动机的磁极对数为 $p$，则同步转速 $n_0 = 60f/p$。

负载超过一定限度后，转子不再按同步转速旋转，甚至可能不转，这就是交流同步伺服电动机的失步现象。此负载的极限称为最大同步扭矩。

永磁交流同步伺服电动机在启动时由于惯性作用跟不上旋转磁场，定子、转子磁场之间转速相差太大，会造成启动困难。解决这一问题通常要用减小转子惯量，或采用多极磁极，使定子旋转磁场的同步转速不很大，同时也可在速度控制单元中让电动机先低速启动，然后再提高到所要求的速度。解决同步电机启动困难的问题。

## 3. 永磁交流同步伺服电动机的特性

永磁交流同步伺服电动机的性能如同直流伺服电动机一样，也可用特性曲线来表示。图 2-61 所示为永磁同步电动机的工作曲线，即扭矩—速度特性曲线。由图可知，它由连续工作区 I 和断续工作区 II 两部分组成。在连续工作区 I 中，速度和扭矩的任何组合都可连续工作；在断续工作区 II 内，电动机只允许短时间工作或周期性间歇工作。

主要参数：额定功率、额定扭矩、额定转速等。

交流伺服电机的优点：

（1）动态响应好；

（2）输出功率大，电压和转速提高。

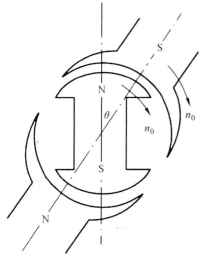

图 2-60　永磁式同步电动机的工作原理

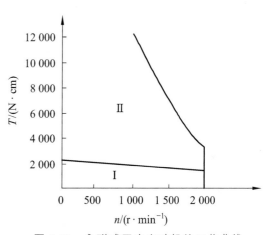

图 2-61　永磁式同步电动机的工作曲线

永磁交流同步伺服电动机的机械特性比直流伺服电动机的机械特性更硬，其直线更接近水平线，而断续工作区范围更大，尤其在高速区，这有利于提高电动机的加、减速能力。交流伺服电动机的主要特性参数有：

（1）额定功率：即电动机长时间连续运行所能输出的最大功率，其数值为额定扭矩与额定转速的乘积。

（2）额定扭矩：即电动机在额定转速以下所能输出的长时间工作扭矩。

（3）额定转速：它由额定功率和额定扭矩决定，通常在额定转速以上工作时，随着转速的升高，电动机所能输出的长时间工作扭矩要下降。此外，交流伺服电动机的特性参数还有瞬时最大扭矩、最高转速和电动机转子惯量等。

### 4. 永磁交流同步伺服电机的调速方法

进给系统常使用交流同步电机，该电机没有转差率，电机转速为

$$n = \frac{60f}{p}(1-s) = \frac{60f}{p}$$

调速方法：变频调速。

### 5. 交流进给伺服电机的速度控制系统

该系统由：速度环、电流环 、SPWN 电路、功放电路、检测反馈电路等组成，如图 2-62 所示。

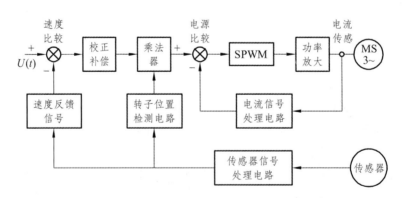

图 2-62  交流伺服电机速度控制系统组成框图

## *2.5.4  主轴驱动电机

主轴驱动电机

## 本章小结

本章是数控机床加工工艺与编程课程的基础。其主要内容是数控机床及数控系统的基本组成和原理，数控加工的基本内容。通过本章的学习，应当理解数控加工过程，掌握数控加工的基本原理，对数控机床的硬件结构包括位置检测和伺服系统有比较深的认识。

重点学习了插补和刀具补偿原理。插补功能控制刀具相对于工件以给定的速度沿指定的路径和某一规律协调运动。而离开刀具半径补偿功能，数控铣床就不可能加工出复杂和高精度的零件。

本章练习（自测）

## 思考与练习题

1. 数控装置（CNC）由哪些部分组成？

2. CNC 装置硬件结构主要由哪几部分组成？

3. 单微处理器结构和多处理器结构的区别是什么？

4. 机床数控系统由哪些类型？

5. 计算机数控系统常用的外部设备有哪几种？简述其功能。

6. "插补"是什么意思？

7. 插补器控制机床每走一步要完成 4 个工作节拍是什么？

8. 数控插补方法分哪两类？各有什么特点？

9. 直线的起点坐标在原点 O（0，0），终点 $A$ 的坐标分别为①$A$（5，3），②$A$（−5，3），③$A$（4，3），④A（−4，3），试用逐点比较法对这些直线进行插补，并画插补轨迹。

10. 顺圆的起、终点坐标为：$A$（0，5）、$B$（5，0），试用逐点比较法进行顺圆插补，并画出刀具轨迹。

第 9 题参考答案

第 10 题参考答案

11. 刀具补偿有何作用？

12. 数控机床对位置检测有何要求？

13. 怎样对位置检测装置进行分类？

14. 简述磁栅的构成和工作原理。

15. 什么是伺服驱动系统？由几部分组成？

16. 加工中心主轴为何需要"准停"？如何实现"准停"？

# 第 3 章　铣削工具系统

要完成某一个具体零件的加工，除了必须具有机床本体和数控系统外，还必须具备满足零件工艺要求的各类工具。学习中需注意培养常用的标准化刀具、量具、夹具合理选择的能力。自制专用刀具属于高级工艺人员研究的范畴。

## 3.1　旋转刀具系统

### 3.1.1　基本概念

金属切削刀具按其运动方式可分为旋转刀具（镗铣刀具系统）和非旋转刀具（车削刀具系统）。所谓刀具系统是指由刀柄、夹头和切削刀具所组成的完整的刀具体系，刀柄与机床主轴相连，切削刀具通过夹头装入刀柄之中。

数控加工对刀具的要求：

（1）适应高速切削要求，具有良好的切削性能；

（2）高可靠性；

（3）较高的尺寸耐用度；

（4）高精度；

（5）可靠的断屑及排屑措施；

（6）能精确而迅速地调整；

（7）具有刀具工作状态监测装置；

（8）刀具标准化、模块化、通用化及复合化。

数控加工刀具必须适应数控机床高速、高效和自动化程度高的特点，一般应包括通用刀具、通用连接刀柄及少量专用刀柄。刀柄要连接刀具并装在机床动力头上，因此已逐渐标准化和系列化。数控刀具的种类有多种，如图 3-1 所示。

### 3.1.2　常用旋转刀具介绍

#### 1．立铣刀

立铣刀主要用于立式铣床上铣削加工平面、台阶面、沟槽、曲面等。针对不同的加工要素和加工效率，立铣刀有下述几种常用形式。

图 3-1　刀具的种类

1）端面立铣刀

立铣刀的主切削刃分布在铣刀的圆柱面上，副切削刃分布在铣刀的端面上，且端面中心有顶尖孔（见图 3-2），因此，铣削时一般不能沿铣刀轴向做进给运动，只能沿铣刀径向做进给运动。端面立铣刀有粗齿和细齿之分，粗齿齿数为 3~6 个，适用于粗加工；细齿齿数为 5~10 个，适用于半精加工。端面立铣刀的直径范围是 Φ2~80 mm。柄部有直柄、莫氏锥柄、7/24 锥柄等多种形式。为了切削有拔模斜度的轮廓面，还可使用主切削刃带锥度的圆锥形立铣刀。其结构如图 3-2 所示。

图 3-2　端面立铣刀

2）球头立铣刀

刀的端面不是平面，而是带切削刃的球面（见图 3-3），刀体形状有圆柱形和圆锥形，也可分为整体式和机夹式。球头铣刀主要用于模具产品的曲面加工，在加工曲面时，一般采用三坐标联动，铣削时不仅能沿铣刀轴向做进给运动，也能沿铣刀径向做进给运动，而且球头与工件接触往往为一点，这样，该铣刀在数控铣床的控制下，就能加工出各种复杂的成形表面。其运动方式具有多样性，可根据刀具性能和曲面特点选择或设计。

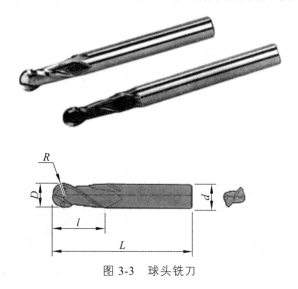

图 3-3　球头铣刀

### 3）环形铣刀

环形铣刀又叫 R 角立铣刀，或牛鼻刀，形状类似于端铣刀，不同的是，刀具的每个刀齿均有一个较大的圆角半径，具备轴向和径向切削进给的能力，同时又可加大刀具直径以提高生产率，并改善切削性能（中间部分不需刀刃，见图 3-4），主要为机夹刀片式结构。

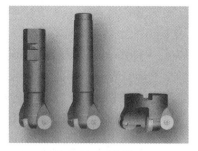

图 3-4　环形铣刀

### 4）键槽铣刀

键槽铣刀（见图 3-5）主要用于立式铣床上加工圆头封闭键槽等，键槽铣刀有两个刀齿，圆柱面和端面都有切削刃，端面刃延至中心，既像立铣刀，又像钻头。端面刀齿上的切削刃为主切削刃，圆柱面上的切削刃为副切削刃。加工键槽时，每次先沿铣刀轴向进给较小的量，然后再沿径向进给，这样反复多次，就可完成键槽的加工。键槽铣刀的直径范围是 $\Phi 2 \sim 65$ mm。

（a）直柄键槽铣刀　　（b）锥柄键槽铣刀　　（c）半圆键键槽铣刀

图 3-5　键槽铣刀

**2. 面铣刀**

面铣刀（见图 3-6）主要用于立式铣床上加工平面、台阶面、沟槽等。面铣刀的主切削刃分布在铣刀的圆柱面或圆锥面上，副切削刃分布在铣刀的端面上，常用于端铣较大的平面。面铣刀多制成套式镶齿结构，刀齿为高速钢或硬质合金，刀体为 40Cr。硬质合金面铣刀按刀片和刀齿的安装方式不同，可分为整体式、机夹—焊接式和可转位式三种。

图 3-6　面铣刀

**3. 成型铣刀**

成型铣刀一般都是为特定的工件或加工内容专门设计制造的，适用于加工平面类零件的特定形状（如角度面、凹槽面等），也适用于特形孔或台。图 3-7 所示的是几种常用的成型铣刀。

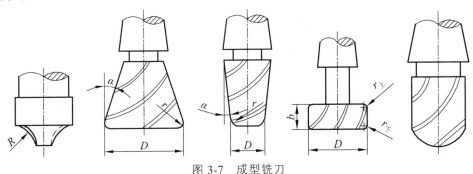

图 3-7　成型铣刀

**4. 三面刃铣刀**

三面刃铣刀（见图 3-8）一般用于加工直角槽，也可以加工台阶面和较窄的侧面等。三面刃铣刀的主切削刃分布在铣刀的圆柱面上，副切削刃分布在两端面上。锯片铣刀主要用于切断工件或铣削窄槽。可转位刀片槽铣刀如图 3-9 所示。

（a）直齿　　　　　（b）交错齿　　　　　（c）镶齿

图 3-8　三面刃铣刀

图 3-9　可转位刀片槽铣刀

### 5. 圆柱铣刀

圆柱铣刀主要用于卧式铣床加工平面，一般为整体式，如图 3-10 所示。该铣刀材料为高速钢，主切削刃分布在圆柱上，无副切削刃。该铣刀有粗齿和细齿之分。粗齿铣刀齿数少，刀齿强度大，容屑空间大，重磨次数多，适用于粗加工；细齿铣刀齿数多，工作较平稳，适用于精加工。

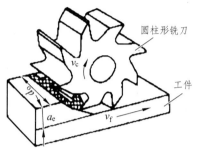

图 3-10　圆柱铣刀加工平面

### 6. 镗　刀

镗孔所用的刀具称为镗刀，镗刀切削部分的几何角度和车刀、铣刀的切削部分基本相同。常用的有整体式镗刀和机械固定式镗刀。整体式镗刀一般装在可调镗头上使用；机械固定式镗刀一般装在镗杆上使用。数控精加工常用到微调式镗刀杆（见图 3-11），主要由镗刀杆、调整螺母、刀头、刀片、刀片固定螺钉、止动销、垫圈、内六角紧固螺钉构成。调整时，先松开内六角紧固螺钉，然后转动带游标刻度的微调螺母，就能准确地调整镗刀尺寸，从而能微量改变孔径尺寸。

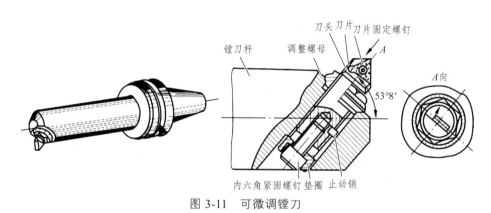

图 3-11　可微调镗刀

## 3.1.3　立铣刀的特点与选用

### 1. 立铣刀的材料及其选择

立铣刀广泛用于铣削加工零件的内外轮廓、平面、台阶面、曲面、槽、型腔、肋板、薄壁等要素，特别在各种结构形状模具的加工中，广泛地得到应用，立铣刀属于铣削工艺中最重要的刀具。随着模具工业飞速发展，其使用材料性能要求、加工精度不断提高，需加工结构的形状越来越复杂，对立铣刀的要求也随之越来越高。立铣刀的结构形状、几何参数、材料品种非常繁多，为满足以上要求，只有合理选用才能保证高品质、高效、低成本、长寿命地稳定生产。为此先应该了解其加工特点，并了解各类立铣刀的分类及适用的范围。

立铣刀加工主运动是刀具旋转，工件被固定在夹具及工作台上。其加工特点是：

（1）断续切削，刀具（立铣刀）不断受到冲击，刀刃易脆性损伤，即缺损、破损（俗称微崩、崩刃）。

（2）切削时刀刃迅速达到高温，空转时刀刃又迅速冷却，使刀具中热应力急剧变化，形成所谓"热冲击"，刀具易产生热龟裂，造成裂纹损伤。

（3）球头立铣刀加工时，在刀具上同时存在高速切削区（外径处）、低速切削区（刀头中心处）。

（4）切削速度低处，因挤压、刮擦，机械磨损大；切削速度高处产生热摩擦磨损。

立铣刀的硬度一般是工件硬度的 2～4 倍。假如以碳钢（210HV 左右）和模具钢（370HV左右）作为被加工材料，立铣刀材料可有高速钢、硬质合金、金属陶瓷、超高压烧结体和单晶金刚石五类，其选用原则如图 3-12 所示。若立铣刀主要损伤形态是磨损，为提高立铣刀寿命，可尽量选择硬的材料，如选用立方氮化硼（CBN）或金刚石刀片，价格当然较贵。若立铣刀主要损伤形态是缺损和破损，则需选韧性好的材料，直至高速钢立铣刀。选用高速钢粗加工则切削速度必须下降。高速钢、部分硬质合金类材料适合制成整体刀具，但硬质合金和陶瓷类烧结体材料应制成可转位刀片或采用钎焊方式制成整体刀具。带有金刚石涂层、整体金刚石的铣刀不适合加工钢件。

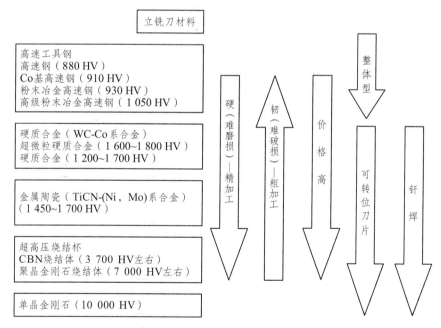

图 3-12 选择立铣刀材料的依据

## 2. 立铣刀头型与结构形状的选择

### 1）立铣刀头型的选择

立铣刀包括端面立铣刀、球头立铣刀和 R 角立铣刀三种，其头型分为直角头、球头、圆弧头三种。直角头又可分为带小倒角直角头与完全直角头（见图 3-13）。直角头立铣刀主要用于加工槽（包括键槽）、侧平面、台阶面等。球头立铣刀主要用于型腔、斜面、成形、仿形加工等。

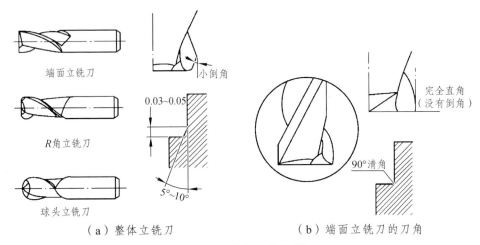

（a）整体立铣刀　　（b）端面立铣刀的刀角

图 3-13　立铣刀的头型

球头立铣刀应用时的注意事项：

（1）在高速加工机床上高速加工时，应使用夹紧力大、刚性好的铣削夹头。

（2）刀具的振动幅度应控制在 10 μm 以内，高速加工时应在 3 μm 以内。

（3）加工时立铣刀应尽量缩短伸出量（只伸出有效加工长度）。

（4）小背吃刀量（$a_p$），大进给量对刀具寿命有利。

（5）尽可能用等高线加工方法加工零件，此方法不易损伤刀具。高精度球头立铣刀球头砸公差可达 ±0.005 μm，其顶刃延至中心，中心处也可进行切削，避免了刮挤和啃切，可使加工表面质量提高，也减轻了刀刃负荷与损伤。在数控机床上，高精度球头立铣刀加工后的型腔可以减少甚至完全免除以后的研磨工作，加速模具交货期。球头立铣刀与圆弧头 R 角立铣刀的比较，如图 3-14 所示。

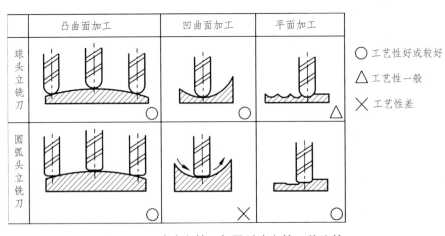

图 3-14　球头立铣刀与圆弧头立铣刀的比较

2）R 角立铣刀

R 角立铣刀主要用于等高线、扫描线加工有转角 R 的型腔侧底面，当零件有圆弧 R 转角时，R 角立铣刀比球头立铣刀刚性大，加工效率高。在高硬材料加工、高转速大进给加工、深腔三维加工时，直角头立铣刀头会产生破损，用 R 角立铣刀代之，刀头抗破损性能可大大提高。

3）立铣刀的变形结构

为了加工模具中的筋槽，立铣刀在结构上发生改变，如图 3-15 所示。

**3. 立铣刀的周铣和端铣**

周刃铣削（简称周铣）是利用分布在立铣刀圆柱面上的刀刃来铣削并形成平面的，如图 3-16（a）所示。用周铣方法加工平面，其平面度的好坏，主要取决于铣刀的圆柱度，因此在精铣平面时，要保证铣刀的圆柱度。

端刃铣削（简称端铣）是利用分布在立铣刀端面上的刀刃来铣削而形成平面的。用端刃铣削方法加工出的平面，其平面

长颈球头

长颈直角头

锥形直角头

锥形球头

图 3-15　立铣刀的变形结构

度的好坏，主要决定于铣床主轴轴线与进给方向的垂直度。若主轴轴线与进给方向垂直，则刀尖旋转时的轨迹（圆环）与进给方向平行，就能切出一个平面，刀纹呈网状。若主轴轴线与进给方向不垂直，则会切出一个弧形凹面，刀纹呈单向弧形，铣削时会发生单向拖刀现象，如图 3-16（b）所示。

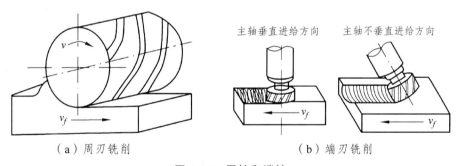

主轴垂直进给方向　　主轴不垂直进给方向

（a）周刃铣削　　　　　　　　　　（b）端刃铣削

图 3-16　周铣和端铣

**4. 立铣刀刃齿数、螺旋角、分屑槽的功用**

1）立铣刀的刃齿数

立铣刀刃齿一般有 2 齿、4 齿、6 齿。6 齿使用较少，近年又增加有 3 齿的。一般刃齿数越多，容屑槽减小，心部实体直径增大，刚性更高，但排屑性渐差，故一般刃齿数少的用于粗加工、切槽。刃齿数多的用于半精加工、精加工、切浅槽（见图 3-17）。通过对 3 齿立铣刀和 2 齿立铣刀进行比较，3 齿的优越性显而易见。

2）立铣刀的螺旋角

立铣刀的螺旋角 $\theta = 0°$ 时，是直刃立铣刀；$\theta \neq 0°$ 时，是螺旋立铣刀。

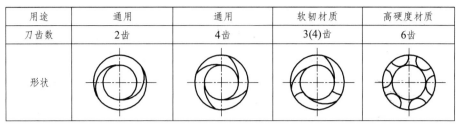

| 用途 | 通用 | 通用 | 软韧材质 | 高硬度材质 |
|---|---|---|---|---|
| 刀齿数 | 2齿 | 4齿 | 3(4)齿 | 6齿 |
| 形状 | | | | |

图 3-17　立铣刀的刃齿数选择

直刃加工时，切削刃全部同时切入工件，同时离开工件，这样反复作用加工，易引起振动缺损，加工表面质量不佳。作用在刀刃上的切削力作用在同一方向上，使刀具弯曲，故侧壁面加工精度差。

螺旋刃加工切入工件时，刀刃上某点其受力位置随刀具回转而变化，结构上难以引起振动，作用在刀刃上的切削力垂直于螺旋角方向，并分解为垂直分力与进给分力，使刀具弯曲的进给分力减小了，故侧壁面加工精度好。螺旋角对切削的影响如图 3-18 所示。

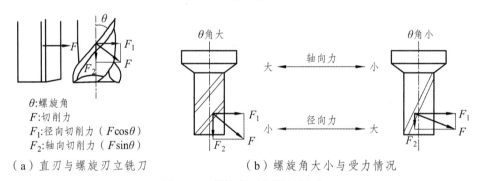

$\theta$：螺旋角
$F$：切削力
$F_1$：径向切削力（$F\cos\theta$）
$F_2$：轴向切削力（$F\sin\theta$）

（a）直刃与螺旋刃立铣刀　　　（b）螺旋角大小与受力情况

图 3-18　螺旋角对切削的影响

3）分屑槽的功用

分屑槽的功用是排屑用的，在排屑时最好将切屑分断，才有利于排出。图 3-19 是一种带分屑槽的铣刀。

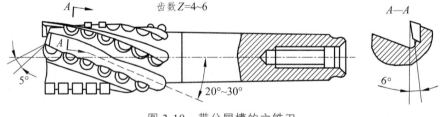

齿数 $Z$=4~6

图 3-19　带分屑槽的立铣刀

这种刀具特别适用于工件刚性差（薄壁），不能承受大夹紧力工件的加工；适用于机床刚性差，转数不能高，但想加大背吃刀量来提高效率时的加工；也适用铝、铜等材料的高效粗加工。有 AlTiN 等涂层的这种刀具还可加工难加工材料与高硬度材料。

### 3.1.4　可转位刀片面铣刀的选用

此种铣刀广泛用于粗加工时的重切削和精加工的高速切削。刀具的几何结构如图 3-20 所示。对此种刀具选用的要点：

#### 1. 前角的选择

前角是刀具进入工件的切入角。通常，正前角应用广泛，它提高了设备的利用率，减少了切削热。与负前角需要更大功率相比，正前角减轻了对设备的损害；当铣削硬度较高材料时，因要求较高的切削刃强度，负前角类型刀片更好。正前角与负前角刀具的比较如表 3-1 所示。

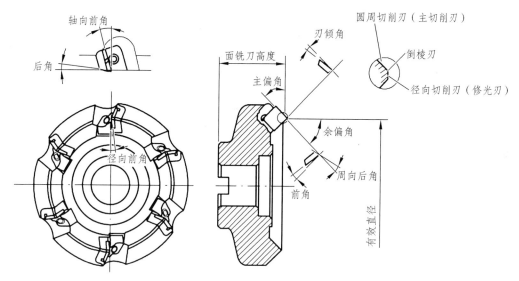

图 3-20　可转位刀片面铣刀结构图

表 3-1　正前角与负前角刀具的比较

| | 用　途 | 设备利用率 | 切削热 | 加工材料 |
|---|---|---|---|---|
| 正前角 | 广泛 | 高 | 低 | 低于布氏硬度 300 HBS |
| 负前角 | 少 | 低 | 高 | 铸铁件 |

#### 2. 主偏角的选择

主偏角是由刀片和刀体的前刃形成的角度。主偏角的作用是改善前刀面的几何形状，这样可以减少切削时工件和刀具的振动，在切削易切削材料（如铝合金）时，不管是面铣还是台阶铣，选用该类型铣刀比较经济。面铣刀的主偏角通常小于 90°，以便使切屑容易流出，且增加切削刃的强度。

通常主偏角为 45° 和 15°，应用最广泛的是 45°，因为该类型铣刀是经济型的，且从精加工到粗加工都适用，这样可以提高工具与设备的利用率。

主偏角为 45° 的适于重切削，且提供了优异的切削刃强度，尤其对悬伸长的铣削更加有效，因为轴向切削力与径向切削力接近相等，如图 3-21 所示。铣削铸铁时易崩刃，故也推荐使用 45° 主偏角。

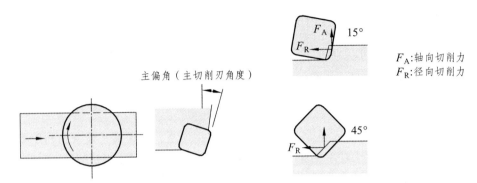

图 3-21　不同主偏角时切削力对比

　　如果工件的形状使刀具的切削位置难于定位时，较小的主偏角效果更好。铣削刀具的主偏角是由刀片和刀体的前刃形成的角度。主偏角会影响切屑厚度、切削力和刀具寿命。在给定的进给率下减小主偏角，则切屑厚度会减小。这是由于切削刃在更大范围内与工件接触的缘故。减小主偏角允许刀刃逐渐切入或退出工件表面。这有助于减少径向压力，保护刀片的切削刃并降低破损的概率。其负面影响是，会增大轴向压力，并会在加工薄截面工件时在加工表面上引起偏差。表 3-2 对比了不同主偏角对切削力和切削厚度的影响。

表 3-2　不同主偏角对切削力和切削厚度的影响

| 主　偏　角 | 适　合　场　所 | 对切削厚度的影响 |
|---|---|---|
| 90°主偏角 主轴合力方向 $v_f$ | 适合加工薄壁零件；刚性不好、装夹困难的零件；要求角度为准确 90°的零件 | $f_z$ |
| 主偏角 45° 轴向负载 主轴合力方向 径向负载 $v_f$ | 普通操作时首选；可以减少悬伸加工时的振动；可减小切屑厚度，提高生产率 | $f_z$　$h_{ex}$　$D_e$ |
| $a_p$ 切削力 $v_f$ | 刀片可多次转位并具最坚韧的切削力；切屑很薄，适合于耐热合金加工；具有通用性 | 45° 30° 100% 75% 50% 25% 切削负载 随切深不同，圆刀片的主偏角和切屑负载均会有所变化 |

### 3．刀片形状与数量的选择

　　图 3-22 和图 3-23 分别对比了刀片形状和刀片数量（圆周刀齿密度）对切削性能的影响。刀片形状根据切削要求可分为：

轻型切削槽形——具有锋利的正前角，用于切削平稳、低进给率、低机床功率、低切削力的场合。

普通槽形——具有用于混合加工（粗精加工）的负前角，中等进给率。

重型槽形——用于高进给率加工，安全性能最高。

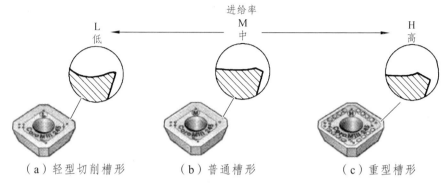

（a）轻型切削槽形　　　（b）普通槽形　　　（c）重型槽形

图 3-22　刀片槽形对切削性能的影响

刀齿密度对操作稳定性具有低、中、高之分，当机床功率较小、小型机床、长时间加工时选用疏齿；普通铣削或混合加工优先选用密齿；对铸铁、耐热材料等工件为了获得最大的生产效率，可选用超密齿。

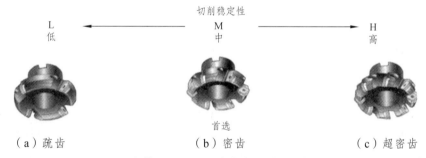

（a）疏齿　　　　　　（b）密齿　　　　　　（c）超密齿

图 3-23　刀片数量（圆周刀齿密度）对切削性能的影响

## 4. 面铣刀直径的选择（见图 3-24）

（1）最佳面铣刀直径 $\phi D \approx 1.3 \sim 1.5\,\mathrm{WOC}$（切削宽度）；

（2）若工件宽度太宽，则按 $\phi D = 3/4\,\mathrm{WOC}$。

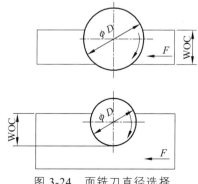

图 3-24　面铣刀直径选择

按照惯例，在机床功率满足加工要求的前提下，可以根据工件尺寸，主要是工件宽度来选择铣刀直径，同时也要考虑刀具加工位置和刀齿与工件接触类型等。一般说来，面铣刀的直径应比切削宽度大20%~50%；如果是三面刃铣刀，推荐切深是最大切深的40%，并尽量使用顺铣以利于提高刀具寿命。

### 3.1.5 刀柄系统分类

数控铣床或加工中心使用的刀具是通过刀柄与主轴相连，刀柄通过拉钉和主轴内的拉紧装置固定在主轴上，由刀柄夹持刀具传递速度、扭矩，如图3-25所示。刀柄的强度、刚性、制造精度以及夹紧力对加工性能有直接的影响。最常用的刀柄与主轴孔的配合锥面一般采用7：24的锥度，这种锥柄不自锁，换刀方便，与直柄相比有较高的定心精度和刚度。为了保证刀柄与主轴的配合与连接，刀柄与拉钉的结构和尺寸均已标准化和系列化，目前我国应用最为广泛的是BT40和BT50系列刀柄和拉钉，其中BT表示采用日本标准MAS403的刀柄系列，其后数字40和50分别代表7：24锥度的大端直径为$\Phi44.45$和$\Phi69.85$，BT40刀柄与拉钉尺寸如图3-26所示。

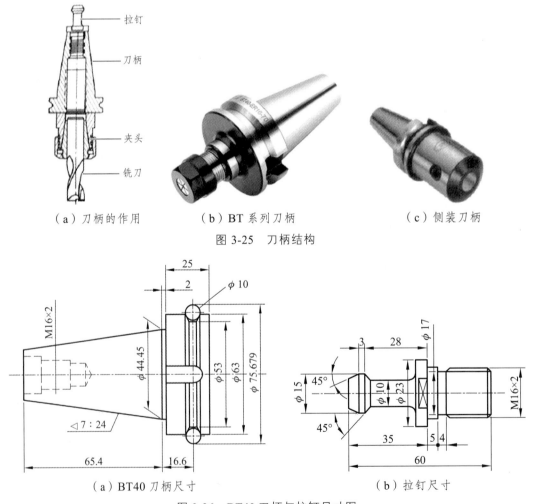

（a）刀柄的作用　　　　（b）BT系列刀柄　　　　（c）侧装刀柄

图3-25　刀柄结构

（a）BT40刀柄尺寸　　　　　　　　（b）拉钉尺寸

图3-26　BT40刀柄与拉钉尺寸图

### 1. 按刀柄的结构分类

1）整体式刀柄（见图 3-27）

图 3-27  整体式刀柄系统

（1）用于加工的零件不会改变的专用机床；

（2）用于在大多数刀具装配中装夹不改变的刀柄，如测量长度固定的面铣刀心轴和立铣刀刀柄。

2）模块式刀柄（见图 3-28）

模块式刀柄比整体式多出中间连接部分，装配不同刀具时更换连接部分即可，克服了整体式刀柄的缺点，但对连接精度、刚性、强度等都有很高的要求。

### 2. 按刀柄与主轴连接方式分类

1）一面约束

刀柄以锥面与主轴孔配合，端面有 2 mm 左右的间隙，此种连接方式刚性较差。

2）二面约束

刀柄以锥面及端面与主轴孔配合，二面限位能确保在高速、高精加工时的可靠性要求。

一面约束和二面约束如图 3-29 所示。

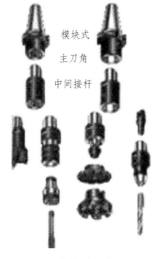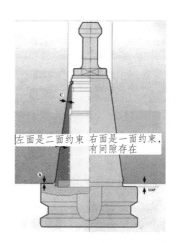

图 3-28  模块式刀柄系统          图 3-29  一面约束和二面约束

### 3. 按刀具夹紧方式分类（见图 3-30）

弹簧夹头式　　　　　侧固式　　　　　液压夹紧式　　　　　热装夹紧式

图 3-30　刀具夹紧方式

1）弹簧夹头式刀柄

使用较多，采用 ER 型卡簧，适用于夹持 16 mm 以下直径的铣刀进行铣削加工；若采用 KM 型卡簧，则称为强力夹头刀柄，可以提供较大的夹紧力，适用于夹持 16 mm 以上直径的铣刀进行强力铣削。弹簧夹头如图 3-31 所示。

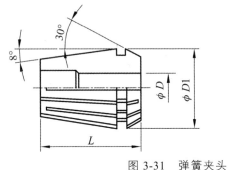

图 3-31　弹簧夹头

2）侧固式刀柄

采用侧向夹紧，适用于切削力大的加工，但一种尺寸的刀具需对应配备一种刀柄，规格较多。

3）液压夹紧式刀柄

采用液压夹紧，可提供较大夹紧力。

4）热压夹紧式刀柄

装刀时加热刀柄孔，靠冷缩夹紧刀具，使刀具和刀柄合二为一，在不经常换刀的场合使用。

### 4. 按允许转速分类

1）低速刀柄

指用于主轴转速在 8 000 r/min 以下的刀柄。

2）高速刀柄

用于主轴转速在 8 000 r/min 以上的高速加工刀柄，其上有平衡调整环，必须经动平衡。

5. 按所夹持的刀具分类（见图 3-32）

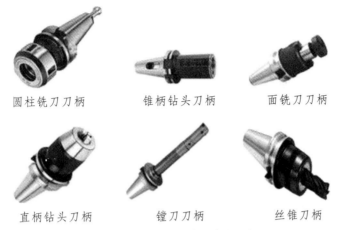

| 圆柱铣刀刀柄 | 锥柄钻头刀柄 | 面铣刀刀柄 |

| 直柄钻头刀柄 | 镗刀刀柄 | 丝锥刀柄 |

图 3-32  按夹持方式分类的刀柄

（1）圆柱铣刀刀柄：用于夹持圆柱铣刀。

（2）锥柄钻头刀柄：用于夹持莫氏锥度刀杆的钻头、铰刀等，带有扁尾槽及装卸槽。

（3）面铣刀刀柄：用于与面铣刀盘配套使用。

（4）直柄钻头刀柄：用于装夹直径在 $\Phi$13 mm 以下的中心钻、直柄麻花钻等。

（5）镗刀刀柄：用于各种尺寸孔的镗削加工，有单刃、双刃以及重切削等类型。

（6）丝锥刀柄：用于自动攻丝时装夹丝锥，一般具有切削力限制功能。

## 3.2  铣削加工夹具的选用

### 3.2.1  基本概念

在数控铣削加工中使用的夹具有通用夹具、组合夹具、专用夹具、成组夹具等，以及较先进的工件统一基准定位装夹系统，主要根据零件的特点和经济性选择使用。

1. 对铣削夹具的基本要求

（1）为保持零件安装方位与机床坐标系及程编坐标系方向的一致性，夹具应能保证在机床上实现定向安装，还要求能协调零件定位面与机床之间保持一定的坐标尺寸联系。

（2）为保持工件在本工序中所有需要完成的待加工面充分暴露在外，夹具要做得尽可能开敞，因此夹紧机构元件与加工面之间应保持一定的安全距离，同时要求夹紧机构元件能低则低，以防止夹具与铣床主轴套筒或刀套、刀具在加工过程中发生碰撞。

（3）夹具的刚性与稳定性要好。尽量不采用在加工过程中更换夹紧点的设计，当非要在加工过程中更换夹紧点不可时，要特别注意不能因更换夹紧点而破坏夹具或工件定位精度。

2. 数控铣削夹具的选用原则

在选用夹具时，通常需要考虑产品的生产批量、生产效率、质量保证及经济性等，选用时可照下列原则：

（1）在生产量小或研制时，应广泛采用万能组合夹具，只有在组合夹具无法解决工件装夹时才可放弃。

（2）小批或成批生产时可考虑采用专用夹具，但应尽量简单。

（3）在生产批量较大时可考虑采用多工位夹具和气动/液压夹具。

### 3.2.2 常用夹具的种类

#### 1. 通用铣削夹具

有通用螺钉压板、机用平口钳、分度头、三爪卡盘等。

（1）螺钉压板。利用 T 形槽螺栓和压板将工件固定在机床工作平台。装夹工件时，需根据工件装夹精度要求，用百分表等找正工件。

（2）机用平口钳（虎钳）。有机械式和液压式，液压式的成本高，但精度高。形状比较规则的零件铣削时常用平口钳装夹，方便灵活，适应性广。当加工一般精度要求和夹紧力要求的零件时常用机械式平口钳（见图 3-33），靠丝杠/螺母相对运动来夹紧工件；当加工精度要求较高，需要较大的夹紧力时，可采用较高精度的液压式平口钳，如图 3-34 所示。

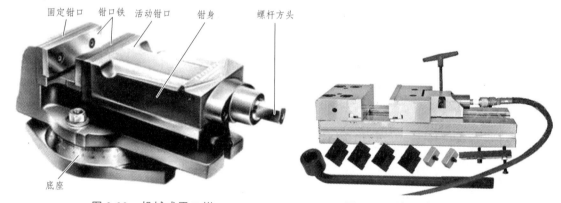

图 3-33　机械式平口钳　　　　　　图 3-34　液压式平口钳

平口钳在数控铣床工作台上的安装要根据加工精度要求控制钳口与 $X$ 或 $Y$ 轴的平行度，零件夹紧时要注意控制工件变形和一端钳口上翘。

（3）铣床用卡盘（见图 3-35）。

在数控铣床上加工回转工件时用。可以采用三爪卡盘装夹，对于非回转零件可采用四爪卡盘装夹。铣床用卡盘的使用方法与车床卡盘相似，使用时用 T 形槽螺栓将卡盘固定在机床工作台上即可。

水平卡盘　　　　　　　　立式卡盘　　　　　　　　液压卡盘

图 3-35　铣床用卡盘

## 2. 模块组合夹具

它是由一套结构尺寸已经标准化、系列化的模块式元件组合而成，根据不同零件，这些元件可以像搭积木一样，组成各种夹具，可以多次重复使用，适合小批量生产或研制产品时的中小型工件在数控铣床上进行铣削加工，组合夹具使用实例如图 3-36 和图 3-37 所示。

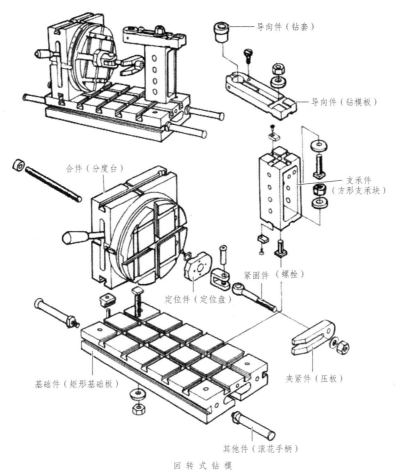

图 3-36　槽系组合夹具

图 3-37　孔槽结合组合夹具

孔系组合夹具的优点是销和孔的定位结构准确可靠，彻底解决了槽系组合夹具的位移现象；缺点是只能是在预先设定好的坐标点上定位，不能灵活调整，如图3-38所示。

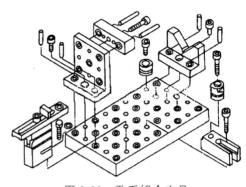

图 3-38　孔系组合夹具

### 3. 专用铣削夹具

这是特别为某一项或类似的几项工件设计制造的夹具，一般用在产量较大或研制需要时采用。其结构固定，仅使用于一个具体零件的具体工序，这类夹具设计应力求简化，目的是使制造时间尽量缩短。图 3-39 所示为一 V 形槽和压板结合做成的专用夹具。

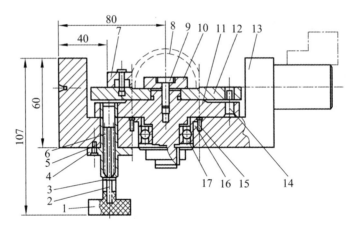

图 3-39　专用夹具

1—手柄；2—定位销；3—定位销；4—导套；5—螺钉；6—弹簧；7—压紧弯板；
8—球面零件；9—螺钉；10—垫板；11—分度盘；12—定位托盘；13—夹具体；
14—削边销；15—螺钉；16—轴承透盖；17—滚动轴承

### 4. 多工位夹具

可以同时装夹多个工件，可减少换刀次数，以便于一面加工，一面装卸工件，有利于缩短辅助加工时间，提高生产率，较适合中小批量生产，如图3-40所示。

### 5. 气动或液压夹具

气动或液压夹具（见图3-41）适合生产批量较大，采用其他夹具又特别费工、费力的场合，能减轻工人劳动强度和提高生产率，但此类夹具结构较复杂，造价往往很高，而且制造周期较长。

加工中心采用气动或液压夹紧定位时应注意以下几点。

（1）采用气动、液压夹紧装置，可使夹紧动作更迅速、准确，减少辅助时间，操作方便、省力、安全，具有足够的刚性，灵活多变。

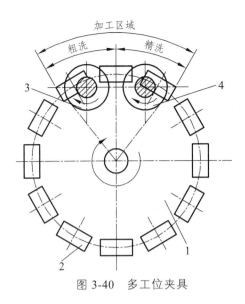

图 3-40　多工位夹具

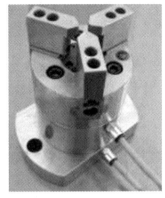

图 3-41　气动或液压夹具

（2）为保持工件在本次定位装夹中所有需要完成的待加工面充分暴露在外，夹具要尽量开敞，夹紧元件的空间位置能低则低，必须给刀具运动轨迹留有空间。夹具不能和各工步刀具轨迹发生干涉。当箱体外部没有合适的夹紧位置时，可以利用内部空间来安排夹紧装置。

（3）考虑机床主轴与工作台面之间的最小距离和刀具的装夹长度，夹具在机床工作台上的安装位置应确保在主轴的行程范围内能使工件的加工内容全部完成。

（4）自动换刀和交换工作台时不能与夹具或工件发生干涉。

（5）有些时候，夹具上的定位块是安装工件时使用的，在加工过程中，为满足前后左右各个工位的加工，防止干涉，工件夹紧后即可拆去。对此，要考虑拆除定位元件后，工件定位精度的保持问题。

（6）尽量不要在加工中途更换夹紧点。当非要更换夹紧点时，要特别注意不能因更换夹紧点而破坏定位精度，必要时应在工艺文件中注明。

## 6. 回转工作台

为了扩大数控机床的工艺范围，数控机床除了 $X$、$Y$、$Z$ 三个坐标轴做直线进给外，往往还需要有绕 $Y$ 或 $Z$ 轴的圆周做进给运动。数控机床的圆周进给运动一般由回转工作台来实现，对于加工中心，回转工作台已成为一个不可缺少的部件。数控机床中常用的回转工作台有分度工作台和数控回转工作台如图 3-42 所示。

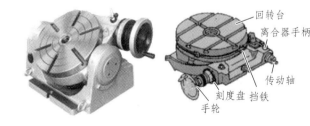

万能倾斜分度工作台　　普通回转工作台　　数控可摆动回转工作台　数控立式回转工作台

图 3-42　各种回转工作台

### 3.2.3 平口钳的合理选用

平口钳属于通用可调夹具,同时也可以作为组合夹具的一种"合件",适用于多品种小批量生产加工。它具有定位精度较高、夹紧快速、通用性强、操作简单等特点,因此一直是应用最广泛的一种机床夹具。选用平口钳应遵循以下几个原则。

#### 1. 依据设备及产品精度确定平口钳精度

选用时要考虑机床的加工精度相一致或相近,并要考虑经济性,精度越高价钱越高。可按表3-3进行选择。

表3-3 依据设备及产品精度确定平口钳精度

| 平口钳种类 | 定位精度<br>(平面度、平行度、垂直度)/mm | 使用设备举例 |
| --- | --- | --- |
| 普通机用平口钳 | 0.1 ~ 0.2 | 刨床、铣床、钻床等 |
| 精密平口钳 | 0.01 ~ 0.02 | 刨床、铣床、钻床、镗床、铣削加工中心等 |
| 工具平口钳 | 0.001 ~ 0.005 | 磨床、数控铣床、数控钻床、铣削加工中心、特种加工机床等 |

根据表3-3内容,不同类型的平口钳具有不同的定位精度和适用条件,选用时通常要求平口钳的精度与机床的加工精度相一致或相近较为合理。假如一台铣床的加工精度(平面度、平行度、垂直度)为0.02 mm,那么选用定位精度在0.01 ~ 0.02 mm的精密平口钳较为合理。如选用定位精度更高的平口钳,比如定位精度为0.003 mm的工具平口钳,那么这种平口钳对产品精度的提高十分有限,但价格却比定位精度为0.01 ~ 0.02 mm同规格平口钳高1 ~ 2倍,显然很不经济。再比如,为加工精度为1 000:0.015的M7130磨床选用平口钳,则应该选用定位精度在0.001 ~ 0.003 mm的工具平口钳,否则就会用磨床加工出"铣床精度"的产品,造成机床资源的浪费。

除了依据设备可以大致确定平口钳的精度范围外,产品精度要求也是要考虑的重要因素。一般说来,平口钳的定位精度必须高于产品精度要求。可以用下面一个简单公式,依据产品精度来确定平口钳定位精度的大致范围为1/3产品精度 ~ 产品精度之间。比如产品精度为0.1 mm,那么我们可以确定平口钳的定位精度值在0.1 ~ 0.03 mm范围内较为合理,即应选用精密平口钳。

#### 2. 依据设备及加工需要确定平口钳种类

(1)按平口钳钳体与机床工作台相对位置分为:卧式平口钳与立式平口钳,见表3-4。

表3-4 依据设备及加工需要确定平口钳种类

| 平口钳种类 | 钳体与机床工作台相对关系 | 适用设备举例 |
| --- | --- | --- |
| 卧式平口钳 | 两者平行 | 立/卧式铣床、钻床、镗床、磨床、加工中心等 |
| 立式平口钳 | 两者垂直 | 卧式铣床、钻床、镗床、磨床、加工中心等 |

（2）按平口钳一次可装夹工件的数量可分为：单工位平口钳、双工位平口钳、多工位平口钳。一般普通的机床多选用单工位平口钳，以保证产品加工精度；而数控机床和加工中心机床，适宜选用双工位或多工位平口钳，以提高加工效率。当然，如果工件加工精度允许，普通机床也可选用双工位或多工位平口钳。

（3）按夹紧动力源分为：手动平口钳、气动平口钳、液压平口钳、电动平口钳。气动平口钳、液压平口钳及电动平口钳具有降低劳动强度的优点，而且有利于实现自动化控制，因此这 3 类平口钳比较适合于数控机床及加工中心机床以及劳动强度较大或批量较大的加工场合。

### 3. 依据工件及工序要求选择平口钳形式及技术参数

选用的平口钳应保证工件高度的 2/3 以上处于夹持状态，否则会出现夹持不稳、定位不准、切削振动过大等诸多问题。例如，工件长 300 mm，那么我们应选用钳口宽为 200 mm 以上的平口钳。有些工件或工序有特殊要求，这时要根据这些要求选择合适的平口钳，见表 3-5。

表 3-5  依据工件及工序要求选择平口钳形式及技术参数

| 工件特殊形式 | 可选用平口钳（方式） | 说　明 |
|---|---|---|
| 工件过长或过宽 | 钳口加宽的平口钳 | 保证夹持长度 |
| | 长钳 | 超长的开口度，延长度夹持 |
| | 短钳 | 超大的开口度，延长度夹持 |
| | 高精度平口钳多台共夹 | 保证夹持长度 |
| 工件材料过软 | 光面钳口平口钳 | 避免夹伤或划伤工件 |
| | 软钳口平口钳 | 避免夹伤或划伤工件 |
| 圆棒料 | V 形钳口平口钳 | 可以自动定心 |
| | 角度钳口平口钳 | 调整可以自动定心 |
| 工件形状较复杂 | 异型钳口平口钳 | 保证定位精度 |
| | 浮动钳口平口钳 | 避免做异型钳口 |
| | 可调钳口平口钳 | 避免做异型钳口 |

常用的平口钳如图 3-43 所示。

图 3-43  常用的平口钳

## *3.2.4　刀具系统的发展

刀具系统的发展

## *3.3　常用量具量仪的选用

常用量具量仪的选用

### 本章小结

通过本章的学习，应掌握数控铣削加工刀具的类型和选用，掌握铣削夹具和常用量具的选用，对数控机床的高速加工也有所了解。

数控机床加工要依靠刀具来实现的，铣削刀具种类繁多，用途也各不相同，所以对于不同的加工方式、不同的加工材料，要用不同的刀具。量具是为了保证加工的正确性，其选用也要结合相应的不同的状况来确定。

### 思考与练习题

本章练习（自测）

1. 在数控铣床和加工中心上使用的铣刀主要有哪几种？
2. 简述立铣刀应用特点与选用。
3. 球头立铣刀应用时的注意事项是什么？
4. 如何确定合理的铣刀直径？
5. 加工中心的刀柄是如何分类的？
6. 刀柄的哪些性能指标对加工性能有直接影响？
7. 数控加工中心按刀具夹紧方式分类，刀柄的类型有哪些？
8.常用的夹具种类有哪些？
9. 数控机床对铣削夹具选用的基本原则是哪些？
10. 用平口钳夹紧工件有何注意要点？
11. 使用三坐标测量机的关键操作步骤是哪些？

# 第 4 章　加工工艺分析与设计

本章学习数控铣削加工工艺分析和设计，所涉及的内容比较多，也是本课程的重点章之一。本章内容主要是针对手工编程条件下工艺设计的基础知识和技能，对于掌握 CAD/CAM 软件的工艺人员，另外还有全新的加工策略与方法，将在第 7 章进行介绍。

## 4.1　加工准备

制订零件的数控铣削加工工艺时，首先要对零件图进行工艺分析，即针对零件图纸分析零件的加工要素、结构工艺性、基准与装夹、机床工具选择等。

### 4.1.1　识图与工艺分析

#### 1. 零件图分析

对零件图纸进行详细分析，明确数控加工的内容及要求、应保证零件的加工精度和表面粗糙度、是否需要调整尺寸或公差等。零件图纸直接反映零件结构，而零件的结构设计会影响或决定工艺性的好坏。根据铣削加工特点，我们从以下几方面来考虑结构工艺性特点。

（1）零件图的完整性与正确性分析。

分析零件图时，要确定加工所需条件是否完整。如圆弧与直线，圆弧与圆弧在图样上相切，但根据图上给出的尺寸，在计算相切条件时，变成了相交或相离状态。由于构成零件几何元素条件的不充分，将使编程时无法下手，遇到这种情况时，应与零件设计者协商解决。

（2）尺寸标注方法分析。

零件图样应表达正确，标注齐全。尺寸标注应符合数控加工的特点，图样上应尽量采用统一的设计基准，从而简化编程，保证零件的精度要求。标注的尺寸，尽量做到设计基准、工艺基准、测量基准和编程原点的统一。

（3）零件技术要求分析。

零件的技术要求包括尺寸精度、形状精度、位置精度、表面粗糙度及热处理等。

（4）零件材料分析。

选择热处理方式、刀具材料，确定切削参数等。

#### 2. 零件图的结构工艺性分析

零件的结构工艺性是指所设计的零件在满足使用要求的前提下制造的可行性和经济性。

良好的结构工艺性，可以使零件加工容易、节省工时和材料。

（1）工件的内腔与外形应尽量采用统一的几何类型和尺寸，这样可以减少刀具的规格和换刀的次数，方便编程和提高数控机床加工效率。

（2）工件内槽及缘板间的过渡圆角半径不应过小。

轮廓内圆弧半径 $R$ 常常限制刀具的直径。如图 4-1 所示，工件的被加工轮廓高度低，转接圆弧半径也大，可以采用较大直径的铣刀来加工，且加工其底板面时，进给次数也相应减少，表面加工质量也会好一些，因此工艺性较好。反之，数控铣削工艺性较差。一般来说，当 $R < 0.2H$（被加工轮廓面的最大高度）时，可以判定零件上该部位的工艺性不好。

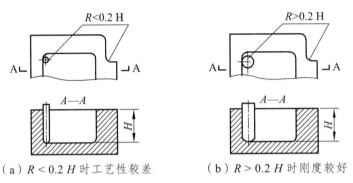

（a）$R < 0.2H$ 时工艺性较差　　（b）$R > 0.2H$ 时刚度较好

图 4-1　内槽结构工艺性对比

（3）铣工件的槽底平面时，槽底圆角半径 $r$ 不宜过大

如图 4-2 所示，铣削工件底平面时，槽底的圆角半径 $r$ 越大，加工平面的能力就越差，效率越低，工艺性也越差。当 $r$ 大到一定程度时，甚至必须用球头铣刀加工，这是应当避免的。

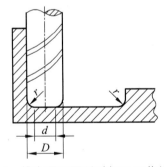

图 4-2　槽底平面圆弧对加工工艺的影响

（4）分析零件的变形情况。

零件在数控铣削加工时的变形，不仅影响加工质量，而且当变形较大时，将使加工不能继续进行下去。这时就应当考虑采取一些必要的工艺措施加以预防，如对钢件进行调质处理，对铸铝件进行退火处理，对不能用热处理方法解决的，也可考虑粗、精加工及对称去余量等常规方法。

有关铣削件的结构工艺性的图例见表 4-1。

表 4-1 零件的数控铣削结构工艺性图例

| 序号 | A 工艺性差的结构 | B 工艺性好的结构 | 说　明 |
|---|---|---|---|
| 1 | $R<(1/5\sim1/6)H$　$H$ | $R\geqslant(1/5\sim1/6)H$　$H$ | B 结构可选用较高刚性的刀具 |
| 2 | $r_2$　$r_1$　$r_3$　$r_4$ | $r$　$r$　$r$ | B 结构需用刀具比 A 结构少，减少了换刀时间 |
| 3 | $r>R$　$R$ | $\phi d$　$r<R$　$R$ | B 结构 $R$ 大，$r$ 小，铣刀端刃铣削面积大，生产效率高 |
| 4 | $R$　$a<2R$　$a<2R$ | $R$　$a>2R$　$a>2R$ | B 结构 $\alpha>2R$，便于半径为 $R$ 的铣刀进入，所需刀具少，加工效率高 |
| 5 | $b$　$H$　$(H/b)>10$ | $b$　$H$　$(H/b)\leqslant10$ | B 结构刚性好，可用大直径铣刀加工，加工效率高 |

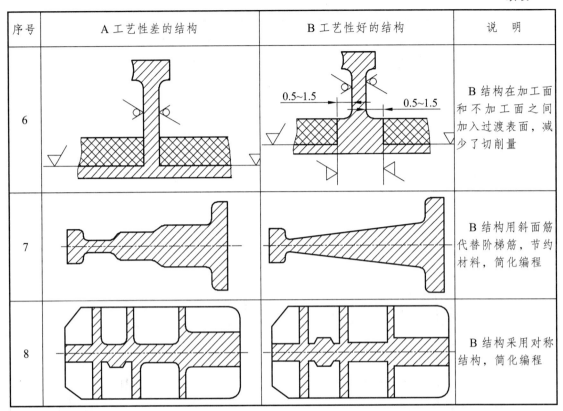

| 序号 | A 工艺性差的结构 | B 工艺性好的结构 | 说　明 |
|---|---|---|---|
| 6 | | | B 结构在加工面和不加工面之间加入过渡表面，减少了切削量 |
| 7 | | | B 结构用斜面筋代替阶梯筋，节约材料，简化编程 |
| 8 | | | B 结构采用对称结构，简化编程 |

### 3. 毛坯的结构工艺性分析

毛坯的形状和尺寸应尽量与零件接近，以便减少机械加工量，力求实现少切削或无切削加工。因为在数控铣削加工零件时，加工过程是自动的，毛坯余量的大小、如何装夹等问题在选择毛坯时就要仔细考虑好，否则，一旦毛坯不适合数控铣削，加工将很难进行下去。根据经验，确定毛坯的余量和装夹应注意以下两点。

（1）毛坯加工余量应充足并尽量均匀。

毛坯主要指锻件、铸件。锻模时的欠压量与允许的错模量会造成余量的不等，铸造时也会因砂型误差、收缩量及金属液体的流动性差不能充满型腔等造成余量的不等。此外，锻造、铸造后，毛坯的挠曲与扭曲变形量的不同也会造成加工余量不充分、不稳定。因此，除板料外，不论是锻件、铸件还是型材，只要准备采用数控加工，其加工面均应有较充分的余量。

对于热轧中、厚铝板，经淬火时效后很容易在加工中与加工后出现变形现象，所以需要考虑在加工时要不要分层切削，分几层切削。一般尽量做到各个加工表面的切削余量均匀，以减少内应力所致的变形。

（2）分析毛坯的装夹适应性。

主要考虑毛坯在加工时定位和夹紧的可靠性与方便性，以便在一次安装中加工出尽量多的表面。对于不便装夹的毛坯，可考虑在毛坯上另外增加装夹余量或工艺凸台、工艺凸耳等辅助基准。如图 4-3 所示，由于该工件缺少合适的定位基准，可在毛坯上增加一个工艺凸台，通过凸台与销孔可以确定定位基准。

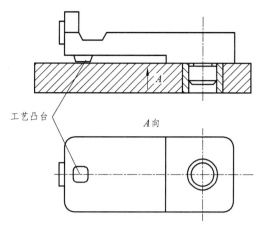

图 4-3　增加毛坯工艺凸台示例

#### 4. 应采用统一的基准定位

在数控加工中，若没有统一的基准定位，会因工件的重新安装而导致加工后的两个面上轮廓位置及尺寸不协调的现象。要避免上述问题的产生，保证两次装夹加工后其相对位置的准确性，应采用统一的基准定位。

零件上最好有合适的孔作为定位基准孔，若没有，要设置工艺孔作为定位基准孔（如在毛坯上增加工艺凸耳或在后续工序要铣去的余量上设置工艺孔）。若无法制出工艺孔，最起码也要用经过精加工的表面作为统一基准，以减少两次装夹产生的误差。

此外，还应分析零件所要求的加工精度、尺寸公差等是否可以得到保证，有无引起矛盾的多余尺寸或影响工序安排的封闭尺寸等。

### 4.1.2　定位基准与装夹

#### 1. 定位基准分析

在加工中用作定位的基准，称为定位基准。定位基准分为粗基准和精基准两种，用未加工过的毛坯表面作为定位基准称为粗基准，用已加工过的表面作为定位基准称为精基准。除第一道工序采用粗基准外，其余工序都应使用精基准。

（1）定位基准的选择原则：

① 尽量选择设计基准作为定位基准；

② 定位基准与设计基准不能统一时，应严格控制定位误差，保证加工精度；

③ 工件需两次以上装夹加工时，所选基准在一次装夹定位能完成全部关键精度部位的加工；

④ 所选基准要保证完成尽可能多的加工内容；

⑤ 批量加工时，零件定位基准应尽可能与建立工件坐标系的对刀基准重合；

⑥ 需要多次装夹时，基准应该前后统一。

在实际生产中，经常使用的统一基准形式有：

- 轴类零件常使用两顶尖孔作为统一基准；
- 箱体类零件常使用一面两孔（一个较大的平面和两个距离较远的销孔）作为统一基准；

- 盘套类零件常使用止口面（一端面和一短圆孔）作为统一基准；
- 套类零件用一长孔和一止推面作为统一基准。

零件的定位基准，一方面要能保证零件经多次装夹后其加工表面之间相互位置的正确性，如多棱体、复杂箱体等在卧式加工中心上完成四周加工后，要重新装夹加工剩余的加工表面，用同一基准定位可以避免由基准转换引起的误差；另一方面要满足加工中心工序集中的特点，即一次安装尽可能完成零件上较多表面的加工。定位基准最好是零件上已有的面或孔，若没有合适的面或孔，也可以专门设置工艺孔或工艺凸台等作为定位基准。

图 4-4 所示为铣刀头体，其中 $\Phi 80H7$、$\Phi 80K7$、$\Phi 95H7$、$\Phi 90K6$、$\Phi 140H7$ 孔及 D—H 孔两端面要在加工中心上加工。在卧式加工中心上须经两次装夹才能完成上述孔和面的加工。第一次装夹加工完成 $\Phi 80K7$、$\Phi 90K6$、$\Phi 80H7$ 孔及 D—H 孔两端面；第二次装夹加工 $\Phi 95H7$ 及 $\Phi 140H7$ 孔。为保证孔与孔之间、孔与面之间的相互位置精度，应有同一定位基准。为此，应首先加工出 A 面，另外再专门设置两个定位用的 $\Phi 16H6$ 工艺孔。这样两次装夹都以 A 面和 $2 \times \Phi 16H6$ 孔定位，可减少因定位基准转换而引起的定位误差。

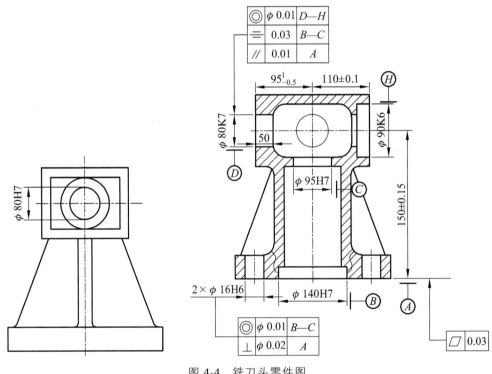

图 4-4 铣刀头零件图

（2）粗基准的选择原则。

选定粗基准面时应考虑：要能加工出精基准；工件不加工表面的形位；保证后续工序的加工余量（主要考虑非加工表面与加工表面间的位置精度和加工余量等因素）。

① 相互位置要求原则：选择与加工表面相互位置精度较高的不加工表面作为粗基准面。

② 加工余量合理分配原则：选择切除余量较小的表面作为粗基准面。保证各需加工表面有足够的加工余量，后续工序才能加工出合格产品。

③ 重要表面原则：为保证重要表面的加工余量均匀，选择重要加工表面为粗基准面。

④ 不重复使用原则：如果粗基准二次使用，在机床上的实际位置与第一次安装时不同，就会产生定位误差。

⑤ 便于工件装夹原则。

（3）精基准的选择原则。

① 基准重合原则：利用设计基准面作为定位基准面。

② 基准统一原则：同一零件的多道工序尽可能选择同一个定位基准。

③ 自为基准原则：选加工表面本身作为定位基准面。

④ 互为基准原则：两个加工表面互为基准反复加工的方法。

⑤ 便于装夹原则。

（4）辅助基准的选择。

为了便于装夹或易于实现基准统一而人为制成的一种定位基准，如中心孔。

## 2. 装　夹

图 4-5 所示为连杆工具专用装夹。在确定装夹方案时，只需根据已选定的加工表面和定位基准确定工件的定位夹紧方式，并选择合适的夹具。此时，主要考虑以下几点：

（1）夹紧机构或其他元件不得影响进给，加工部位要敞开。要求夹持工件后夹具等一些组件不能与刀具运动轨迹发生干涉。如图 4-6 所示，用立铣刀铣削零件的六边形，若采用压板机构压住工件的 A 面，则压板易与铣刀发生干涉；若压 B 面，就不影响刀具进给。对有些箱体零件加工可以利用内部空间来安排夹紧机构，将其加工表面敞开，如图 4-7 所示。但在卧式加工中心上对零件四周进行加工时，若很难安排夹具的定位和夹紧装置，则可以减少加工表面来预留出定位夹紧元件的空间。

图 4-5　连杆工具专用装夹

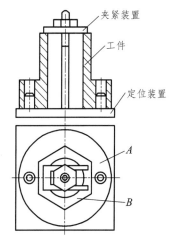

图 4-6　不影响进给的装夹示例

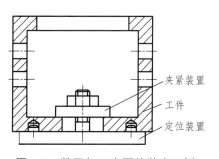

图 4-7　敞开加工表面的装夹示例

（2）必须保证最小的夹紧变形。工件在粗加工时，切削力大，需要夹紧力大，但又不能把工件夹压变形。因此，必须慎重选择夹具的支撑点、定位点和夹紧点。如果采用了相应措施仍不能控制零件变形，只能将粗、精加工分开，或者粗、精加工采用不同的夹紧力。

（3）装卸方便，辅助时间尽量短。由于加工中心加工效率高，装夹工件的辅助时间对加工效率影响较大，所以要求配套夹具在使用中也要装卸快且方便。

（4）对小型零件或工序不长的零件，可以考虑在工作台上同时装夹几件进行加工，以提高加工效率。

（5）夹具结构应力求简单。对批量小的零件应优先选用组合夹具。对形状简单的单件小批量生产的零件，可选用通用夹具，如三爪卡盘、台钳等。只有对批量较大，且周期性投产，加工精度要求较高的关键工序才设计专用夹具，以保证加工精度和提高装夹效率。

（6）夹具应便于与机床工作台面及工件定位面间的定位连接。

### 4.1.3 机床、夹具和刀具的合理选用

#### 1. 机床的选用原则

在数控机床上加工零件，一般有两种情况：第一种情况，有零件图样和毛坯，要选择适合加工该零件的数控机床；第二种情况已经有了数控机床，要选择适合在该机床上加工的零件。无论哪种情况，考虑的因素主要有毛坯的材料和类型、零件轮廓形状的复杂程度、尺寸大小、加工精度、零件的数量、热处理要求等。概括起来有3点：① 要保证加工零件的技术要求，加工出合格的产品；② 有利于提高生产率；③ 尽可能降低生产成本。

数控加工的成本相对较高，数控工艺员对普通机床的特点也要了解，有时数控机床和普通机床协同加工往往有利于提高加工效率和减少成本。

下面一些加工内容如果选择在普通机床上加工更合适。

适用于普通机床加工

#### 2. 刀具的选择

在数控铣削加工中会遇到各种各样的加工表面，如各类平面、垂直面、直角面、直槽、曲线直槽、型腔、斜面、斜槽、曲线斜槽、曲面等。针对各种加工表面，在考虑刀具选择时，都会对刀具形式（整体、机夹及其方式）、刀具形状（刀具类型、刀片形状及刀槽形状）、刀具直径大小、刀具材料等方面做出选择，涉及的因素很多，但主要考虑加工表面形状、加工要求、加工效率等几个方面。

刀具选择的原则：

（1）根据加工表面特点及尺寸选择刀具类型；

（2）根据工件材料及加工要求选择刀片材料及尺寸；

（3）根据加工条件选取刀柄。

选取刀具时，要使刀具的尺寸与被加工工件的表面尺寸相适应。刀具直径的选用主要取决于设备的规格和工件的加工尺寸，还要考虑刀具所需功率应在机床功率范围之内。从刀具的结构应用方面来看，数控加工应尽可能采用镶块式机夹可转位刀片以减少刀具磨损后的更换和预调时间。

生产中，平面零件周边轮廓的加工，常采用立铣刀；铣削平面时，应选端铣刀或面铣刀；加工凸台、凹槽时，选高速钢立铣刀；加工毛坯表面或粗加工孔时，可选取镶硬质合金刀片的玉米铣刀（镶齿立铣刀）；对一些立体型面和变斜角轮廓外形的加工，常采用球头铣刀、环形铣刀、锥形铣刀和盘形铣刀。

刀具具体选用

刀具材料对切削性能的影响也非常重要，例如，切削低硬度材料时，可以使用高速钢刀具，而切削高硬度材料时，就必须用硬质合金刀具。当前使用的金属切削刀具材料主要有 5 类：高速钢、硬质合金、陶瓷、立方氮化硼（CBN）、聚晶金刚石（PCD）。表 4-2 列出了各种刀具材料的特性和用途。

表 4-2　刀具材料的特性和用途

| 材　料 | 主 要 特 征 | 用　途 | 优　点 |
|---|---|---|---|
| 高速钢 | 比工具钢硬 | 低速或不连续切削 | 刀具寿命较长，加工的表面较平滑 |
| 高性能高速钢 | 强韧、抗边缘磨损性强 | 可粗切或精切几乎任何材料，包括铁、钢、不锈钢、高温合金、非铁和非金属材料 | 切削速度可比高速钢高，强度和韧性较粉末冶金高速钢好 |
| 粉末冶金高速钢 | 良好的抗热性和抗碎片磨损 | 切削钢、高温合金、不锈钢、铝、碳钢及合金钢和其他不易加工的材料 | 切削速度可比高性能高速钢高 15% |
| 硬质合金 | 耐磨损、耐热 | 可锻铸铁、碳钢、合金钢、不锈钢、铝合金的精加工 | 寿命比一般工具钢高 10 ~ 20 倍 |
| 陶瓷 | 高硬度、耐热冲击性好 | 高速粗加工，铸铁和钢的精加工，也适合加工有色金属和非金属材料。不适合加工铝、镁、钛及其合金 | 可用于高速加工 |
| 立方氮化硼（CBN） | 超强硬度、耐磨性好 | 硬度大于 450 HBW 材料的高速切削 | 刀具寿命长，可实现超精表面加工 |
| 聚晶金刚石（PCD） | 超强硬度、耐磨性好 | 粗切和精切铝等有色金属和非金属材料 | 刀具寿命长，可实现超精表面加工 |

在同样可以完成加工的情形下，选择相对综合成本较低的方案，而不是选择最便宜的刀具。刀具的耐用度和精度与刀具价格关系极大，必须注意的是，在大多数情况下，选择好的刀具虽然增加了刀具成本，但由此带来的加工质量和加工效率的提高可以使总体成本比使用

普通刀具更低，产生更好的效益。如进行钢材切削时，选用高速钢刀具，其进给速度只能达到 100 mm/min，而采用同样大小的硬质合金刀具，进给速度可以达到 500 mm/min 以上，可以大幅缩短加工时间，虽然刀具价格较高，但总体成本反而更低。通常情况下，优先选择经济性较好的可转位刀具。

### 3. 夹具的选择

数控加工对夹具的两个基本要求：首先是要保证夹具的坐标方向与机床的坐标方向相对固定；其次要能协调零件与机床坐标系的尺寸。同时还要考虑以下几方面：

（1）当零件为小批量生产时，尽量采用组合夹具、可调式夹具及通用夹具；

（2）当零件为成批生产时，应考虑专用夹具；

（3）夹具中的定位元件、夹紧元件和对刀装置不能影响加工时的走刀，以避免刀具在走刀时与夹具发生碰撞。

（4）装卸零件要方便可靠，动作迅速，以缩短辅助时间。

例如，图 4-8 所示的连杆加工专用夹具，该夹具靠工作台 T 形槽和夹具体上定位键确定其在数控铣床上的位置，并用 T 形螺栓紧固。也可采用图 4-9 中所示的孔系列专用夹具。

图 4-8　连杆加工专用夹具

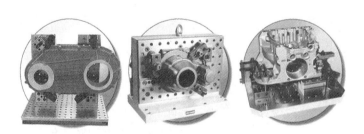

图 4-9　孔系列专用夹具

选择装夹方法和设计夹具的要点：

（1）尽可能选择箱体的设计基准为精基准；粗基准的选择要保证重要表面的加工余量均匀，使不加工表面的尺寸、位置符合图纸的要求，且便于装夹；

（2）加工中心高速强力切削时，定位基准要有足够的接触面积和分布面积，以承受大的切削力且定位稳定可靠；

（3）夹具本身要以加工中心工作台上的基准槽或基准孔来定位并安装到机床上，这可确保零件的工件坐标系与机床坐标系固定的尺寸关系，这是和普通机床加工的一个重要区别。

## 4.2 工艺设计与规则

### 4.2.1 合理选择对刀点与换刀点

**1. 对刀点**

对刀点既是程序的起点，又是程序的终点。对于数控机床来说，在加工开始时，确定刀具与工件的相对位置是很重要的，这一相对位置是通过确认对刀点来实现的。对刀点是指通过对刀确定刀具与工件相对位置的基准点。对刀点可以设置在被加工零件上，也可以设置在夹具上与零件定位基准有一定尺寸联系的某一位置，对刀点往往就选择在零件的加工原点。对刀点的选择原则如下：

（1）所选的对刀点应使程序编制简单；

（2）对刀点应选择在容易找正、便于确定零件加工原点的位置；

（3）对刀点应选在加工时检验方便、可靠的位置；

（4）对刀点的选择应有利于提高加工精度。

例如，当按照图 4-10 所示路线来编制数控加工程序时，选择夹具定位元件圆柱销的中心线与定位平面 A 的交点作为加工的对刀点。显然这里的对刀点也恰好是加工原点。

在使用对刀点确定加工原点时，就需要进行"对刀"。所谓对刀是指使"刀位点"与"对刀点"重合的操作。"刀位点"是指刀具的定位基准点，如车刀、镗刀的刀尖，钻头的钻尖，立铣刀、端铣刀刀头底面的中心，球头铣刀的球头中心。图 4-11 所示为各种刀具的刀位点。

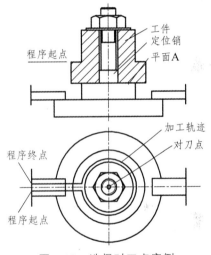

图 4-10 选择对刀点实例

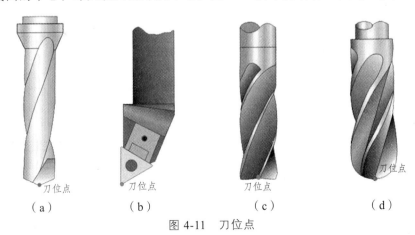

（a） （b） （c） （d）

图 4-11 刀位点

### 2. 换刀点

加工过程中需要换刀时，应规定换刀点。所谓"换刀点"是指刀架转位换刀时的位置。该点可以是某一固定点（如加工中心机床，其换刀机械手的位置是固定的），也可以是任意的一点（如车床）。换刀点一般应设在工件或夹具的外部，以刀架转位时不碰工件、夹具和机床其他部件为准。其设定值可用实际测量方法或计算确定。

数控机床在加工过程中如果要换刀，则需要预先设置换刀点并编入程序中 选择换刀点的位置应根据工序内容确定，要保证换刀时刀具及刀架不与工件、机床部件及工装夹具相碰。常用机床参考点作为换刀点。对刀点和换刀点实例如图4-12所示。

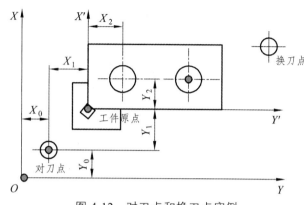

图 4-12 对刀点和换刀点实例

图 4-13 所示的两张图表示的是同一个零件的加工，但从图纸标注看出，由于两张图表达的零件的设计基准不一致，一个在零件中心，一个在角点，所以它们的对刀点位置当然也不一样。

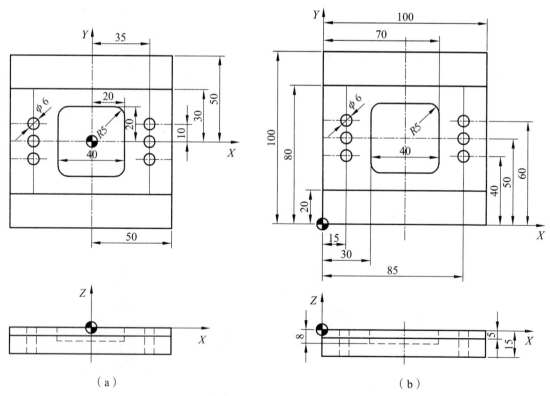

（a） （b）

图 4-13 对刀点尽量与基准重合

## 4.2.2　正确划分工序及确定加工路线

数控铣或加工中心加工零件的表面不外乎平面、曲面、轮廓、孔和螺纹等，主要应考虑到所选加工方法要与零件的表面特征、要求达到的精度及表面粗糙度相适应。

平面、平面轮廓及曲面在镗铣类加工中心上唯一的加工方法是铣削。经粗铣的平面，尺寸精度可达 IT12 ~ IT14（指两平面之间的尺寸），表面粗糙度 $Ra$ 值可达员 12.5 ~ 25。经粗、精铣的平面，尺寸精度可达 IT7 ~ IT9，表面粗糙度 $Ra$ 值可达 1.6 ~ 3.2。

孔加工的方法比较多，有钻削、扩削、铰削和镗削等方法。

对于直径大于 $\Phi30$ mm 的已铸出或锻出的毛坯孔的孔加工，一般采用粗镗→半精镗→孔口倒角→精镗的加工方案，孔径较大的可采用立铣刀粗铣→精铣加工方案。有空刀槽时，可用锯片铣刀在半精镗之后、精镗之前铣削完成，也可用镗刀进行单刀镗削，但单刀镗削效率较低。

对于直径小于 $\Phi30$ mm 的无毛坯孔的加工，通常采用锪平端面→打中心孔→钻→扩→孔口倒角→铰加工方案。对有同轴度要求的小孔，需采用锪平端面→打中心孔→钻→半精镗→孔口倒角→精镗（或铰）加工方案。为提高孔的位置精度，在钻孔工步前需安排锪平端面和打中心孔工步。孔口倒角安排在半精加工之后、精加工之前，以防孔内产生毛刺。

螺纹的加工根据孔径的大小确定加工方法，一般情况下，直径在 M6 ~ M20 的螺纹，通常采用攻螺纹的方法加工。直径在 M6 以下的螺纹，在加工中心上完成基孔加工再通过其他手段攻螺纹，因为加工中心上攻螺纹不能随机控制加工状态，小直径丝锥容易折断。直径在 M20 以上的螺纹，可采用镗刀镗削加工。

箱体类零件的孔加工精度要求较高，其孔系形位公差可由机床和刀夹具来保证。所以在加工时注意选择新的刀具和加工方法，例如，加工中心有很高的速度和强大的数据处理能力，可采用螺旋镗孔加工，即在主轴高转速同时使 $X$、$Y$ 轴进行高速圆弧插补并使 $Z$ 轴匀速进给来实现镗孔加工。用一把镗刀可以进行多种孔径加工，大大提高了刀具利用率。同理也可采用螺旋攻丝，即使用专用的螺纹铣刀通过主轴旋转和 $X$、$Y$、$Z$ 三轴的高速螺旋插补来进行螺纹加工，使用同一把刀具可以加工不同公称直径而螺距相同的螺孔，并可实现中心孔、螺纹底孔和螺孔加工的一次完成。

### 1. 划分工序

常用的工序划分有以下两项原则：

（1）保证精度的原则：数控加工要求工序尽可能集中。

（2）提高生产效率的原则：用同一把刀加工工件的多个部位时，应以最短的路线到达各加工部位。

1）工序的划分

（1）以零件装卡定位方式划分工序。

所谓一次安装，是指零件在一次装夹中所完成的那部分工序（它与工件的定位夹紧过程中安装的概念不同）。这种划分方法适合于加工内容不多的工件。由于每个零件结构形状不同，各表面的技术要求也有所不同，故加工时，其定位方式各有差异。一般加工外形时，以内形定位；加工内形时又以外形定位。因此，可根据定位方式的不同来划分工序。

如图 4-14 所示的片状凸轮，按定位方式可分为两道工序：第一道工序可在普通机床上进行，以外圆表面和 $B$ 平面定位加工端面 $A$ 和 $\Phi22H7$ 的内孔，然后再加工端面 $B$ 和 $\Phi4H7$ 的工艺孔；第二道工序以已加工过的两个孔和一个端面定位，在数控铣床上铣削凸轮外表面曲线。

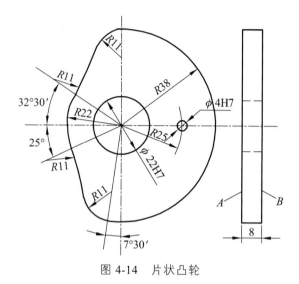

图 4-14　片状凸轮

（2）以粗、精加工划分工序。

粗、精加工分开可以提高加工效率，对那些易产生加工变形的工件，更应将粗、精加工分开。根据零件的加工精度、刚度和变形等因素来划分工序时，可按粗、精加工分开的原则来划分工序，即先粗加工再精加工。此时可用不同的机床或不同的刀具进行加工。通常在一次安装中，不允许将零件某一部分表面加工完毕后，再加工零件的其他表面。

（3）以同一把刀具加工的内容划分工序。

为了减少换刀次数，压缩空程时间，减少不必要的定位误差，可按刀具集中工序的方法加工零件，即在一次装夹中，尽可能用同一把刀具加工出可能加工的所有部位，然后再换另一把刀具加工其他部位。在专用数控机床和加工中心中常采用这种方法。

（4）以加工部位划分工序。

这种方法是按加工零件的结构特点将进行数控加工的部位分成几个部分，每一部分的加工内容作为一个工序。虽然有些零件在一次安装中能加工出很多加工面，但考虑到数控程序太长，按加工部位划分比较适宜，如内腔、外形、曲面或平面，可将每一部分的加工作为一道工序。

2）工序安排的原则

工序通常包括切削加工工序、热处理工序和辅助工序等，工序安排得科学与否将直接影响到零件的加工质量、生产率和加工成本。切削加工工序通常按以下原则安排。

（1）先粗后精。当加工零件精度要求较高时都要经过粗加工、半精加工、精加工阶段，如果精度要求更高，还包括光整加工的几个阶段。

（2）基准面先行原则。用于精基准的表面应先加工。任何零件的加工过程总是先对定位基准进行粗加工和精加工。例如，轴类零件总是先加工中心孔，再以中心孔为精基准加工外圆和端面；箱体类零件总是先加工定位用的平面及两个定位孔，再以平面和定位孔为精基准加工孔系和其他平面。

（3）先面后孔。对于箱体、支架等零件，平面尺寸轮廓较大，用平面定位比较稳定，而且孔的深度尺寸又是以平面为基准的，故应先加工平面，然后加工孔。

（4）先主后次。主要表面先安排加工，一些次要表面因加工面小，和主要表面有相对位置要求，可穿插在主要表面加工工序之间进行，但要安排在主要表面最后精加工之前，以免影响主要表面的加工质量。

在加工中心上加工零件，一般都有多个工步，使用多把刀具，因此加工顺序安排得是否合理，直接影响到刀具数量、加工精度、加工效率和经济效益。在安排加工顺序时同样要遵循"基面先行""先粗后精"及"先面后孔"的一般工艺原则。此外还应考虑：

① 减少换刀次数，节省辅助时间。一般情况下，每换一把新的刀具后，应通过移动坐标、回转工作台等方法将由该刀具切削的所有表面全部完成。

② 每道工序尽量减少刀具的空行程移动量，按最短路线安排加工表面的加工顺序。

③ 安排加工顺序时可参照采用粗铣大平面→粗镗孔、半精镗孔→立铣刀加工→加工中心孔→钻孔→攻螺纹→平面和孔精加工（精铣、铰、镗等）的加工顺序。

（5）同一定位装夹方式或用同一把刀具的工序，最好相邻连接完成，这样可避免因重复定位而造成误差和减少装夹、换刀等辅助时间。

（6）如一次装夹进行多道加工工序时，则应考虑把对工件刚度削弱较小的工序安排在先，以减小加工变形。

（7）先内形内腔加工，后外形加工。

3）工步划分的原则

工步的划分主要从加工精度和效率两方面考虑。在一个工序内往往需要采用不同的刀具和切削用量，对不同的表面进行加工。为了便于分析和描述较复杂的工序，在工序内又细分为工步。下面以加工中心为例来说明工步划分的原则。

（1）同一表面按粗加工、半精加工、精加工依次完成。

粗加工应以最高的效率切除表面的大部分余量，为半精加工提供定位基准和均匀适当的加工余量。半精加工为主要表面精加工做好准备，即达到一定的精度、表面粗糙度和加工余量，加工一些次要表面达到规定的技术要求。精加工使各表面达到规定的图纸要求。

（2）对于既有铣面又有镗孔的零件，可先铣面后镗孔。

先铣面可提高孔的加工精度。以加工好的平面为精基准加工孔，这样不仅可以保证孔的加工余量较为均匀，而且为孔的加工提供了稳定可靠的精基准。另一方面，先加工平面，切除了工件表面的凹凸不平及夹砂等缺陷，可减少因毛坯凹凸不平而使钻孔时钻头引偏和防止扩、铰孔时刀具崩刃；同时，加工中便于对刀和调整。

（3）按刀具划分工步。

某些机床工作台回转时间比换刀时间短，可采用刀具集中工步，以减少换刀次数，减少辅助时间，提高加工效率。

（4）在一次安装中，尽可能完成所有能够加工的表面。

总之，工序与工步的划分要根据具体零件的结构特点、技术要求等情况综合考虑。

4）热处理和表面处理工序的安排

（1）为改善工件材料切削性能而进行的热处理工序（如退火、正火等），应安排在切削加工之前进行。

（2）为消除内应力而进行的热处理工序（如退火、人工时效等），最好安排在粗加工之后，也可安排在切削加工之前。

（3）为了改善工件材料的力学物理性质而进行的热处理工序（如调质、淬火等）通常安排在粗加工后、精加工前进行。其中渗碳淬火一般安排在切削加工后，磨削加工前。而表面淬火和渗氮等变形小的热处理工序，允许安排在精加工后进行。

（4）为了提高零件表面耐磨性或耐蚀性而进行的热处理工序以及以装饰为目的的热处理工序或表面处理工序（如镀铬、镀锌、氧化、发黑等）一般放在工艺过程的最后。

## 2. 加工路线

加工（走刀）路线就是刀具在整个加工工序中的运动轨迹，它不但包括了工步的内容，也反映出工步顺序。加工路线是编写程序的依据之一，加工路线的确定原则主要有以下几点。

（1）加工路线应保证被加工零件的精度和表面粗糙度，且效率较高；

（2）使数值计算简单，以减少编程工作量；

（3）应使加工路线最短，这样既可减少程序段，又可减少空刀时间。

1）寻求最短路径加工路线

如加工图 4-15（a）所示零件上的孔系，图 4-15（b）所示的走刀路线为先加工完外圈孔后，再加工内圈孔；若改用图 4-15（c）所示的走刀路线，减少了空刀时间，则可节省定位时间近一倍，提高加工效率。

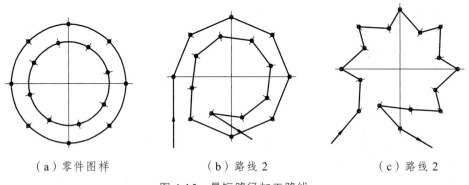

（a）零件图样　　　　　　　（b）路线 2　　　　　　　（c）路线 2

图 4-15　最短路径加工路线

对于位置精度要求较高的孔系加工，特别要注意孔加工顺序的安排，安排不当，就有可能将坐标轴的反向间隙带入，直接影响位置精度，如图 4-16 所示。图 4-16（a）所示为零件图，在该零件上镗 6 个尺寸相同的孔，有两种加工路线。当按图 4-16（b）所示的路线加工时，由于 5、6 孔与 1、2、3、4 孔定位方向相反，Y 方向反向间隙会使定位误差增加，从而影响 5、6 孔与其他孔的位置精度。若按图 4-16（c）所示的路线加工，加工完 4 孔后往上多移动一段距离到 P 点，然后再折回来加工 5、6 孔，这样方向一致，可避免反向间隙的引入，提高 5、6 孔与其他孔的位置精度。

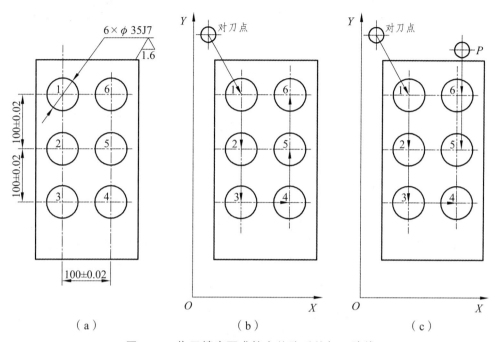

图 4-16　位置精度要求较高的孔系的加工路线

2）最终轮廓一次走刀完成

为保证工件轮廓表面加工后的粗糙度要求，最终轮廓应安排在最后一次走刀中连续加工出来。

图 4-17（a）所示为用行切方式加工内腔的走刀路线，这种走刀能切除内腔中的全部余量，不留死角，不伤轮廓。但行切法将在两次走刀的起点和终点间留下残留高度，而达不到要求的表面粗糙度。如果采用图 4-17（c）所示的走刀路线，行切 + 轮廓环切，即先用行切法，最后沿周向环切一刀，光整轮廓表面，能获得较好的效果。图 4-17（b）所示的环切法也是一种较好的走刀路线方式。

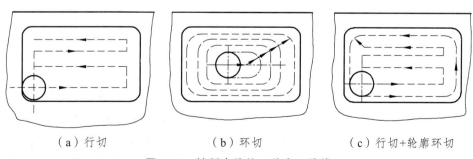

（a）行切　　　　　　　（b）环切　　　　　　　（c）行切+轮廓环切

图 4-17　铣削内腔的 3 种走刀路线

3）选择切入切出方向

采用立铣刀侧刃切削加工工件外轮廓时，要考虑刀具的进、退刀（切入、切出）路线，刀具应沿外轮廓的延长线的方向切入/切出，以保证工件轮廓光滑；应避免在工件轮廓面上垂直上、下刀而划伤工件表面或从工件轮廓的法线方向切入切出而产生刀痕；尽量减少在轮廓加工切削过程中的暂停（切削力突然变化造成弹性变形），以免留下刀痕，如图 4-18 所示。

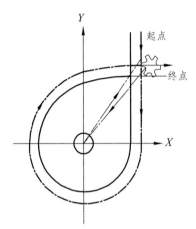

图 4-18　切向切入和切出零件轮廓

同样，在铣削封闭内表面时，也应从轮廓的延长线切入/切出；如轮廓线无法外延，则刀具应尽量在轮廓曲线上两几何元素交点处沿轮廓法向切入切出。

4）轮廓加工路线

（1）铣削方向。

优选走刀路线时，应首先保证工件轮廓表面的加工精度及表面粗糙度要求。用圆柱铣刀加工平面，根据铣刀运动方向不同有逆铣、顺铣和通道铣之分，如图 4-19（a）、（b）所示。

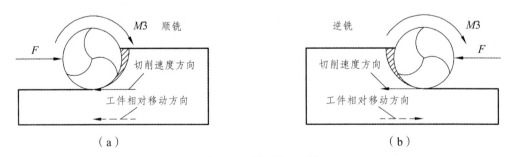

图 4-19　顺铣与逆铣

图 4-20 所示为使用立铣刀进行切削时的顺铣与逆铣（俯视图）。为便于记忆我们把顺铣、逆铣归纳为：切削工件外轮廓时，绕工件外轮廓顺时针走刀即为顺铣［见图 4-20（a）］，绕工件外轮廓逆时针走刀即为逆铣［见图 4-20（b）］；切削工件内轮廓时，绕工件内轮廓逆时针走刀即为顺铣［见图 4-21（a）］，绕工件内轮廓顺时针走刀即为逆铣［见图 4-21（b）］。

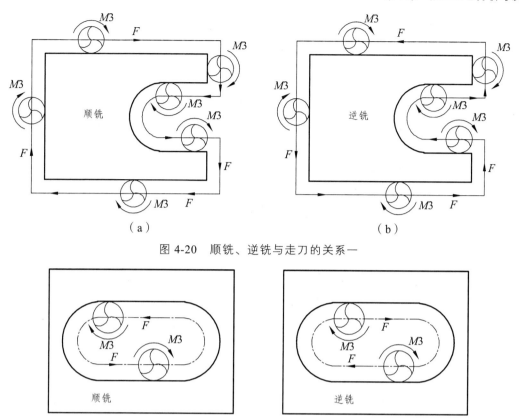

（a）　　　　　　　　　　　　　　　　（b）

图 4-20　顺铣、逆铣与走刀的关系一

（a）　　　　　　　　　　　　　　　　（b）

图 4-21　顺铣、逆铣与走刀的关系二

（2）顺铣、逆铣对切削的影响。

对于立式数控铣床（加工中心）所采用的立铣刀，装在主轴上时，相当于悬臂梁结构，在切削加工时刀具会产生弹性弯曲变形，如图 4-22 所示。

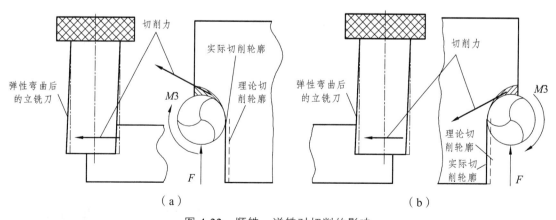

（a）　　　　　　　　　　　　　　　　（b）

图 4-22　顺铣、逆铣对切削的影响

从图 4-22（a）中可以看出，当用立铣刀顺铣时，刀具在切削时会产生让刀现象，即切削时出现"欠切"；而用立铣刀逆铣时［见图 4-22（b）］，刀具在切削时会产生啃刀现象，即切削时出现"过切"。这种现象在刀具直径越小、刀杆伸出越长时越明显，所以在选择刀具时，从提高生产率、减小刀具弹性弯曲变形的影响这些方面考虑，应选直径大的；在装刀时刀杆尽量伸出短些。

在编程时，如果粗加工采用顺铣，则可以不留精加工余量（余量在切削时由让刀让出）；而粗加工采用逆铣，则必须留精加工余量，预防由于"过切"引起加工工件的报废。

为此，为编程及设置参数的方便，我们在后面的编程中，粗加工一律采用顺铣；而半精加工或精加工，由于切削余量较小，切削力使刀具产生的弹性弯曲变形很小，所以既可以采用顺铣，也可以采用逆铣。

对于铝镁合金、钛合金和耐热合金等材料来说，建议采用顺铣加工，这对于降低表面粗糙度值和提高刀具耐用度都有利。但如果零件毛坯为黑色金属锻件或铸件，表皮硬而且余量一般较大，这时采用逆铣较为有利。

若要铣削图 4-23 所示凹槽的两侧面，就应该来回走刀两次，保证两侧面都是顺铣加工方式，以使两侧面具有相同的表面加工精度。

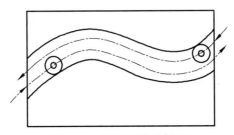

图 4-23　铣削凹槽的侧面

（3）曲线轮廓铣削路线。

对于连续铣削轮廓，特别是加工圆弧时，要注意安排好刀具的切入与切出位置，尽量避免交接处重复加工，否则会出现明显的界限痕迹。如图 4-24（a）所示，用圆弧插补方式铣削外整圆时，要安排刀具从切向进入圆周铣削加工，当整圆加工完毕后，不要在切点处直接退刀，而要让刀具多运动一段距离，最好沿切线方向退出，以免取消刀具补偿时，刀具与工件表面相碰撞，造成工件报废。铣削内圆弧时，也要遵守从切向切入的原则，安排切入、切出过渡圆弧，如图 4-24（b）所示。若刀具从工件坐标原点出发，其加工路线为 1→2→3→4→5，这样，可提高内孔表面的加工精度和质量。

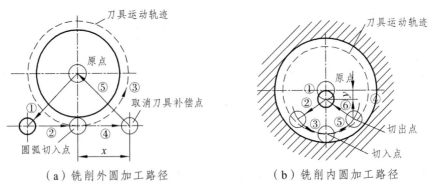

（a）铣削外圆加工路径　　　　　（b）铣削内圆加工路径

图 4-24　轮廓加工路线

5）曲面加工路线

铣削曲面时，常用球头刀采用行切法进行加工，要注意残留高度对加工精度的影响。

所谓"行切法"是指刀具与零件轮廓的切点轨迹是一行一行平行的，而行间的距离是按零件加工精度的要求确定的。用"行切法"对于边界敞开的曲面加工，可采用两种加工路线。当采用图 4-25（a）所示的加工方案时，每次沿直线加工，刀位点计算简单，程序少，加工过程符合直纹面的形成，可以准确保证母线的直线度。当采用图 4-25（b）所示的加工方案时，符合这类零件数据给出情况，便于加工后检验，叶形的准确度高，但程序较多。

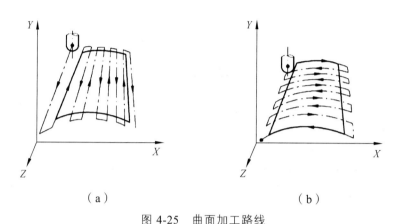

（a）                （b）

图 4-25　曲面加工路线

## 4.2.3　常用切削用量

对于高效率的金属切削机床加工来说，被加工材料、切削刀具、切削用量是三大要素。这些条件决定着加工时间、刀具寿命和加工质量。经济的、有效的加工方式，要求必须合理地选择切削条件。

切削用量包括主轴转速、切削深度与宽度、背吃刀量、进给量及进给速度等。对于不同的加工方法，需要选用不同的切削用量。粗、精加工时切削用量的选择原则如下：

（1）粗加工时：一般以提高生产率为主，选取尽可能大的背吃刀量，选取尽可能大的进给量，最后确定最佳的切削速度，但也应考虑经济性和加工成本。

（2）半精加工和精加工时：在保证加工质量的前提下，兼顾切削效率、经济性和加工成本，首先根据粗加工后的余量确定背吃刀量，其次选取较小的进给量，最后尽可能选取较高的切削速度。具体数值应根据机床说明书、刀具切削手册，并结合经验而定。

常用铣削参数术语和公式见表 4-3。影响切削用量的因素包括：

（1）机床：机床刚性、最大转速、进给速度等；

（2）刀具：刀具长度、刃长、刀具刃口、刀具材料、刀具齿数、刀具直径等；

（3）工件：毛坯材质、热处理性能等；

（4）装夹方式（工件紧固程度）：压板、台钳、托盘等；

（5）冷却情况：油冷、气冷、水冷等。

表 4-3　铣削切削参数计算公式

| 型　号 | 术　语 | 单位符号 | 公　示 |
|---|---|---|---|
| $V_c$ | 切削速度 | m/min | $V_c = \dfrac{\pi \times D \times n}{1\,000}$ |
| $n$ | 主轴转速 | r/min | $n = \dfrac{V_c \times 1\,000}{\pi \times D_c}$ |
| $V_f$ | 工作台进给量（进给速度） | mm/min | $V_f = f_z \times n \times z_n$ |
| | | mm/r | $V_f = f_z \times z_n$ |
| $f_z$ | 每齿进给量 | mm | $f_z = \dfrac{V_f}{n \times z_n}$ |
| $f_n$ | 每转进给量 | mm/r | $f_n = \dfrac{V_f}{n}$ |
| $Q$ | 金属去除率 | cm³ | $Q = \dfrac{\alpha_p \times \alpha_z \times \upsilon_f}{1\,000}$ |
| $D_e$ | 有效切削直径 | mm | $D_e = D_3 - d + \sqrt{d^2 - (d - 2 \times \alpha_p)^2}$ |

说明：$\alpha_p$ 为切削深度（mm）；$\alpha_e$ 为切削宽度（mm）；$D_c$ 为切削直径（mm）；$Z_n$ 为刀具上切削刃总数（个）；

　　　　$d$ 为 R 角立铣刀刀角圆直径（mm）。

　　铣削时采用的切削用量，应在保证工件加工精度和刀具耐用度、不超过铣床允许的动力和扭矩前提下，获得最高的生产率和最低的成本。铣削过程中，如果能在一定的时间内切除较多的金属，就有较高的生产率，从刀具耐用度的角度考虑，切削用量选择的次序是：根据侧吃刀量 $\alpha_e$ 先选大的背吃刀量 $\alpha_p$（见图 4-26），再选大的进给速度 $F$，最后再选大的铣削速度 $V$（最后转换为主轴转速 $S$）。

　　对于高速铣床（主轴转速在 10 000 r/min 以上），为发挥其高速旋转的特性、减少主轴的重载磨损，其切削用量选择的次序应是：$V \rightarrow F \rightarrow \alpha_p(\alpha_e)$。

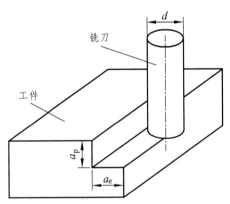

图 4-26　立铣刀的背吃刀量与侧吃刀量

## 1. 铣削深度 $\alpha_p$ 与铣削宽度 $\alpha_e$

铣削深度 $\alpha_p$ 与铣削宽度 $\alpha_e$ 分别指铣刀在轴向和径向的切削深度，铣削深度 $\alpha_p$ 又叫背吃刀量，铣削宽度 $\alpha_e$ 是在工件宽度方向上的切削，又叫侧吃刀量，与铣刀直径有关，粗加工时用大直径可以提高加工效率。

当侧吃刀量 $\alpha_e < d/2$ （$d$ 为铣刀直径）时，取 $\alpha_p = (1/3 \sim 1/2)d$；当侧吃刀量 $d/2 \le \alpha_e < d$ 时，取 $\alpha_p = (1/4 \sim 1/3)d$；当侧吃刀量 $\alpha_e = d$ （即满刀切削）时，取 $\alpha_p = (1/5 \sim 1/4)d$。

当机床的刚性较好，且刀具的直径较大时，$\alpha_p$ 可取得更大。

### 2. 主轴转速 $n$

主轴转速应根据允许的切削速度和工件（或刀具）直径来选择，切削速度 $V_c$ 由刀具和工件材料决定。其计算公式为

$$n = \frac{1\,000 v_c}{\pi D}$$

实际应用时，计算好的主轴转速 $n$ 最后要根据机床实际情况选取和理论值一致或较接近的转速，并填入程序单中。

### 3. 切削速度 $V_c$

在背吃刀量和进给量选好后，应在保证合理的刀具耐用度、机床功率等因素的前提下确定，见表 4-4。

表 4-4　铣刀的铣削速度 $V$　　　　　m/min

| 工件材料 | 铣刀材料 | | | | | |
| --- | --- | --- | --- | --- | --- | --- |
| | 碳素钢 | 高速钢 | 超高速钢 | 合金钢 | 碳化钛 | 碳化钨 |
| 铝合金 | 75 ~ 150 | 180 ~ 300 | | 240 ~ 460 | | 300 ~ 600 |
| 镁合金 | | 180 ~ 270 | | | | 150 ~ 600 |
| 钼合金 | | 45 ~ 100 | | | | 120 ~ 190 |
| 黄铜（软） | 12 ~ 25 | 20 ~ 25 | | 45 ~ 75 | | 100 ~ 180 |
| 黄铜 | 10 ~ 20 | 20 ~ 40 | | 30 ~ 50 | | 60 ~ 130 |
| 灰铸铁（硬） | | 10 ~ 15 | 10 ~ 20 | 18 ~ 28 | | 45 ~ 60 |
| 冷硬铸铁 | | 10 ~ 15 | 12 ~ 18 | | | 30 ~ 60 |
| 可锻铸铁 | 10 ~ 15 | 20 ~ 30 | 25 ~ 40 | 35 ~ 45 | | 75 ~ 110 |
| 钢（低碳） | 10 ~ 14 | 18 ~ 28 | 20 ~ 30 | | 45 ~ 70 | |
| 钢（中碳） | 10 ~ 15 | 15 ~ 25 | 18 ~ 28 | | 40 ~ 60 | |
| 钢（高碳） | | 10 ~ 15 | 12 ~ 20 | | 30 ~ 45 | |
| 合金钢 | | | | | 35 ~ 80 | |
| 合金钢（硬） | | | | | 30 ~ 60 | |
| 高速钢 | | | 12 ~ 25 | | 45 ~ 70 | |

切削速度 $V_c$ 与主轴转速 $n$(r/min)及铣刀直径 $d$(mm)的关系为

$$V_c = \frac{\pi D n}{1\,000}$$

$V_c$ 也称单齿切削线速度，单位符号为 m/min。提高 $V_c$ 值也是提高生产率的一个有效措施，但 $V_c$ 与刀具耐用度的关系比较密切。随着 $V_c$ 的增大，刀具耐用度急剧下降，故 $V_c$ 的选择主要取决于刀具耐用度。名牌刀具供应商都会向用户提供各种规格刀具的切削速度推荐参数 $V_c$。切削速度 $V_c$ 值和工件的材料硬度有很大关系。例如，用立铣刀铣削合金钢 30CrNi2MoVA 时，$V_c$ 可采用 8 m/min 左右，而用同样的立铣刀铣削铝合金时，$V_c$ 可选 200 m/min 以上。

### 4. 进给量（进给速度）$V_f$

粗铣时铣削力大，进给量的提高主要受刀具强度、机床、夹具等工艺系统刚性的限制，根据刀具形状、材料以及被加工工件材质的不同，在强度刚度许可的条件下，进给量应尽量取大；精铣时限制进给量的主要因素是加工表面的粗糙度，为了减小工艺系统的弹性变形，减小已加工表面的粗糙度，一般采用较小的进给量，见表 4-5。

进给速度 $V_f$ 与铣刀每齿进给量 $f_z$、铣刀齿数 $z_n$ 及主轴转速 $n$(r/min)的关系为：

$$V_f = f_z z_n (\text{mm/r}) \text{ 或 } V_f = n f_z z_n (\text{mm/min})$$

表 4-5　铣刀每齿进给量 $f_z$ 推荐值　　　　　　　　　　mm/z

| 工件材料 | 工件材料硬度 | 硬质合金 | | 高速钢 | |
|---|---|---|---|---|---|
| | | 端铣刀 | 立铣刀 | 端铣刀 | 立铣刀 |
| 低碳钢 | 150～200 HB | 0.2～0.35 | 0.07～0.12 | 0.15～0.3 | 0.03～0.18 |
| 中、高碳钢 | 220～300 HB | 0.12～0.25 | 0.07～0.1 | 0.1～0.2 | 0.03～0.15 |
| 灰铸铁 | 180～220 HB | 0.2～0.4 | 0.1～0.16 | 0.15～0.3 | 0.05～0.15 |
| 可锻铸铁 | 240～280 HB | 0.1～0.3 | 0.06～0.09 | 0.1～0.2 | 0.02～0.08 |
| 合金钢 | 220～280 HB | 0.1～0.25 | 0.05～0.08 | 0.12～0.2 | 0.03～0.08 |
| 工具钢 | 36 HRC | 0.12～0.25 | 0.04～0.08 | 0.07～0.12 | 0.03～0.08 |
| 镁合金铝 | 95～100 HB | 0.15～0.38 | 0.08～0.14 | 0.2～0.3 | 0.05～0.15 |

进给量是指机床工作台的进给速度，单位符号为 mm/min 或 mm/r。根据零件的加工精度和表面粗糙度要求以及刀具和工件材料来选择。加大 $V_f$ 也可以提高生产效率，但是刀具的耐用度会降低。加工表面粗糙度要求低时，$V_f$ 可选择得大一些。当加工精度、表面粗糙度要求高时，进给量数值应选小一些，一般为 20～50 mm/min。在加工过程中，$V_f$ 也可通过机床控制面板上的倍率开关进行人工调整，最大进给量则受机床刚度和进给系统的性能限制，并与脉冲当量有关。

一般的经验数据是：

（1）当工件的质量要求能够得到保证时，为提高生产效率，可选择较高的进给速度，一般为 100～200 mm/min。

（2）在切断、加工深孔或用高速钢刀具加工时，宜选择较低的进给速度，一般为 20～50 mm/min。

（3）当加工精度、表面粗糙度要求高时，进给速度应选小一些，一般为 20 ~ 50 mm/min。

（4）刀具空行程时，特别是远距离"回零"时，可以选择该机床数控系统给定的最高进给速度。

## 5. 钻削用量的选择

在实体上钻孔时，背吃刀量由钻头直径所定，所以只需选择切削速度和进给量。

（1）切削深度的选择：直径小于 30 mm 的孔一次钻出；直径为 30 ~ 80 mm 的孔可分为两次钻削，先用（0.5 ~ 0.7）$D$ 的钻头钻底孔（$D$ 为要求的孔径）。

（2）进给量的选择：孔的精度要求较高和粗糙度值要求较小时，应取较小的进给量；钻孔较深、钻头较长、刚度和强度较差时，也应取较小的进给量。

普通麻花钻钻削进给量可按以下经验公式估算：

$$f = (0.01 - 0.02)d_0$$

式中，$d_0$ 为孔的直径。

（3）钻削速度的选择：当钻头的直径和进给量确定后，钻削速度应按钻头的寿命选取合理的数值，孔深较大时，钻削条件差，应取较小的切削速度。

实践证明，钻头直径增大时，切削温度有所下降。因此，钻头直径较大时，可选取较高的切削速度。根据经验，钻削速度可参考表 4-6 选取。

表 4-6　普通高速钢钻头钻削速度参考　　　　　　　　m/min

| 工件材料 | 低碳钢 | 中、高碳钢 | 合金钢 | 铸铁 | 铝合金 | 铜合金 |
|---|---|---|---|---|---|---|
| 钻削速度 | 25 ~ 30 | 20 ~ 25 | 15 ~ 20 | 20 ~ 25 | 40 ~ 70 | 20 ~ 40 |

## 4.2.4 编制工艺文件

工艺设计完成后就需要形成纸质或电子文档，常称为工艺卡片或工艺规程，这里可统称为工艺文件。应该说明的是：工艺文件不像零件图纸那样具有标准化格式，不同企业、行业及个人具有不同的编制习惯，但任何工艺文件反映的实质内容是统一的，即应包括下列内容：

（1）机床、工装、量具和量仪、附件、毛坯等规格型号。

（2）工序、工步表格。由工序和工步简图、加工内容、切削参数、刀具设置参数（刀具规格、刀补地址号等）组成，是指导操作工加工的规程或指令。

（3）和工序、工步表格相关联的程序清单。纸质清单仅适合短小手工编程，对于 CNC 编程和已经联网的机床，加工程序都是电子文件形式。

（4）和管理有关的工时定额、日期、人员、权限等记录。

数控加工工艺文件不仅是进行数控加工和产品验收的依据，也是操作者遵守和执行的规程，该文件包括了编程任务书、数控加工工序卡、数控刀具卡片、数控加工程序单等。以下是常用文件格式，可根据实际情况自行设计。

## 1. 数控加工编程任务书

编程任务书阐明了工艺人员对数控加工工序的技术要求、工序说明和数控加工前应保证的加工余量，是编程员与工艺人员协调工作和编制数控程序的重要依据之一，见表 4-7。

表 4-7　数控加工编程任务书

| 工艺处 | 数控编程任务书 | | 产品零件图号 | | 任务书编号 | |
|---|---|---|---|---|---|---|
| | | | 零件名称 | | | |
| | | | 使用数控设备 | | 共　页第　页 | |
| 主要工序说明及技术要求： | | | | | | |
| | | | 编程收到日期 | 月　　日 | 经手人 | |
| | | | | | | |
| 编　制 | | 审　核 | | 编　程 | 审　核 | 批　准 |

### 2. 数控加工工序卡

在工序简图中应注明编程原点与对刀点，要有编程说明及切削参数的选择等，它是操作人员进行数控加工的主要指导性工艺资料。工序卡应按已确定的工步顺序填写，见表 4-8。

表 4-8　数控加工工序卡片

| 单　位 | 数控加工工序卡片 | | 产品名称或代号 | | 零件名称 | 零件图号 |
|---|---|---|---|---|---|---|
| | | | | | | |
| | 工序简图 | | 车　间 | | 使用设备 | |
| | | | | | | |
| | | | 工艺序号 | | 程序编号 | |
| | | | | | | |
| | | | 夹具名称 | | 夹具编号 | |
| | | | | | | |
| 工步号 | 工步作业内容 | | 加工面 | 刀具号 | 刀补量 | 主轴转速 | 进给速度 | 背吃刀量 | 备注 |
| | | | | | | | | | |
| | | | | | | | | | |
| | | | | | | | | | |
| 编　制 | | 审　核 | | 批　准 | | 年　月　日 | 共　　页 | 第　页 |

### 3. 数控刀具卡片

数控加工刀具卡主要反映刀具名称、编号、规格、长度等内容。它是组装刀具、调整刀具的依据，见表 4-9。

表 4-9　数控加工刀具卡片

| 产品名称或代号 | | | 零件名称 | | | 零件图号 | |
|---|---|---|---|---|---|---|---|
| 序号 | 刀具号 | 刀具规格名称 | 数量 | | 加工表面 | | 备　注 |
| | | | | | | | |
| | | | | | | | |
| | | | | | | | |
| 编　制 | | 审　核 | | 批　准 | | 共　页 | 第　页 |

**4. 数控加工程序单**

数控加工程序单是编程员根据工艺分析情况，按照机床特点的指令代码编制的。它是记录数控加工工艺过程、工艺参数的清单，有助于操作员正确理解加工程序内容。其格式见表 4-10。

表 4-10　数控加工程序单

| 零件号 | | | 零件名称 | | 编　制 | | 审　核 | |
|---|---|---|---|---|---|---|---|---|
| 程序号 | | | | | 日　期 | | 日　期 | |
| N | G | X（U） | Z（W） | F | S | T | M | CR | 备　注 |
| | | | | | | | | | |
| | | | | | | | | | |
| | | | | | | | | | |
| | | | | | | | | | |
| | | | | | | | | | |

传统机加工离不开手工编制工艺文件，对于数控加工，随着 CAD/CAM/CAPP/PDM 技术的普及应用，越来越多繁杂的工艺图表编制工作可以由专用软件帮助完成，使工艺员将主要精力集中在工艺的"设计"和"优化"方面。现在有的制造车间已经看不到纸质工艺图表了，所有的加工设计数据均可在工厂局域网上传输。但在职前学习阶段，学会工艺文件编制是必需的，这样有助于培养严谨、科学、细致的工作方式，本章 4.4 节用到了有关典型工件的工序、工步、刀具表格，可供读者参考。

# *4.3　高速铣削加工工艺

高速铣削加工工艺

## 4.4 典型工件的铣削工艺分析

### 4.4.1 平面凸轮零件的数控铣削加工工艺分析

平面凸轮零件是数控铣削加工中常见的零件之一，其轮廓曲线组成不外乎直线与圆弧、圆弧与圆弧、圆弧与非圆曲线及非圆曲线等几种。所用数控机床多为两轴以上联动的数控铣床，加工工艺过程也大同小异。图 4-27 所示为平面槽形凸轮零件，在铣削加工前，该零件是一个经过加工的圆盘，圆盘直径为 $\phi 280$ mm，带有两个基准孔 $\phi 35$ mm 及 $\phi 12$ mm。$\phi 35$ mm 及 $\phi 12$ mm 两个定位孔，$A$ 面已在前面加工完毕，本工序是在铣床上加工槽。该零件的材料为 HT200，试分析其数控铣削加工工艺。

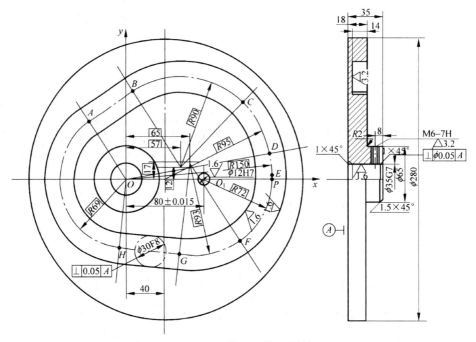

图 4-27 平面槽形凸轮零件简图

### 1. 零件图工艺分析

图样分析主要分析凸轮轮廓形状、尺寸和技术要求、定位基准及毛坯等。该零件凸轮轮廓由 *HA*、*BC*、*DE*、*FG* 和直线 *AB*、*HG* 以及过渡圆弧 *CD*、*EF* 所组成。组成轮廓的各几何元素关系清楚，条件充分，所需要基点坐标容易求得。凸轮内外轮廓面对 *A* 面有垂直度要求。材料为铸铁，切削工艺性较好。

根据分析，采取以下工艺措施：

凸轮内外轮廓面对 *A* 面有垂直度要求，只要提高装夹精度，使 *A* 面与铣刀轴线垂直，即可保证。

选择设备：加工平面凸轮的数控铣削，一般采用两轴以上联动的数控铣床，因此首先要考虑的是零件的外形尺寸和重量，使其在机床的允许范围以内；其次考虑数控机床的精度是否能满足凸轮的设计要求；最后看凸轮的最大圆弧半径是否在数控系统允许的范围之内。根据以上 3 条即可确定所要使用的数控机床为两轴以上联动的数控铣床。

## 2. 确定零件的定位基准和装夹方式

（1）定位基准：采用"一面两孔"定位，即用圆盘 A 面和两个基准孔作为定位基准。

（2）根据工件特点，用一块 320 mm×320 mm×40 mm 的垫块，在垫块上分别精镗 $\Phi$35 mm 及 $\Phi$12 mm 两个定位孔（当然要配定位销），孔距离 80±0.015 mm，垫板平面度为 0.05 mm，该零件在加工前，先固定夹具的平面，使两定位销孔的中心连线与机床 x 轴平行，夹具平面要保证与工作台面平行，并用百分表检查，图 4-28 所示为本例凸轮零件的装夹方案示意图。采用双螺母夹紧，提高装夹刚性，防止铣削时因螺母松动引起的振动。

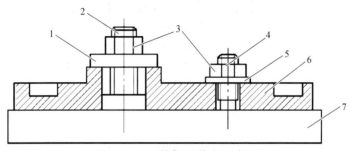

图 4-28　凸轮加工装夹示意图

1—开口垫圈；2—带螺纹圆柱销；3—压紧螺母；4—带螺纹削边销；
5—垫圈；6—工件；7—垫块

## 3. 确定加工顺序及走刀路线

整个零件的加工顺序的拟按照"基面先行""先粗后精"的原则确定。因此，应先加工用作定位基准的 $\Phi$35 mm 及 $\Phi$12 mm 两个定位孔、A 面，然后再加工凸轮槽内外轮廓表面。由于该零件的 $\Phi$35 mm 及 $\Phi$12 mm 两个定位孔、A 面已在前面工序加工完毕，在这里只分析加工槽的走刀路线，走刀路线包括平面内进给走刀和深度进给走刀两部分路线。平面内的进给走刀，对外轮廓是从切线方向切入；对内轮廓是从过渡圆弧切入。在数控铣床上加工时，对铣削平面槽形凸轮，深度进给有两种方法：一种是在 xz（或 yz）平面内来回铣削逐渐进刀到既定深度；另一种是先打一个工艺孔，然后从工艺孔进刀到既定深度。

进刀点选在 P(150，0)点，刀具在 y−15 及 y+15 之间来回铣削，逐渐加深到铣削深度，当达到既定深度后，刀具在 xy 平面内运动，铣削凸轮轮廓。为了保证凸轮的轮廓表面有较高的表面质量，采用顺铣方式，即从 P 点开始，对外轮廓按顺时针方向铣削，对内轮廓按逆时针方向铣削。图 4-29 所示即为铣刀在水平面内的切入进给路线。

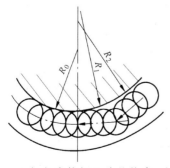
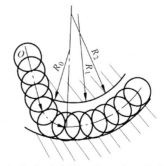

（a）直接切入外凸轮廓　　　　　（b）由过渡圆弧切入内凹轮廓

图 4-29　平面槽形凸轮的切入进给路线

### 4.选择刀具及切削用量

铣刀材料和几何参数主要根据零件材料的切削加工性、工件表面几何形状和尺寸大小选择;切削用量则依据零件材料特点、刀具性能及加工精度要求确定。通常为提高切削效率要尽量选用大直径的铣刀;侧吃刀量取刀具直径的1/3到1/2,背吃刀量应大于冷硬层厚度;切削速度和进给速度应通过实验来选取效率和刀具寿命的综合最佳值。精铣时切削速度应高一些。

确定主轴转速与进给速度时,先查切削用量手册,确定切削速度与每齿进给量,然后利用公式 $v_c = \pi dn/1\,000$ 计算主轴转速 $n$,利用 $v_f = nZf_z$ 计算进给速度。

本例的零件材料(铸铁)属于一般材料,切削加工性较好,选用 $\Phi18$ mm 硬质合金立铣刀,主轴转速取 150~235 r/min,进给速度取 30~60 mm/min。槽深 14 mm。铣削余量分 3 次完成:第 1 次背吃刀量 8 mm,第 2 次背吃刀量 5 mm,剩下的 1 mm 随精铣一起完成。凸轮槽两侧面各留 0.5~0.7 mm 精铣余量。在第 2 次进给完成之后,检测零件几何尺寸,依据检测结果决定进刀深度和刀具半径偏置量,最后分别对凸轮槽两侧面精铣 1 次,达到图样要求的尺寸。

表 4-11 为数控加工刀具卡片,表 4-12 为槽形凸轮的数控加工工艺卡片。

表 4-11 数控加工刀具卡片

| 产品名称或代号 | | ××× | | 零件名称 | 槽形凸轮 | 零件图号 | | ××× |
|---|---|---|---|---|---|---|---|---|
| 序号 | 刀具号 | 刀具规格名称/mm | | 数量 | 加工表面 | | | 备注 |
| 1 | T01 | $\Phi18$ 硬质合金立铣刀 | | 1 | 粗铣凸轮槽内外轮廓 | | | |
| 2 | T02 | $\Phi18$ 硬质合金立铣刀 | | 1 | 精铣凸轮槽内外轮廓 | | | |
| 编制 | ××× | 审核 | ××× | 批准 | ××× | 共 页 | | 第 页 |

表 4-12 槽形凸轮的数控加工工艺卡片

| 单位名称 | ××× | | 产品名称或代号 | | 零件名称 | | 零件图号 |
|---|---|---|---|---|---|---|---|
| | | | ××× | | 槽形凸轮 | | ××× |
| 工序号 | 程序编号 | | 夹具名称 | | 使用设备 | | 车间 |
| ××× | ××× | | 螺旋压板 | | XK5025 | | 数控中心 |
| 工步号 | 工步内容 | | 刀具号 | 刀具规格/mm | 主轴转速/(r.min⁻¹) | 进给速度/(mm.min⁻¹) | 背吃刀量/mm | 备注 |
| 1 | 来回铣削,逐渐加深铣削深度 | | T01 | $\Phi18$ | 800 | 60 | | 分两层铣削 |
| 2 | 粗铣凸轮槽内轮廓 | | T01 | $\Phi18$ | 700 | 60 | | |
| 3 | 粗铣凸轮槽外轮廓 | | T01 | $\Phi18$ | 700 | 60 | | |
| 4 | 精铣凸轮槽内轮廓 | | T02 | $\Phi18$ | 1000 | 100 | | |
| 5 | 精铣凸轮槽外轮廓 | | T02 | $\Phi18$ | 1000 | 100 | | |
| 编制 | ××× | 审核 | ××× | 批准 | ××× | 年 月 日 | 共 页 | 第 页 |

5．建立工件坐标系

在 $xOy$ 平面内确定以零件几何中心点为工件原点，z 方向以工件表面为工件原点，建立工件坐标系，采用手动对刀方法把 $\Phi$35 孔中心 $O$ 点作为对刀点。

## *4.4.2　支撑套零件的加工工艺分析

支撑套零件的加工工艺分析

## 4.4.3　拓展练习

【练习 1】　欲加工如图 4-30 所示的零件，毛坯选用材料为材料为 45# 钢。毛坯尺寸为 160 mm × 120 mm × 40 mm，6 个面的粗糙度为 $Ra$3.2 μm。进行工艺设计，请完成以下工作：

（1）根据图纸要求，综合工艺分析并确定加工方案；

（2）确定装夹方案，确定定位基准及毛坯等，以不产生干涉为宜；

（3）确定加工路线和进给路线，包括平面内进给和深度进给两部分路线；

（4）选择刀具及切削参数；

（5）确定工件坐标系和对刀点。

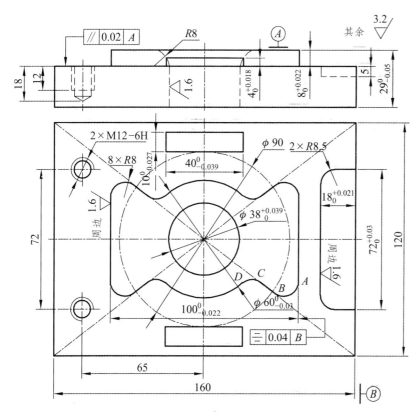

练习 1　参考答案

图 4-30　练习 1 零件图

【**练习2**】 典型轴类零件如图 4-31 所示，零件材料为 45 钢，无热处理和硬度要求，试对该零件进行数控车削工艺分析。

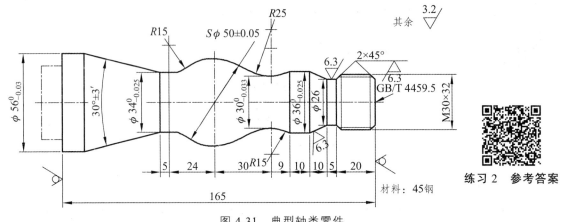

图 4-31　典型轴类零件

练习 2　参考答案

【**练习3**】 对图 4-32 所示的零件进行内、外轮廓面的加工，该工件的 6 个表面已经加工，其尺寸和粗糙度等要求均已符合图纸规定，材料为 45#钢。进行工艺设计，请完成以下工作：

（1）根据图纸要求，综合工艺分析并确定加工方案；

（2）确定装夹方案，确定定位基准及毛坯等，以不产生干涉为宜；

（3）确定加工路线和进给路线，包括平面内进给和深度进给两部分路线；

（4）选择刀具及切削参数；

（5）确定工件坐标系和对刀点。

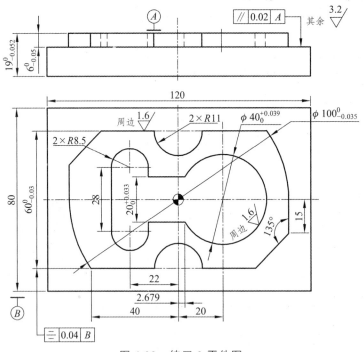

图 4-32　练习 3 零件图

练习 3　参考答案

## 本章小结

通过本章学习，应该掌握：数控加工工艺分析和工艺文件编制的方法；加工机床与夹具刀具的正确选用；对刀点和铣削用量的确定；正确划分工序和加工路线的选择。另外，还应该了解高速铣削的加工概念和所用设备及工艺。

**本章练习（自测）**

## 思考与练习题

1. 简述零件结构工艺性对数控加工产生的影响有哪些？
2. 数控加工工艺分析的目的是什么？包括哪些内容？
3. 常用铣削用量包括哪些指标？如何计算或选用？
4. 简述如何合理选用机床、夹具与刀具。
5. 综述数控加工顺序安排的原则。
6. 简述确定数控加工路线的基本原则。
7. 高速加工需要具备哪些工艺条件？
8. 零件如图 4-33 所示，根据零件孔加工定位快而准的原则来确定 $XOY$ 平面内孔的加工进给路线。

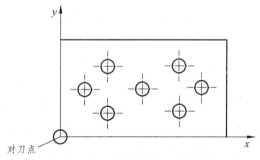

图 4-33　零件孔加工定位

9. 如图 4-34 所示的零件的 $A$、$B$ 面已加工好，在加工中心上加工其余表面，试确定定位和夹紧方案。

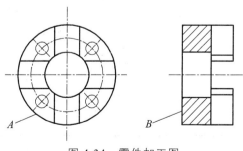

图 4-34　零件加工图

10. 加工如图 4-35 所示的零件，材料 HT200，毛坯尺寸（长 × 宽 × 高）为 170 mm × 110 mm × 50 mm，试分析该零件的数控铣削加工工艺。

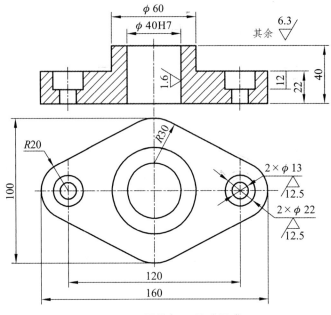

图 4-35　零件加工尺寸要求

11. 欲加工如图 4-36 所示的零件,毛坯选用材料为材料为 45#钢。毛坯尺寸为 160 mm × 120 mm × 40 mm,6 个面的粗糙度为 Ra 3.2 μm。请完成以下工作:

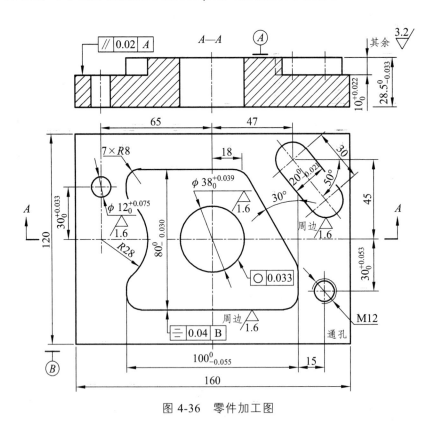

图 4-36　零件加工图

（1）根据图纸要求，综合工艺分析并确定加工方案；

（2）确定装夹方案，确定定位基准及毛坯等，以不产生干涉为宜；

（3）确定加工路线和进给路线，包括平面内进给和深度进给两部分路线；

（4）选择刀具及切削参数；

（5）确定工件坐标系和对刀点。

12. 有一零件，毛坯选用材料为铝的板材，欲加工出如图 4-37 所示的 3 个字母，深度为 2 mm，宽度为 6 mm ，请完成以下工作：

（1）根据图纸要求，分析工艺方案，包括确定定位基准及毛坯大小等；

（2）确定装夹方案，以不产生干涉为宜；

（3）确定加工路线和进给路线，包括平面内进给和深度进给两部分路线；

（4）选择刀具及切削用量；

（5）确定工件坐标系和对刀点。

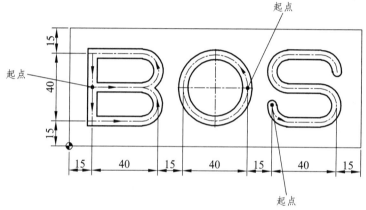

第 12 题参考答案

图 4-37　零件加工图

# 第5章　数控机床加工编程

本章主要包括以下内容：数控加工程序编制的概念，数控编程代码的格式和程序结构，常用的准备功能指令、刀具补偿指令、子程序编制及固定循环指令的应用等。本章还介绍了掌握数控机床加工程序的编制方法，以及结合工艺编制一般零件的数控加工程序。

## 5.1　数控加工编程概述

### 5.1.1　编程基础知识（见图 5-1）

数控机床会按照事先编制好的加工程序，自动地对被加工零件进行加工，程序编制的好坏直接影响数控机床的正确使用和数控加工特点的发挥。编程员应通晓机械加工工艺以及机床、刀夹具、数控系统的性能，熟悉工厂的生产特点和生产习惯。

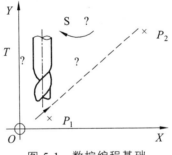

图 5-1　数控编程基础

1. 数控编程

我们把零件的加工工艺路线、工艺参数、刀具的运动轨迹、位移量、切削参数（主轴转数、进给量、吃刀量等）以及辅助功能（换刀、主轴正转、反转、切削液开、关等），按照数控机床规定的指令代码及程序格式编写成加工程序单，再把这一程序单中的内容记录在控制介质上（如穿孔纸带、磁带、磁盘、磁泡存储器），然后输入到数控机床的数控装置中，从而指挥机床加工零件。这种从零件图的分析到制成控制介质的全部过程叫数控程序的编制。

2. 数控编程的一般步骤

数控手工编程的主要内容包括分析零件图样、确定加工工艺过程、确定走刀轨迹、数学处理（计算刀位数据）、编写程序清单、程序检查、输入程序和工件试切等，如图5-2所示。

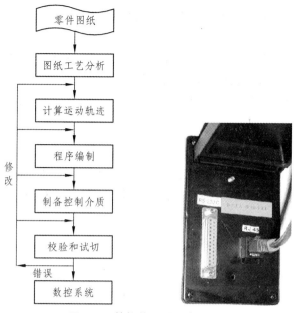

图 5-2  数控编程的一般步骤

### 3. 编程的方法

#### 1）手工编程

手工编程（Manual Programming）指由人工来完成数控编程中各个阶段的工作，对复杂形状零件的编程无法胜任。对于加工形状简单的零件，计算比较简单，程序不多，采用手工编程较容易完成，而且经济、及时。因此，在点定位加工及由直线与圆弧组成的轮廓加工中，手工编程仍广泛应用。但对于形状复杂的零件，特别是具有非圆曲线、列表曲线及曲面的零件，用手工编程就有一定的困难，出错的概率增大，有的甚至无法编出程序，必须采用自动编程的方法编制程序。手工编程的流程如图 5-3 所示。

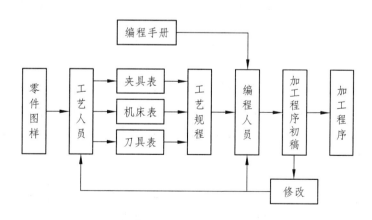

图 5-3  手工编程的流程

#### 2）自动编程

自动编程（Automatic Programming）是指在编程过程中，编程人员只需分析零件图样和制订工艺方案，其余各步工作（数学处理、编写程序、程序校验）均由计算机辅助完成。编程自动化是当今的趋势。

图形交互式自动编程极大地提高了数控编程效率，它使从设计到编程的信息流成为连续，可实现 CAD/CAM 集成，为实现计算机辅助设计（CAD）和计算机辅助制造（CAM）一体化建立了必要的桥梁作用。因此，它也习惯地被称为 CAD/CAM 自动编程。

### 5.1.2  程序代码与结构

数控编程有标准化的编程规则和程序格式，国际上目前通用的有 EIA（美国电子工业协会）和 ISO（国际标准化协会）两种代码，代码中有数字码（0~9）、文字码（A~Z）和符号码。我国遵循国际标准化组织（ISO）制定了一系列标准。

#### 1. 程序的结构

程序是由程序段（Block）所组成，每个程序段是由字（Word）和";"所组成。而字是由地址符和数值所构成的，例如，X（地址符）100.0（数值）Y（地址符）50.0（数值）。

图 5-4 是一个数控程序结构示意图。

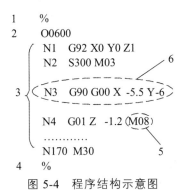

图 5-4  程序结构示意图

1—起始符；2—程序名；3—程序主体；4—程序结束符；5—功能字；6—程序段

一般情况下，一个基本的数控程序由以下几个部分组成：

（1）程序名。

程序名即为程序的开始部分，为程序的开始标记、供数控装置在存储器程序目录中查找、调用。程序名由规定的英文字母（通常为 O）为首，后面接若干位数字（通常为 2 位或者 4 位），如 O0600，也可称为程序号；有的数控系统地址码用 P 或%表示，程序名具体采用何种形式由数控系统决定。

（2）程序主体。

程序主体是程序的主要部分，由多个程序段组成，每个程序段又由若干个程序字组成，每个程序字表示一个功能指令，指令字用于指挥机床完成某一个动作。

（3）程序结束。

程序结束的标记符，一般用辅助功能代码 M02 和 M30 表示。数控程序中的地址代码见表 5-1。

表 5-1 数控程序中的地址代码

| 地址码 | 意　　义 | 地址码 | 意　　义 |
|---|---|---|---|
| A | 关于 $X$ 轴的角度尺寸 | N | 程序段号 |
| B | 关于 $Y$ 轴的角度尺寸 | O | 程序编号 |
| C | 关于 $Z$ 轴的角度尺寸 | P | 平行于 $X$ 轴的第三尺寸，有的系统定义为固定循环参数 |
| D | 刀具半径的偏置号 | Q | 平行于 $Y$ 轴的第三尺寸，有的系统定义为固定循环参数 |
| E | 第二进给功能 | R | 平行于 $Z$ 轴的第三尺寸，有的系统定义为固定循环参数 |
| F | 第一进给功能 | S | 主轴转速功能 |
| G | 准备功能 | T | 刀具功能 |
| H | 刀具长度偏置号 | U | 平行于 $X$ 轴的第二尺寸 |
| I | 平行于 $X$ 轴的插补参数或螺纹导程 | V | 平行于 $Y$ 轴的第二尺寸 |
| J | 平行于 $Y$ 轴的插补参数或螺纹导程 | W | 平行于 $Z$ 轴的第二尺寸 |
| K | 平行于 $Z$ 轴的插补参数或螺纹导程 | X | $X$ 轴方向的主运动坐标 |
| L | 有的系统定义为固定循环次数，有的系统定义为子程序返回次数 | Y | $Y$ 轴方向的主运动坐标 |
| M | 辅助功能 | Z | $Z$ 轴方向的主运动坐标 |

### 2. 程序段格式

常用的程序段格式是字地址可变程序段格式，它由语句字、数据字和程序段结束符组成。每个字首是一个英文字母，称为字地址码。其格式如图 5-5 所示。

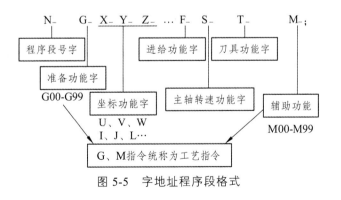

图 5-5 字地址程序段格式

字地址码可变程序段格式的特点是：程序段中各字的先后排列顺序并不严格，不需要的字以及与上一程序段相同的字可以省略；数据的位数可多可少；程序简短、直观、不易出错，因而得到广泛应用。例如，N10 G01 X26.8 Y34.15 Z16.751 F123。

（1）程序段序号 N。

程序段号又称程序段序号或顺序号。顺序号位于程序段之首，由顺序号字 N 和后续数字组成。顺序号字 N 是地址符，后续数字一般为 1~4 位的正整数。数控加工中的顺序号实际上是程序段的名称，与程序执行的先后次序无关。数控系统不是按顺序号的次序来执行程序，而是按照程序段编写时的排列顺序逐段执行。

一般使用方法：编程时将第一程序段冠以 N10，以后以间隔 10 递增的方法设置顺序号，这样，在调试程序时，如果需要在 N10 和 N20 之间插入程序段时，就可以使用 N11、N12 等。现代 CNC 系统中很多都不要求程序段号，即程序段号可有可无。

（2）准备功能 G。

它由表示准备功能的地址符 G 和数字所组成，是用于建立机床或控制系统工作方式的一种指令。例如，G01 表示直线插补，一般可以用 G1 代替，即可以省略前导 0。从 G00~G99 共 100 种，G 功能的代号已标准化。

（3）坐标字。

由坐标地址符及数字组成，且按一定的顺序排列，用于确定机床上刀具运动终点的坐标位置。各组数字必须具有作为地址码的地址符（如 X、Y 等）开头，+、− 符号及绝对值（或增量）的数值组成，坐标字的 "+" 可省略。各坐标轴的地址符按下列顺序排列：X、Y、Z、U、V、W、P、Q、R、A、B、C、I、J、K、D、E。

X、Y、Z 为刀具运动的终点坐标位置，有些 CNC 系统对坐标值的小数点有严格的要求（有的系统可以用参数进行设置），比如 32 应写成 "32."，否则有的系统会将 32 视为 32 μm，而不是 32 mm，而写成 "32." 则均会被认为是 32 mm。

由坐标地址符（如 X、Y 等）且按一定的顺序进行排列。其中坐标字的地址符含义如表 5-2 所示。

表 5-2　地址符含义

| 地　址　码 | 意　　义 |
| --- | --- |
| X−　Y−　Z− | 基本直线坐标轴尺寸 |
| U−　V−　W− | 第一组附加直线坐标轴尺寸 |
| P−　Q−　R− | 第二组附加直线坐标轴尺寸 |
| A−　B−　C− | 绕 $X$、$Y$、$Z$ 旋转坐标轴尺寸 |
| I−　J−　K− | 圆弧圆心的坐标尺寸 |
| D−　E− | 附加旋转坐标轴尺寸 |
| R− | 圆弧半径值 |

（4）进给功能 F。

由进给地址符 F 及数字组成，数字表示所选定的进给速度，对于车床，F 可分为每分钟进给和主轴每转进给两种，对于其他数控机床，一般只用每分钟进给。如 F100，表示进给速度为 100 mm/min，也可以是 100 mm/r，其小数点与 X、Y、Z 后的小数点含义一样。F 指令在螺纹切削程序段中常用来指令螺纹的导程。

工作在 G01、G02/G03 方式下编程的 F 一直有效直到被新的 F 值所取代，而工作在 G00 快速定位时的速度是各轴的最高速度，与所编程 F 无关，借助操作面板上的倍率按键，F 可在一定范围内进行倍率修调。当执行攻丝循环、螺纹切削循环时倍率开关失效，进给倍率固定在 100%。

（5）主轴功能 S。

由主轴地址符 S 及其随后的每分钟转速数值表示主轴速度，单位符号为 r/min。如 S800 表示主轴转速为 800 r/min；S 是模态指令，S 功能只有在主轴速度可调节时有效。

（6）刀具功能 T。

T 代码用于选刀，其后的数值表示选择的刀具号，T 代码与刀具的关系是由机床制造厂规定的。若用四位数码指令时，例如 T0102，则前两位数字表示刀号，后两位数字表示刀补号。由于不同的数控系统有不同的指定方法和含义，具体应用时应参照所用数控机床说明书中的有关规定进行。

在加工中心上执行 T 代码，刀库转动选择所需的刀具然后等待，直到 M06 指令作用时完成自动换刀。T 代码同时调入刀补寄存器中的刀补值（刀补长度和刀补半径），T 指令为非模态指令，但被调用的刀补值一直有效直到再次换刀调入新的刀补值。

（7）辅助功能 M。

由辅助操作地址符 M 和两位数字组成，用于指定数控机床辅助装置的开关动作，其含义见 5.1.4 节。从 M00～M99 共 100 种。

（8）程序段结束符号。

列在程序段的最后一个有用的字符之后，表示程序段的结束。因控制系统不同，结束符应根据编程手册的规定而定。

## 5.1.3　与坐标系有关的编程指令

工艺员在数控编程过程中需要在工件上定义一个几何基准点，称为程序原点（Program Origin），也称为工件原点（Part Origin），用 W 表示。编程时一般选择工件上的某一点作为程序原点，并以这个原点作为坐标系的原点建立一个新的坐标系，称为编程坐标系（工件坐标系）。加工时工件必须夹紧在机床上，保证工件坐标系各坐标轴平行于机床坐标系的各坐标轴，由此在坐标轴上产生机床零点与工件零点的坐标值偏移量，该值作为可设定的零点偏移量输入到给定的数据区。当 NC 程序运行时，此值就可以用一个编程的指令（比如 G54）选择，如图 5-6 所示。

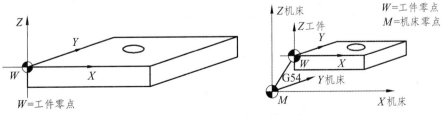

图 5-6　工件坐标系与工件原点

现代 CNC 系统一般都要求机床在回零（Zeroing）操作后，即使机床回到机床原点或机床参考点（不同的机床采用的回零操作方式可能不一样，但一般都要求回参考点）之后，才能启动。机床参考点和机床原点之间的偏移值存放在机床参数中。回零操作后机床控制系统进行初始化，使机床运动坐标 X、Y、Z 等的显示（计数器）为零。加工开始要设置工件坐标系，即确定刀具起点相对于工件坐标系原点的位置。常用两种方法来设置或建立编程坐标系。

### 1. 工件坐标系设定指令（G92）

G92 用来确定绝对坐标原点（又称编程原点）设在距刀具现在的位置多远的地方，或者说要确定刀具起始点在坐标系中的坐标值。

G92 指令的程序段格式为：

G92　X_　Y_　Z_　；

式中，X、Y、Z 为刀具起始点相对于工件原点的坐标值。

以图 5-7 为例，加工前，刀具起始点在机床坐标系（XOY）中的坐标值为（X200.0，Y20.0），此时，显示屏上显示的坐标值也为（X200.0，Y20.0），当机床执行 G92 X160.0 Y-20.0 后，就建立了新的工件坐标系。这时显示屏上显示的坐标值改变为（X160.0，Y-20.0），这个坐标值是刀具起始点相对于工件坐标系（X'O'Y'）原点的坐标值，刀具相对于机床坐标系的位置并没有改变。G92 指令是一个非运动指令，只是设定工件坐标系原点，设定的坐标系在机床重开机时消失。

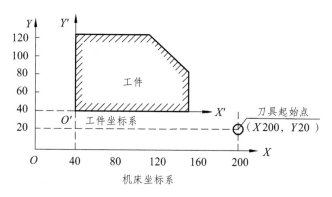

图 5-7　工件坐标系设定

### 2. 程序原点设置与偏移

根据零件图样所标尺寸基点的相对关系和有关形位公差要求，为编程计算方便，有的数控系统用 G54～G59 预先设定 6 个工作坐标系，这 6 个工作坐标系皆以机床原点为参考点，分别以各自与机床原点的偏移量表示，需要提前用 MDI 方式输入机床内部，设定加工坐标系，这些坐标系存储在机床存储器中，在机床重开机时仍然存在，在程序中可以分别选取其中之一使用。

G54 可以确定工作坐标系 1；

G55 可以确定工作坐标系 2；

G56 可以确定工作坐标系 3；

G57 可以确定工作坐标系 4；

G58 可以确定工作坐标系 5；

G59 可以确定工作坐标系 6。

当工件在机床上固定以后，程序原点与机床参考点的偏移量必须通过测量来确定，现代 CNC 系统一般都配有工件测量头，在手动操作下能准确地测量该偏移量，存入 G54～G59 原点偏置寄存器中，供 CNC 系统原点偏移计算用。在没有工件测量头的情况下，程序原点位置的测量要靠对刀的方式进行。

一旦指定了 G54～G59 之一，则该工件坐标系原点即为当前程序原点，后续程序段中的工件绝对坐标均为相对此程序原点的值，如以下程序：

N01 G54 G00 G90 X30.0 Y40.0；

N02 G59；

N03 G00 X30.0Y30.0；

…

执行 N01 句时，系统会选定 G54 坐标系作为当前工件坐标系，然后再执行 G00 移动到该坐标中的 *A* 点；执行 N02 句时，系统又会选择 G59 坐标系作为当前工件坐标系；执行 N03 句时，机床就会移动到刚指定的 G59 坐标系中的 *B* 点（见图 5-8）。

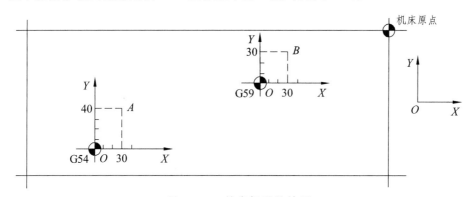

图 5-8　工件坐标系的使用

请注意比较 G92 与 G54～G59 指令之间的差别和不同的使用方法。

G92 指令须由后续坐标值指定当前工件坐标值，因此须单独一个程序段指定，该程序段中尽管有位置指令值，但并不产生运动。另外在使用 G92 指令前，必须保证机床处于加工起始点，该点称为对刀点。

使用 G54～G59 建立工件坐标系时，该指令可单独指定（见上面程序 N02 句），也可与其他程序同段指定（见上面程序 N01 句），如果该段程序中有位置指令就会产生运动。使用该指令前，先用 MDI 方式输入该坐标系的坐标原点，在程序中使用对应的 G54～G59 之一，就可建立该坐标系，并可使用定位指令自动定位到加工起始点。

图 5-9 描述了一个一次装夹加工 3 个相同零件的多程序原点与机床参考点之间的关系及偏移计算方法，采用 G92 实现原点偏移的有关指令为：

N1　G90　　　　　　　　　；绝对坐标编程，刀具位于机床参考点

N2　G92　X6.0　Y6.0　Z0　；将程序原点定义在第一个零件上的工件原点 *W*1

　　…　　　　　　　　　　；加工第一个零件

| N8 | G00 | X0 | Y0 | ；快速回程序原点 |
| N9 | G92 | X4.0 | Y3.0 | ；将程序原点定义在第二个零件上的工件原点 $W2$ |
| | … | | | ；加工第二个零件 |
| N13 | G00 | X0 | Y0 | ；快速回程序原点 |
| N14 | G92 | X4.5 | Y-1.2 | ；将程序原点定义在第三个零件上的工件原点 $W3$ |
| | … | | | ；加工第三个零件 |

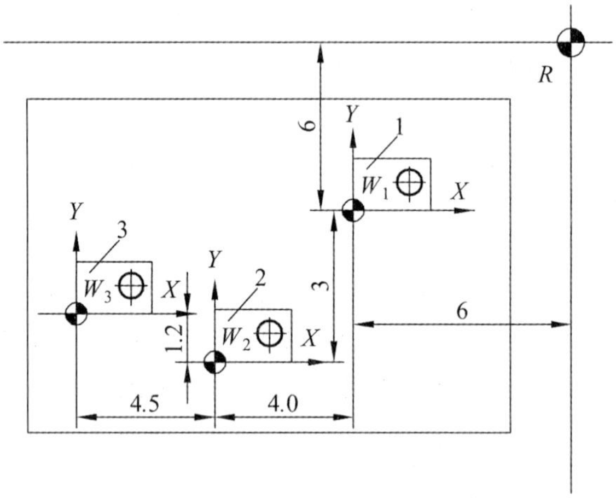

图 5-9　机床参考点向多程序原点的偏移

采用 G54 ~ G59 实现原点偏移的有关指令为：

首先设置 G54 ~ G56 原点偏移寄存器。

对于零件 1：G54　　X-6.0　　　Y-6.0　　　Z0

对于零件 2：G55　　X-10.0　　Y-9.0　　　Z0

对于零件 1：G56　　X-14.5　　Y-7.8　　　Z0

然后调用：

N1　G90　G54　　　；加工第一个零件

N7　G55　　　　　　；加工第二个零件

N10　G56　　　　　 ；加工第三个零件

　　显然，对于多程序原点偏移，采用 G54 ~ G59 原点偏移寄存器存储所有程序原点与机床参考点的偏移量，然后在程序中直接调用 G54 ~ G59 进行原点偏移是很方便的。采用程序原点偏移的方法还可以实现零件的空运行试切加工，方法是将程序原点向刀轴（ $Z$ 轴）方向偏移，使刀具在加工过程中抬起一个安全角度即可。

　　对于编程员而言，一般只要知道工件上的程序原点就够了，与机床原点、机床参考点及装夹点无关，也与所选用的数控机床型号无关（注意与数控机床的类型有关）。但对于机床操作者来说，必须十分清楚所选用的数控机床的上述各原点及其之间的偏移关系（不同的数控系统，程序原点设置和偏移的方法不完全相同，必须参考机床用户手册和编程手册）。数控机床的原点偏移实质上是机床参考点对编程员所定义在工件上的程序原点的偏移。

　　【拓展练习】　试分析图 5-10 所示的图样，以数控铣床加工坐标系的设定为例，说明工作步骤。

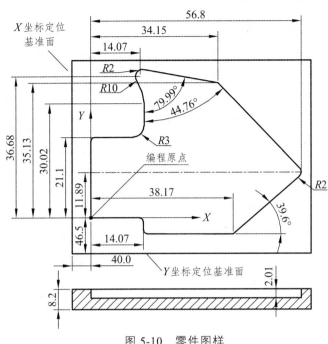

图 5-10　零件图样

## 3. 绝对坐标与增量坐标编程指令（G90、G91）

在加工程序中，绝对坐标编程指令和增量坐标编程指令有两种表达方法。

绝对坐标指机床运动部件的坐标尺寸值相对于坐标原点给出，在程序中用 G90 指定，如图 5-11（a）所示。增量相对坐标指机床运动部件的坐标尺寸值相对于前一位置给出，在程序中用 G91 指定，如图 5-11（b）所示。编程时要根据零件的加工精度要求及编程方便与否选用坐标类型。在数控程序中绝对坐标与增量坐标可单独使用，也可在不同程序段上交叉设置使用，使用原则主要看何种方式编程更方便。

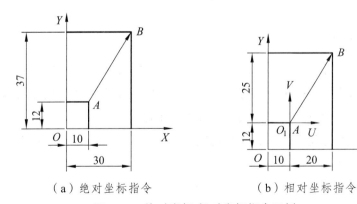

（a）绝对坐标指令　　　　　（b）相对坐标指令

图 5-11　绝对坐标/相对坐标指令示例

例如，要求刀具由 A 点直线插补到 B 点（见图 5-11），用 G90、G91 编程时，程序段分别为：

N100　　G90　　G01　　X30.0　　Y37.0　　F100;

N100　　G91　　G01　　X20.0　　Y25.0　　F100;

G90 为默认值，即数控系统通电后，机床一般处于 G90 状态。此时所有输入的坐标值是以工件原点为基准的绝对坐标值，并且一直有效，直到在后面的程序段中出现 G91 指令为止。

G90/G91 为模态功能，可相互注销。数控车床 G90/G91 还可以在同一程序段中混合使用，但要注意其顺序所造成的差异。当图纸尺寸由一个固定基准给定时，采用绝对方式编程较为方便，而当图纸尺寸是以轮廓顶点之间的间距给出时，采用相对方式编程较为方便。

### 4. 坐标平面选择指令（G17、G18、G19）

G17、G18、G19 指令分别为机床进行 $XY$、$ZX$、$YZ$ 平面内的加工，如图 5-12 所示。在数控车床上一般默认为在 $ZX$ 平面内加工；在数控铣床上一般默认为在 $XY$ 平面内加工。若要在其他平面上加工则应使用坐标平面选择指令。

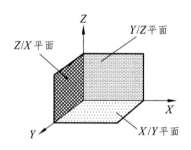

图 5-12　坐标平面的选择

平面指定只在铣削过程中指定圆弧插补平面和刀具补偿平面，与坐标轴移动无关，不管选用哪个平面，各坐标轴的移动指令均会执行。

### 5.1.4　准备功能

准备功能指令由 G 和其后的 1～3 位数字组成，常用的为 G00～G99，很多现代 CNC 系统的准备功能已扩展至 G150。准备功能的主要作用是规定刀具和工件的相对运动轨迹、编程坐标系、坐标平面、刀具补偿、坐标偏置等多种加工操作。

G 代码指令因数控系统的不同，指令功能有所差异，编程员在实际加工编程时应参考机床数控系统的用户编程手册。

G 功能有非模态和模态之分。非模态 G 功能只在所规定的程序段中有效，程序段结束时被注销；模态 G 功能是一组可相互注销的 G 功能，这些功能一旦被执行则一直有效，直到被同一组的 G 功能注销。

表 5-3 是 FANUC 数控系统的准备功能，下面以常用的 G 代码指令说明其应用。

表 5-3　G 代码准备功能说明

| G 代码 | 组别 | 功　能 | 附　注 | G 代码 | 组别 | 功　能 | 附　注 |
|---|---|---|---|---|---|---|---|
| *G00 | 01 | 快速定位 | 模态 | *G54 | 14 | 第一工件坐标系 | 模态 |
| G01 |  | 直线插补 | 模态 | G55 |  | 第二工件坐标系 | 模态 |
| G02 |  | 顺时针圆弧插补 | 模态 | G56 |  | 第三工件坐标系 | 模态 |
| G03 |  | 逆时针圆弧插补 | 模态 | G57 |  | 第四工件坐标系 | 模态 |
| G04 | 00 | 暂停 | 非模态 | G58 |  | 第五工件坐标系 | 模态 |
| *G10 |  | 数据设置 | 模态 | G59 |  | 第六工件坐标系 | 模态 |
| G11 |  | 数据设置取消 | 模态 | G65 | 00 | 程序宏调用 | 非模态 |
| *G17 | 16 | XY 平面选择 | 模态 | G66 | 12 | 程序宏模态调用 | 模态 |
| G18 |  | ZX 平面选择 | 模态 | *G67 |  | 程序宏模态调用取消 | 模态 |
| G19 |  | YZ 平面选择 | 模态 | G73 | 00 | 高速深孔钻孔循环 | 非模态 |
| G20 | 06 | 英制（in） | 模态 | G74 |  | 左旋攻螺纹循环 | 非模态 |
| G21 |  | 公制（mm） | 模态 | G75 |  | 精镗循环 | 非模态 |
| *G22 | 09 | 行程检查功能打开 | 模态 | *G80 | 10 | 钻孔固定循环取消 | 模态 |
| G23 |  | 行程检查功能关闭 | 模态 | G81 |  | 钻孔循环 | 模态 |
| G27 | 00 | 参考点返回检查 | 非模态 | G82 |  | 钻孔循环 | 模态 |
| G28 |  | 返回到参考点 | 非模态 | G84 |  | 攻螺纹循环 | 模态 |
| G29 |  | 由参考点返回 | 非模态 | G85 |  | 镗孔循环 | 模态 |
| *G40 | 07 | 刀具半径补偿功能取消 | 模态 | G86 |  | 镗孔循环 | 模态 |
| G41 |  | 刀具半径左补偿 | 模态 | G87 |  | 背镗循环 | 模态 |
| G42 |  | 刀具半径右补偿 | 模态 | G89 |  | 镗孔循环 | 模态 |
| G43 |  | 刀具长度正补偿 | 模态 | G90 | 02 | 绝对坐标编程 | 模态 |
| G44 |  | 刀具长度负补偿 | 模态 | G91 |  | 相对坐标编程 | 模态 |
| G49 |  | 刀具长度补偿取消 | 模态 | G92 |  | 工件坐标原点设置 | 模态 |
| G52 | 00 | 局部坐标系设置 | 非模态 | G98 | 05 | 循环返回起点 | 模态 |
| G53 |  | 机床坐标系设置 | 非模态 | G99 |  | 循环返回参考平面 | 模态 |

说明：① 当机床电源打开或按重置键时，标有"*"符号的 G 代码被激活，即默认状态；
　　　② 不同组的 G 代码可以在同一程序段中指定，如果是同一程序段中指定同组 G 代码，最后指定的 G 代码有效。

## 1. 快速点定位指令（G00 或 G0）

G00 指令程序段格式为：

G00 X_　Y_　Z_　；

式中，X、Y、Z 为目标位置的坐标值。

G00 指令使刀具以预先设定好的最快进给速度，从刀具所在位置快速运动到指令给出的目标位置。该指令只是快速定位，不能用于切削加工，进给速度指令对 G00 无效。该指令是模态代码，直到指定了 G01、G02 和 G03 中的任一指令，G00 才无效。

模态指令的一般用法：模态指令有继承性，即如果上一段程序为 G00，则本段中的 G00 可以不写。X、Y、Z 坐标值也具有继承性，即如果本段程序的 X（或 Y 或 Z）坐标值与上一段程序的 X（或 Y 或 Z）坐标值相同，则本段程序可以不写 X（或 Y 或 Z）坐标。F 为进给速度，单位符号为 mm/min，同样具有继承性。一个先于 G00 出现的 F 值在后面的 G01 使用时也被继承。

图 5-13 所示为快速移动指令示例。

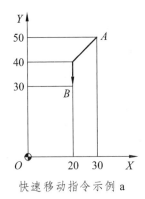

快速移动指令示例 a

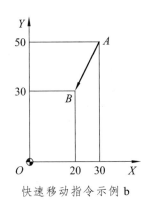

快速移动指令示例 b

图 5-13　快速移动指令示例

注意：

（1）在各坐标方向上有可能不是同时到达终点。刀具移动轨迹是几条线段的组合，不是一条直线。

（2）一般不直接用 G00 X20. Y30. Z50. 的方式（即是三轴联动），避免刀具在安全高度以下首先在 XY 平面内快速运动而与工件或夹具发生碰撞现象。

## 2. 直线插补指令（G01 或 G1）

G01 指令使机床各坐标轴以插补联动方式，按指定的进给速度 F 从当前位置，切削任意斜率的直线轮廓和用直线段逼近的曲线轮廓到达目标位置。G01 和 F 指令都是模态代码，F 指令可以用 G00 指令取消。直线插补程序段格式为：

G01 X_　Y_　Z_　F_ ；

例如，实现图 5-14 中从 A 点到 B 点的直线插补运动，其程序段为：

绝对方式编程：

G90 G01 X10 Y10 F100

增量方式编程：

G91 G01 X-10 Y-20 F100

注意：

（1）G01 与坐标平面的选择无关。

（2）切削加工时，一般要求进给速度恒定，因此，在一个稳定的切削加工过程中，往往只在程序开始的某个插补（直线插补或圆弧插补）的程序段写出 F 值。

（3）对于四坐标和五坐标数控加工，G01 为线性插补，F 为进给率，即走完一个程序段所需要的时间的倒数。

图 5-14 所示为直线插补指令示例。

### 3. 圆弧插补指令（G02 或 G2、G03 或 G3）

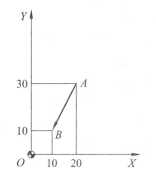

图 5-14　直线插补指令示例

G02 为顺时针圆弧插补，G03 为逆时针圆弧插补，刀具进行圆弧插补时必须规定所在的平面，然后再确定回转方向，沿圆弧所在平面（如 XY 平面）的另一坐标轴的负方向（−Z）看去，顺时针方向为 G02，逆时针方向为 G03。

G02 和 G03 为模态指令，有继承性，继承方式与 G00、G01 相同。加工圆弧时，不仅要用 G02、G03 指出圆弧的顺时针或逆时针方向，用 X、Y、Z 指定圆弧的终点坐标，而且还要指定圆弧的圆心位置。圆心位置的指定方式有两种，因而 G02、G03 程序段的格式有两种。

（1）用 I、J、K 指定圆心位置（圆心坐标编程）；

（2）用圆弧半径 R 指定圆心位置（半径 R 编程）。

两种格式的区别：

对于图 5-15（a）所示的圆弧插补，采用 G17 G02 X20. Y20. I10. J0. 得到的圆弧是唯一的。而采用 G17 G02 X20. Y20. R10. 得到的圆弧，从理论上讲可以是图 5-15（a）所示的圆弧，也可以是图 5-15（b）所示的圆弧，前者的圆弧角小于 180°，后者的圆弧角大于 180°。由于存在这种不唯一性（当然可以规定圆弧角一定要小于 180°），CNC 系统需要规定圆弧角小于 180° 时，R 取正值；圆弧角大于 180° 时，R 取负值，如 R − 10。

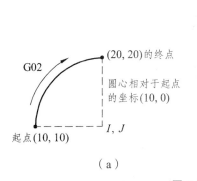

（a）

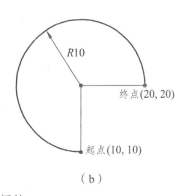

（b）

图 5-15　圆弧插补

编程格式：$\begin{Bmatrix} G17 \\ G18 \\ G19 \end{Bmatrix} \begin{Bmatrix} G90 \\ G91 \end{Bmatrix} \begin{Bmatrix} G02 \\ G03 \end{Bmatrix} \begin{Bmatrix} X\_Y\_ \\ X\_Z\_ \\ Y\_Z\_ \end{Bmatrix} \begin{Bmatrix} I\_J\_ \\ I\_K\_ \\ J\_K\_ \\ R\_ \end{Bmatrix} F\_\_;$

式中，X、Y、Z 为圆弧的终点坐标值。在 G90 状态，X、Y、Z 中的两个坐标字为工件坐标系中的圆弧终点坐标。在 G91 状态，则为圆弧终点相对于起点的距离。

在 G90 或 G91 状态，I、J、K 中的两个坐标字均为圆弧圆心相对圆弧起点在 X、Y、Z 轴方向上的增量值，也可以理解为圆弧起点到圆心的矢量（矢量方向指向圆心）在 $X$、$Y$、$Z$ 轴上的投影。$I$、$J$、$K$ 为零时可以省略。

$R$ 为圆弧半径，$R$ 带"±"号，取法：若圆心角 $Q \leqslant 180°$，则 R 为正值；若 $180° < Q < 360°$，则 $R$ 为负值。

补充说明

（1）对于整圆，由于起点和终点重合，用半径 $R$ 编程无定义，所以只能采用圆心坐标编程。

（2）无论是绝对坐标编程还是增量坐标编程，$I$、$J$、$K$ 都为圆心坐标相对圆弧起点坐标的增量值，如图 5-16 所示。

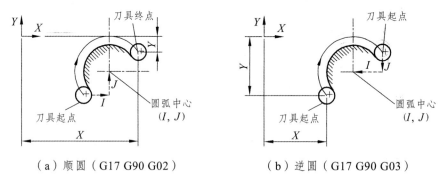

（a）顺圆（G17 G90 G02）　　　　（b）逆圆（G17 G90 G03）

图 5-16　圆弧圆心坐标的表示方法

（3）圆弧所对的圆心角 $\alpha \leqslant 180°$ 时，用"$+R$"表示；当 $\alpha > 180°$ 时，用"$-R$"表示，如图 5-17 中的圆弧 1 和圆弧 2。

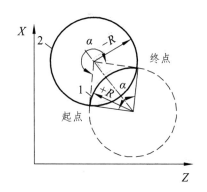

图 5-17　圆弧插补时 + R 与 – R 的区别

例如，在图 5-18 中，当圆弧 $A$ 的起点为 $P_1$，终点为 $P_2$，圆弧插补程序段为：

G02 X321.65 Y280 I40 J140 F50

或 G02 X321.65 Y280 R-145.6 F50

当圆弧 $A$ 的起点为 $P_2$，终点为 $P_1$ 时，圆弧插补程序段为：

G03 X160 Y60 I-121.65 J-80 F50

或 G03 X160 Y60 R-145.6 F50

思考一下，如果 $R$ 为 145.6，结果如何？

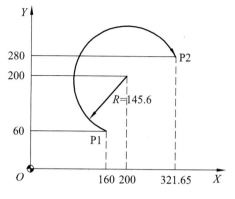

图 5-18　圆弧插补编程示例

### 4. 自动返回参考点（G27、G28、G29）

机床参考点是可以任意设定的，设定的位置主要根据机床加工或换刀的需要。设定的方法有两种：一是将刀杆上某一点或刀具刀尖等坐标位置存入数控系统规定的参数表中，来设定机床参考点；二是调整机床上各相应的挡铁位置，来设定机床参考点。一般将参考点作为机床坐标的原点，在使用手动返回参考点功能时，刀具即可在机床 X、Y、Z 坐标参考点定位，这时返回参考点指示灯亮，表明刀具在机床的参考点位置。

（1）返回参考点校验功能（G27）。

程序中的这项功能，用于检查机床是否能准确返回参考点。

格式：

G27 X _ Y _ ；

当执行 G27 指令后，返回各轴参考点指示灯分别点亮。当使用刀具补偿功能时，指示灯是不亮的，所以在取消刀具补偿功能后，才能使用 G27 指令。当返回参考点校验功能程序段完成，需要使机械系统停止时，必须在下一个程序段后增加 M00 或 M01 等辅助功能或在单程序段情况下运行。

（2）自动返回参考点（G28）

利用这项指令，可以使受控轴自动返回参考点。

格式：

G28 X _ Y _ ；

或

G28 Z _ X _ ；

或

G28 Y _ Z _ ；

式中，X、Y、Z 为中间点位置坐标，指令执行后，所有的受控轴都将快速定位到中间点，然后再从中间点返回到参考点。

G28 指令一般用于自动换刀，所以使用 G28 指令时，应取消刀具的补偿功能。

（3）从参考点自动返回（G29）。

格式：

G29 X _ Y _ ；

或

G29 Z _ X _ ；

或

G29 Y _ Z _ ；

这条指令一般紧跟在 G28 指令后使用，指令中的 X、Y、Z 坐标值是执行完 G29 后，刀具应到达的坐标点。它的动作顺序是从参考点快速到达 G28 指令的中间点，再从中间点移动到 G29 指令的点定位，其动作与 G00 动作相同。

G28 和 G29 的应用举例如图 5-19 所示。

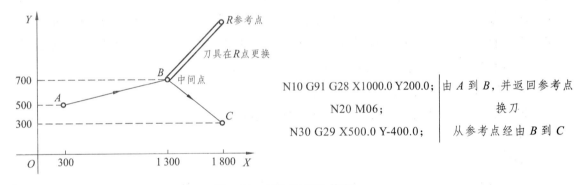

图 5-19　G28 和 G29 编程

#### 5. 螺旋线插补的应用及其编程

螺旋线插补指令与圆弧插补指令相同，即 G02 和 G03，分别表示顺时针、逆时针螺旋线插补。顺逆的方向要看圆弧插补平面，方法与圆弧插补相同。在进行圆弧插补时，垂直于插补平面的坐标同步运动，构成螺旋线插补运动，下面以格式 G17{G02 或 G03 }X－ Y－ Z－（I－J－或 R－）K－为例，介绍各参数的意义。

X、Y、Z：螺旋线的终点坐标；

I、J：圆心在 X、Y 轴上相对于螺旋线起点的坐标；

R：螺旋线在 XY 平面上的投影半径；

K：螺旋线的导程（单头即为螺距），取正值。

【例 1】　如图 5-20 所示，螺旋槽由两个螺旋面组成，前半圆 AmB 为左旋螺旋面，后半圆 AnB 为右旋螺旋面。螺旋槽最深处为 A 点，最浅处为 B 点。要求用 $\Phi 8$ 的立铣刀加工该螺旋槽，请编制数控加工程序。表 5-4 为数控加工程序编制参考示例。

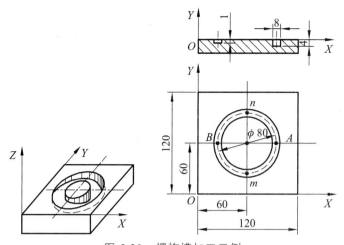

图 5-20　螺旋槽加工示例

表 5-4　数控加工程序编制

| 程　序 | | | 注　释 |
|---|---|---|---|
| G00 | Z50.; | | 快速抬刀至安全面高度 |
| G00 | X24. | Y60.; | 快速运动到 B 点上方安全高度 |
| G00 | Z2.; | | 快速运动到 B 点上方 2 mm 处 |
| S1500 | M03; | | 启动主轴正转 1 500 r/min |
| G01 | Z-1. | F50.; | Z 轴直线插补进刀，进给速度 50 mm/min |
| G03 | X96. | Y60.　Z-4 I36　J0　K6 F150; | 螺旋线插补 B→m→A，进给速度 150 mm/min |
| G03 | X24. | Y60.　Z-1.　I-36.　J0.　K6.; | 螺旋线插补 A→n→B |
| G01 | Z1.5; | | 以进给速度抬刀，避免擦伤工件 |
| G00 | Z50.; | | 快速抬刀至安全面高度 |
| X0. | Y0.; | | 快速运动到工件原点的上方 |
| M02; | | | 程序结束 |

注意：最后 3 段程序不能写成 G00 X0. Y0. Z50. M02，否则会造成刀具在快速运动过程中与工件或夹具碰撞。

### 6. 暂停指令 G04

格式：G04 P_

式中，P 为暂停时间，单位符号为 s（秒）。

G04（见图 5-21）在前一程序段的进给速度降到零之后才开始暂停动作。在执行含 G04 指令的程序段时，先执行暂停功能。G04 为非模态指令，仅在其被规定的程序段中有效。

G04 可使刀具做短暂停留以获得圆整而光滑的孔底表面，如对不通孔进行深度控制时，在刀具进给到规定深度后，用暂停指令使刀具做非进给光整切削，然后退刀可以保证孔底平整。

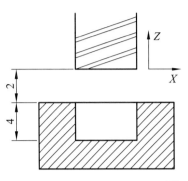

| O0004 | |
| --- | --- |
| G92 X0 Y0 Z0； | |
| G91 F200 M03 S500； | |
| G43 G01 Z-6 H01； | 进到孔底 |
| G04 P5； | 暂停 5 s |
| G49 G00 Z6 M05 M30 | 快速返回 |

图 5-21　G04 编程

### 5.1.5　辅助功能

通过在地址 S、T、M 后边规定数值，可以把控制信息传送到内装 PLC（编程控制器），主要用于控制机床的开关功能。S 代码用于主轴控制，T 代码用于换刀，M 代码用于控制机床各种功能的开关。当移动指令和 S、T、M 代码在同一程序段中时，该指令按下述两种方法之一执行。

（1）移动指令和 S、T、M 功能同时执行；

（2）在完成了移动指令后执行 S、T、M 功能。

辅助功能由地址码 M 之后规定的两位数字指令表示运行时，该指令产生相应的 BCD 代码和选通信号，这些信号用于机床功能的开与关控制。一个程序段中可规定一个 M 代码，当指定了两个以上的 M 代码时，只是最后的那个有效。各 M 代码功能的规定对不同的机床制造厂来说是不完全相同的，可参考机床说明书。一些通用的 M 指令功能见表 5-5。

表 5-5　M 代码及其功能

| M 代码 | 功　能 | M 代码 | 功　能 |
| --- | --- | --- | --- |
| M00 | 程序停止 | M01 | 计划停止 |
| M02 | 程序结束 | M03 | 主轴顺时针旋转 |
| M04 | 主轴逆时针旋转 | M05 | 主轴停止旋转 |
| M06 | 换刀 | M07，M08 | 冷却液开 |
| M09 | 冷却液关 | M30 | 程序结束并返回 |
| M98 | 子程序调用 | M99 | 子程序调用返回 |

M00 指令功能是程序停止。当运行该指令时，机床的主轴、进给及冷却液停止，而全部现存的模态信息保持不变。该指令用于加工过程中测量刀具和工件的尺寸、工件调头、手动变速等固定手工操作，待操作完重按"启动"键，又可继续执行后续程序。

M01 指令功能是选择停止，和 M00 指令相似，所不同的是：只有在面板上"选择停止"按钮被按下时，M01 才有效，否则机床仍继续执行后续的程序段。该指令常用于工件关键尺寸的停机抽样检查等情况。当检查完后，按"启动"键将继续执行以后的程序。

M02 和 M30 是程序结束指令，执行时使主轴、进给、冷却全部停止，并使系统复位，加工结束。M30 指令还兼有使程序重新开始的作用。

M98 用来调用子程序。

M99 指令表示子程序结束。执行 M99 使控制返回到主程序。

### 5.1.6　刀具补偿指令

刀具补偿指令时数控机床编程时十分重要的指令，其应用的好坏有时将直接影响数控加工的效果，分为刀具半径补偿和刀具长度补偿。

#### 1. 刀具半径补偿建立与取消指令（G41/G42、G40）

刀具半径补偿指令有左偏置指令 G41、右偏置指令 G42、刀具半径补偿取消指令 G40。沿着刀具运动方向看，刀具偏在工件轮廓的左侧，则为 G41 指令，如图 5-22（a）所示；沿着刀具运动方向看，刀具偏在工件轮廓的右侧，则为 G42 指令，如图 5-22（b）所示；G40 指令是使由 G41 或 G42 指定的刀具半径补偿无效。

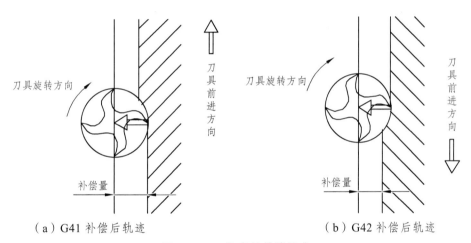

（a）G41 补偿后轨迹　　　　　　　　　　　（b）G42 补偿后轨迹

图 5-22　刀具半径补偿指令

刀具半径补偿与取消的程序段格式分别为：

G00/G01　G41/G42　X_　Y_　D（H）_　F_　；

G00（或 G01）G40　X_　Y_　；

式中，X、Y 为刀具半径补偿建立或取消时的终点坐标值；

D（H）为刀具偏置代码地址字，后面一般用两位数字表示。D（H）代码中存放刀具半径值或补偿值作为偏置量，用于计算刀具中心运动轨迹。建立和取消刀具半径补偿必须与 G01 或 G00 指令组合来完成，实际编程时建议与 G01 组合。

刀具半径补偿过程分为 3 步：刀具半径补偿的建立、刀具半径补偿进行、刀具半径补偿的取消。图 5-23 所示为刀具半径补偿的建立与取消过程。其中，建立刀补和取消刀补均应在非切削状态下进行。

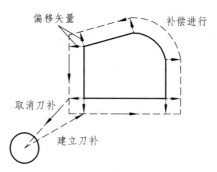

图 5-23　刀具半径补偿的建立与取消

1）刀具半径补偿的建立

刀具由起刀点（位于零件轮廓及零件毛坯之外，距离加工零件轮廓切入点较近的刀具位置）以进给速度接近工件，刀具半径补偿偏置方向由 G41（左补偿）或 G42（右补偿）确定，如图 5-24（a）所示。在开始刀具半径补偿前，刀具的中心是与编程轨迹重合的；而在使用半径补偿功能时，刀具的中心要与编程轨迹偏离一个刀具半径。使刀具的中心偏离编程轨迹的过程，称为建立刀补。刀补建立程序是进入刀补切削加工前的一个程序段。

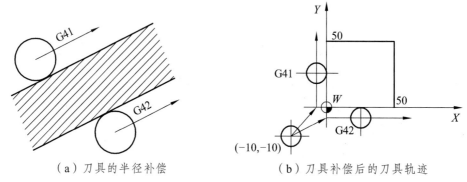

（a）刀具的半径补偿　　　　　　（b）刀具补偿后的刀具轨迹

图 5-24　建立刀具半径补偿

如加工图 5-25 所示的零件凸台的外轮廓，可采用刀具半径补偿指令进行编程。采用刀具半径左补偿，数控程序见表 5-6。

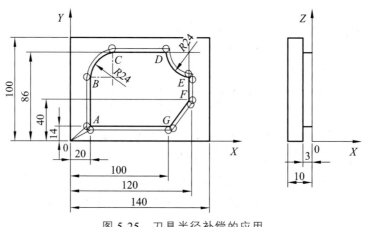

图 5-25　刀具半径补偿的应用

表 5-6　程序表

| 序　号 | 程　序 | 说　明 |
|---|---|---|
| N0010 | G54　S1500　M03; | 设工件零点于 O 点,主轴正转 1 500 r/min |
| N0020 | G90 G00 Z50; | 抬刀至安全高度 |
| N0030 | X0. Y0.; | 刀具快进至（0，0，50） |
| N0040 | Z2.; | 刀具快进至（0，0，2） |
| N0050 | G01　Z-3.　F150.; | 刀具切削进给到 - 3 mm 处 |
| N0060 | G41 D1 X20.Y14.F150.; | 建立刀具半径左补偿 O→A,进给速度 150 mm/min,刀具半径地址 D1 |
| N0070 | Y62.; | 直线插补 A→B |
| N0080 | G02　X44. Y86. I24.J0.; | 圆弧插补 B→C |
| N0090 | G01　X96.; | 直线插补 C→D |
| N0100 | G03　X120.Y62. I24.J0.; | 圆弧插补 D→E |
| N0110 | G01　Y40. | 直线插补 E→F |
| N0120 | X100.　Y14.; | 直线插补 F→G |
| N0130 | X20.; | 直线插补 G→A |
| N0140 | G40 X0.Y0.; | 取消刀具补偿 A→O |
| N0150 | G00 Z100.; | Z 向快速退刀 |
| N160 | M02; | 程序结束 |

2）刀具半径补偿过程中的刀心轨迹

（1）外轮廓加工。

如图 5-26 所示,刀具左补偿加工外轮廓。编程轨迹为 $A→B→C$,数控系统自动计算刀心轨迹。两直线轮廓相交处的刀心轨迹一般有两种:图 5-26（a）为延长线过渡,刀心轨迹为 $P_1→P_2→P_3→P_4→P_5$;图 5-27（b）为圆弧过渡,刀心轨迹为 $P_1→P_2→P_3→P_4$。

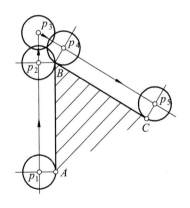
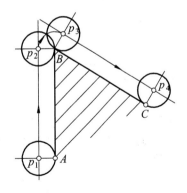

（a）延长线过渡　　　　　　　　　　（b）圆弧过渡

图 5-26　外轮廓加工的刀心轨迹

（2）内轮廓加工。

如图 5-27 所示,刀具右补偿加工内轮廓。编程轨迹为 $A→B→C$,按理论刀心轨迹 $P_1→$

$P_2 \rightarrow P_3 \rightarrow P_4$ 会产生过切现象，损坏工件，如图 5-27（a）所示；图 5-27（b）所示为刀具补偿处理后的刀心轨迹 $P_1 \rightarrow P_2 \rightarrow P_3$，无过切。

从图 5-27 中可以看出，采用刀具半径补偿进行内轮廓加工，由于轮廓直线之间的夹角小于 180°，不能按理论刀心轨迹进行加工，实际刀心轨迹比理论刀心轨迹要短。因此，如果工件轮廓的长度太短的话，将无法进行刀具半径补偿，数控系统运行到该段程序时会产生报警。这种情况一般发生在内轮廓曲线加工过程中，此过程中曲线用直线插补，插补直线段非常短（比如 0.1 mm 左右），而刀具半径又比较大。

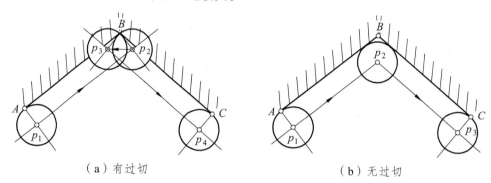

（a）有过切 　　　　　　　　　　（b）无过切

图 5-27　内轮廓加工的刀心轨迹

3）刀具半径补偿功能的应用

（1）因磨损、重磨或换新刀而引起刀具直径改变后，不必修改程序，只需在刀具参数设置中输入变化后的刀具直径。如图 5-28 所示，1 为未磨损刀具，2 为磨损后刀具，只需将刀具参数表中的刀具半径 $r_1$ 改为 $r_2$，即可适用于同一程序。

（2）同一程序中，对同一尺寸的刀具，利用刀具半径补偿，可进行粗精加工。如图 5-29 所示，刀具半径为 $r$，精加工余量为 $\Delta$。粗加工时，输入刀具直径 $D = 2（r + \Delta）$，则加工出点划线轮廓；精加工时，用同一程序，同一刀具，但输入刀具直径 $D = 2r$，则加工出实线轮廓。

在现代 CNC 系统中，有的已具备三维刀具半径补偿功能。对于四、五坐标联动数控加工，还不具备刀具半径补偿功能，必须在刀位计算时考虑刀具半径。

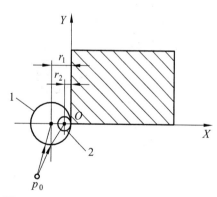

图 5-28　刀具直径变化，加工程序不变

1—未磨损刀具；2—磨损后刀具

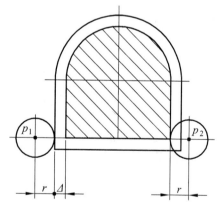

图 5-29　利用刀具半径补偿进行粗精加工

$P_1$—粗加工刀心位置；$P_2$—精加工刀心位置

（3）考虑工艺对编程的要求。为保证工件轮廓的平滑过渡，刀具切入工件时要避免法向

切入和切出零件轮廓。在加工外轮廓时，应使刀具先与曲线轮廓的切线延长线接触，再沿此切线切入和切出零件轮廓，以避免在切入和切出处产生划痕。

在加工内圆轮廓表面时，若不便于直接沿工件轮廓的切线切入和切出，可再增加一个圆弧辅助程序段。如图 5-30 所示，要求在底板上铣削一圆槽，为保证在槽壁上的切入和切出处不留下刀痕，需增加一段辅助圆弧 $P_1 P_2 P_3$，考虑刀具半径补偿后的辅助圆弧为 $ABC$。刀具中心先从起点 $P_0$ 走到 $A$ 点，再沿辅助圆弧到 $B$ 点，然后走整圆回到 $B$ 点。刀具不是从 $B$ 点沿法向退出，而是仍走一段圆弧到 $C$ 点，再从 $C$ 点回到点 $P_0$。$P_0=A$ 为建立刀补段，$C=P_0$ 段为取消刀补段。这样安排的加工路线可使工件轮廓平滑。

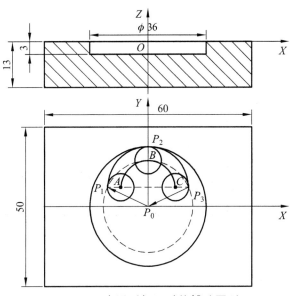

图 5-30　内圆弧加工时的辅助圆弧

## 2. 刀具长度补偿建立与取消指令（G43/G44、G49/G40）

刀具长度补偿指令有轴向正补偿指令 G43、轴向负补偿指令 G44、长度补偿取消指令 G49 或 G40，它们均为模态指令。正补偿指令 G43 表示刀具实际移动值为程序给定值与补偿值的和；负补偿指令 G44 表示刀具实际移动值为程序给定值与补偿值的差。

刀具长度补偿建立与取消的程序段格式分别为

G00/G01　G43/G44　Z_　H_　F_ ；

G00/G01　G49/G40　Z_ ；

式中，H 代码中存放刀具的长度补偿值作为偏置量。

【例 2】　如图 5-31 所示，(H01) = − 4 mm，(H02) = 4 mm，试编程。

%5003

N1　G91 G00 X120. Y80. M03 S500 ；

N2　G43 Z-32. H01（或 N2 G44 Z-32. H02）；

N3　G01 Z-21. F120 ；

N4　G04 X100. ；

N5　G00 Z21. ；

N6　X30.0 Y-50. ；

N7　G01 Z-41. F120 ；

N8　G00 Z41. ；

N9　X50. Y30. ；

Nl0 G01 Z-25. F120 ；

Nll GO4 Xl00. ；

Nl2 G49 G00 Z57. （或 G00 Z57. H00）；

Nl3 X-200. Y-60. M05 ；

Nl4 M30

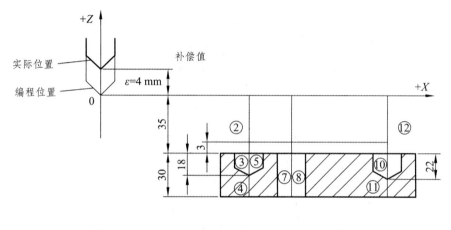

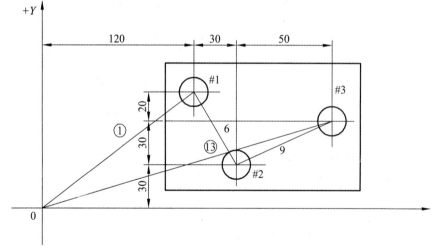

图 5-31　刀具长度补偿应用实例

### 3. 刀具补偿功能应用的优点

（1）简化编程工作量：在具有刀具半径补偿功能的数控系统中，手工编程时不必计算刀具中心轨迹，只需按零件轮廓编程即可。

（2）实现粗、精加工：具有刀具半径补偿的数控系统，编程人员不但可以直接按零件轮廓编程，还可以用同一个加工程序，对零件轮廓进行粗、精加工，如图 5-32 所示。

（3）实现内外型面的加工：具有刀具半径补偿的数控系统，可用 G42 指令或正的偏置量得到 $A$ 轨迹，用 G41 指令或负的偏置量得到 $B$ 轨迹（见图 5-33），于是便能用同一程序加工同一基本尺寸的内外型面。

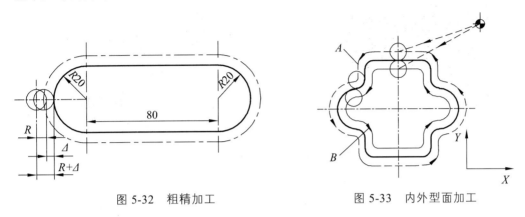

图 5-32　粗精加工　　　　　　　图 5-33　内外型面加工

## 5.2　程序编制中的数学处理

按照数控编程的流程，进行图纸工艺分析后，要计算运动轨迹，这个环节必须对图纸尺寸进行必要的数值处理，才能给后面的编程提供基础。根据零件图样要求，按照已确定的加工路线和允许的编程误差，计算出机床数控系统所需输入的数据，称为数控编程的数值计算。具体地说，数值计算就是计算出零件轮廓上或刀具中轨迹上一些点的坐标数据。

### 5.2.1　编程原点的选择

#### 1. 编程原点的选择

与机床坐标系不同，工件坐标系是人为设定的，是为了确定工件几何图形上各几何要素（点、直线、圆弧）的位置而建立的坐标系。工件零点（也称编程原点）是工件坐标系统的原点。编程原点的确定主要应考虑便于计算和测量，编程原点不一定要和工件定位基准重合，但应考虑编程原点能否通过定位基准得到准确的测量，即得到准确的几何关系，同时兼顾到测量。

#### 2. 编程原点选用原则

（1）尽量选在工件图样的尺寸基准上。是可以直接用图纸标注的尺寸，作为编程点的坐标值，便于计算，减少错误，以利于编程。

（2）能使工件方便地装卡、测量和检验，如图 5-34 所示。

（3）尽量选在尺寸精度、光洁度比较高的工件表面上。这样可提高工件的加工精度和同一批零件的一致性，如图 5-35 所示。如铣床，工件零点被设置在参照表面的交点处。对于一般零件，选在工件外轮廓的某一角上。

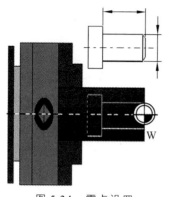

图 5-34　零点设置

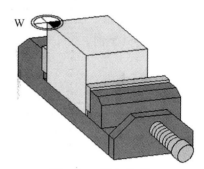

图 5-35　零点选择

（4）对于有对称的几何形状的零件，工件零点最好选在对称中心点上，如图 5-36 所示。

（5）Z 轴方向的原点，一般设在工件表面。

### 3. 编程零点及零点的转移

编程零点也是程序零点。一般对于简单零件，工件零点就是编程零点。编程者可使用命令 G53～G59 使坐标系统原点从机床零点 M 转换到工件零点。在加工操作前，移动到零点的不同轴向的距离必须确定，同时必须输入到 CNC 系统的零点转移寄存器中。对于铣床，机床零点通常位于工作台的上边，如图 5-37 所示。

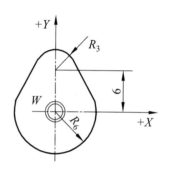

图 5-36　零点设置在对称中心

对于车床，机床零点在主轴的端部，安有卡盘，通常只是 Z 方向的零点转换，如图 5-38 所示。

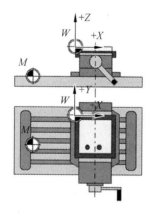

图 5-37　机械零点

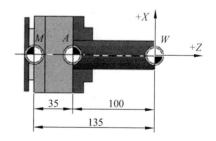

图 5-38　车床零点转移

### 4. 定位点

是工件的装卡点，加工工件接触面上可任选的一个点，如图 5-39 中的 A 点。工件的接触面是原始工件紧贴在机床工作台挡铁或夹具挡铁上的面。

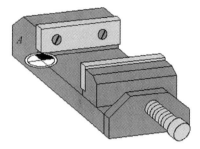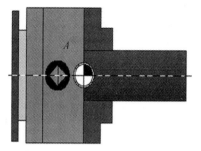

图 5-39 定位点的点选择

## 5.2.2 程序编制中的数学处理

程序编制中的数学处理

## *5.2.3 编程中的误差分析

编程中的误差分析

# 5.3 循环功能应用

数控加工中，某些加工工序有着固定的规律。例如，钻孔、镗孔的工序都具有孔位平面定位、快速进给、工作进给、快速退回等一系列典型的加工动作，这样就可以预先编好程序，存储在内存中，并可用一个 G 代码程序段调用，称为固定循环，它可以有效地缩短程序代码，节省存储空间，简化编程。

## 5.3.1 循环加工的基础知识

组成一个固定循环，要用到以下 3 组 G 代码：数据格式代码 G90 或 G91，返回点代码 G98（返回初始点）或 G99（返回 R 点），孔加工方式代码为 G73 ~ G89。在使用固定循环编程时，一定要在前面程序段中指定 M03（或 M04），使主轴启动。我们在编程时可以不要考虑太多刀具的直径大小了。

### 1. 固定循环

孔加工循环指令为模态指令，一旦某个孔加工循环指令有效，在接着的所有（X，Y）位置均采用该孔加工循环指令进行孔加工，直到用 G80 取消孔加工循环为止。在孔加工循环指令有效时，（X，Y）平面内的运动即孔位之间的刀具移动为快速运动。孔加工固定循环指令由以下 6 个动作组成，如图 5-40 所示。可以实现钻孔、镗孔、攻螺纹等加工。

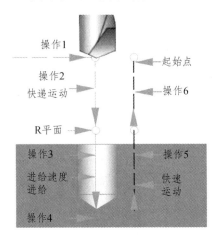

图 5-40　孔加工固定循环基本动作

操作 1—X 和 Y 轴定位；操作 2—快速运行到 R 点；操作 3—孔加工；
操作 4—在孔底的动作，包括暂停、主轴反转等；操作 5—返回到 R 点；
操作 6—快速退回到初始点

孔加工通常由下述 6 个动作构成：

动作 1——X 轴和 Y 轴定位，使刀具快速定位到孔加工的位置；

动作 2——快进到 R 点，即刀具自初始点快速进给到 R 点；

动作 3——孔加工，以切削进给的方式执行孔加工的动作；

动作 4——在孔底的动作，包括暂停、主轴准停、刀具移位等动作；

动作 5——返回到 R 点，继续孔的加工而又可以安全移动刀具时选择 R 点；

动作 6——快速返回到初始点，孔加工完成后一般应选择初始点。

## 2. 几个常用概念

初始平面，是为安全下刀而规定的一个平面，初始平面到零件表面的距离可以任意设定在一个安全的高度上。

R 平面，又叫 R 参考平面，这个平面是刀具下刀时自快进转为工进的高度平面。距工件表面的距离主要考虑工件表面尺寸的变化来确定，一般可取 2 ~ 5 mm。

孔底平面，加工盲孔时孔底平面就是孔底的 Z 轴高度。加工通孔时一般刀具还要伸出工件底面一段距离。主要是要保证全部孔深都加工到尺寸；钻削加工时还应考虑钻头对孔深的影响。

钻孔定位平面由平面选择代码 G17、G18 和 G19 决定，分别对应钻孔轴 Z、Y 和 X 及它们的平行轴（如 W、V、U 辅助轴）。必须记住，只有在取消固定循环以后才能切换钻孔轴。固定循环的坐标数值形式可以采用绝对坐标（G90）和相对坐标（G91）表示。采用绝对坐标和采用相对坐标编程时，孔加工循环指令中的值有所不同。如图 5-41 所示，其中图 5-41（b）是采用 G90 的表示，图 5-41（c）是采用 G91 的表示。

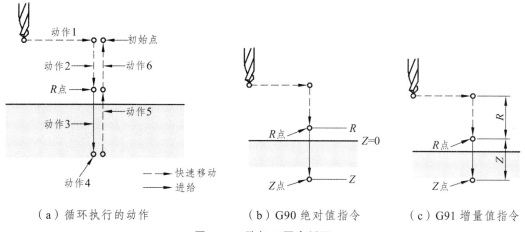

（a）循环执行的动作　　　　　（b）G90 绝对值指令　　　　（c）G91 增量值指令

图 5-41　孔加工固定循环

FANUC 常用固定循环指令见表 5-7。

表 5-7　FANUC 0i 孔加工固定循环

| G 代码 | 加工运动（Z 轴负向） | 孔底动作 | 返回运动（Z 轴正向） | 应　用 |
|---|---|---|---|---|
| G73 | 分次，切削进给 | — | 快速定位进给 | 高速深孔钻削 |
| G74 | 切削进给 | 暂停-主轴正转 | 切削进给 | 左螺纹攻丝 |
| G76 | 切削进给 | 主轴定向、让刀 | 快速定位进给 | 精镗循环 |
| G80 | — | — | — | 取消固定循环 |
| G81 | 切削进给 | — | 快速定位进给 | 普通钻削循环 |
| G82 | 切削进给 | 暂停 | 快速定位进给 | 钻削或粗镗削 |
| G83 | 分次，切削进给 | — | 快速定位进给 | 深孔钻削循环 |
| G84 | 切削进给 | 暂停-主轴反转 | 切削进给 | 右螺纹攻丝 |
| G85 | 切削进给 | — | 切削进给 | 镗削循环 |
| G86 | 切削进给 | 主轴停 | 快速定位进给 | 镗削循环 |
| G87 | 切削进给 | 主轴正转 | 快速定位进给 | 反镗削循环 |
| G88 | 切削进给 | 暂停-主轴停 | 手动 | 镗削循环 |
| G89 | 切削进给 | 暂停 | 切削进给 | 镗削循环 |

### 3. 孔加工固定循环程序格式

孔加工固定循环程序段的一般格式为：

G90/G91　G98/G99　G73 ~ G89　X_　Y_　Z_　R_　Q_　P_　F_　L_；

式中，G90/G91 为绝对坐标编程和增量坐标编程指令；G98/G99 为返回点平面指令，G98 为返回到初始平面，G99 为返回到 R 平面；G73 ~ G89 为孔加工指令；X、Y 为孔位置坐标；Z 为孔底坐标，按 G90 编程时，编入绝对坐标值，按 G91 编程时，编入 Z 点相对于 R 点的增量坐标值；R 为按 G90 编程时，编入绝对坐标值，按 G91 编程时，编入 R 点相对于初始点的增量坐标值；Q 为深孔钻时每一次的加工深度；P 为孔底暂停的时间；F 为进给速度；L 为循环次数。

G98、G99 的意义与区别如图 5-42 所示。

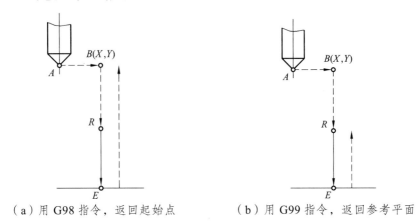

（a）用 G98 指令，返回起始点　　　　（b）用 G99 指令，返回参考平面

图 5-42　G98 与 G99 指令的区别

孔加工方式的指令以及 Z、R、Q、P 等指令都是模态的，只是在取消孔加工方式时才被清除，因此只要在开始时指定了这些指令，在后面连续的加工中不必重新指定。如果仅仅是某个孔加工数据发生变化（如孔深有变化），仅修改发生变化的数据即可。

固定循环的撤销由指令 G80 完成。该指令能取消固定循环，同时 R 点和 Z 点也被取消。而如果中间出现了任何 01 组的 G 代码（G00，G01，G02，G03… ），则孔加工的方式也会自动取消。因此，用 01 组的 G 代码取消固定循环的效果与用 G80 是完全一样的。

**4. 使用固定循环指令时的注意事项**

（1）在固定循环中，定位速度由前面的指令决定。

（2）固定循环指令前应使用 M03 或 M04 指令使主轴回转。

（3）各固定循环指令中的参数均为非模态值，因此每句指令的各项参数应写全。在固定循环程序段中，X、Y、Z、R 数据应至少指令一个才能进行孔加工。

（4）控制主轴回转的固定循环（G74、G84、G86）中，如果连续加工一些孔间距较小，或者初始平面到 R 点平面的距离比较短的孔时，会出现在进入孔的切削动作前主轴还没有达到正常转速的情况，遇到这种情况时，应在各孔的加工动作之间插入 G04 指令，以获得时间。

（5）用 G00 ~ G03 指令之一注销固定循环时，若 G00 ~ G03 指令之一和固定循环出现在同一程序段，且程序格式为：G00（G02，G03）G　X　Y　Z　R　Q　P　I　J　F　L 时，按 G00（或 G02，G03）进行 X、Y 移动。

（6）在固定循环程序段中，如果指定了辅助功能 M，则在最初定位时送出 M 信号，等待 M 信号完成，才能进行加工循环。

（7）固定循环中定位方式取决于上次是 G00 还是 G01，因此，如果希望快速定位则在上一程序段或本程序段加 G00。

### 5.3.2　孔加工固定循环

固定循环的程序格式包括数据形式、返回点平面、孔加工方式、孔位置数据、孔加工数据和循环次数。数据形式（G90 或 G91）在程序开始时就已指定，因此，在固定循环程序格式中可不注出。返回方式如前面叙述的 G98/G99，常用孔加工固定循环的程序格式如下。

## 1. G81（钻削循环）

钻孔循环指令 G81 为主轴正转，刀具以进给速度向下运动钻孔，到达孔底位置后，快速退回（无孔底动作）。G81 钻孔加工循环指令格式为：

G81　X_　Y_　Z_　F_　R_；

式中，Z 为孔底位置，F 为进给速度，R 为参考平面位置；X，Y 为孔的位置坐标，可以在 G81 指令中给出，也可以放在 G81 指令前面（表示第一个孔的位置）或放在 G81 指令的后面（表示需要加工的其他孔的位置）。

如图 5-43 所示零件，要求用 G81 加工所有的孔，其数控加工程序见表 5-8。

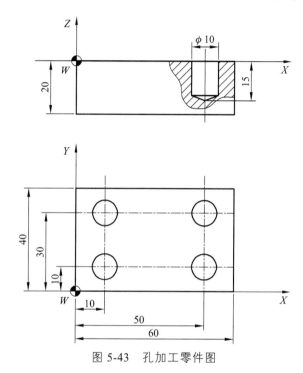

图 5-43　孔加工零件图

表 5-8　加工程序

| 程　序 | 说　明 |
| --- | --- |
| T01 M06； | 选用 T01 号刀具（$\phi$10 钻头） |
| G54 G90 G99 S1000 M03； | 启动主轴正转 1 000 r/min，钻孔加工循环采用返回参考平面的方式 |
| G00 Z30. M08； | 到达起始高度 30 mm，开启冷却液。 |
| G81 X10. Y10. Z-15. R5.　F20.； | 在（10，10）位置钻孔，孔的深度为 15 mm，参考面高度为 5 mm，进给速度为 20 mm/min |
| X50.； | 在（50，10）位置钻孔（G81 为模态指令，直到用 G80 取消为止） |
| Y30.； | 在（50，30）位置钻孔 |
| X10.； | 在（10，30）位置钻孔 |
| G80； | 取消钻孔指令 |
| G00 Z30. M30； | 回到起始高度 |

**2. G82（钻削循环、粗镗循环）**

钻孔指令 G82 与 G81 格式类似，唯一的区别是 G82 要在孔底进给暂停，即当钻头加工到孔底位置时，刀具不做进给运动，而保持旋转状态，使孔底表面更光滑。该指令主要用于扩孔和沉头孔加工。

G82 钻孔加工循环指令格式为：

G82 X_ Y_ Z_ F_ R_ P_ ；

式中，P 为在孔底位置的暂停时间，单位符号为 ms。

**3. G73（深孔钻削循环）**

G73 与 G81 的主要区别是：由于是深孔加工，采用间歇进给（分多次进给），有利于排屑。Q 是每次进给深度，直到孔底位置为止，在孔底进给暂停。注意：Z、Q 移动量为零时，该指令不执行。指令动作循环如图 5-44 所示。

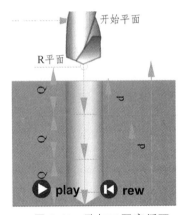

动画：孔加工固定循环

图 5-44　孔加工固定循环

G73 深孔钻孔加工循环指令格式为：

G73 X_ Y_ Z_ F_ R_ P_ Q_；

式中，P 为在孔底位置的暂停时间，单位符号为 ms；Q 是每次进给深度，为正值。

**4. G84（攻螺纹循环）**

攻螺纹进给时主轴正转，退回时主轴反转以进给速度退回。与 G81 格式类似，G84 攻螺纹加工循环指令格式为：

G84 X_ Y_ Z_ F_ R_ ；

攻螺纹过程要求主轴转速与进给速度成严格的比例关系。因此，编程时要求根据主轴转速来计算进给速度，这是传统的柔性攻丝加工方法。

应用 G84 指令还可以实现刚性攻丝加工。此时要求数控机床主轴安装编码器，以保证主轴的回转和 Z 轴进给严格同步。为了和柔性攻丝区别，在程序段前面加 M29 S-。

**5. G74（左旋攻螺纹循环）**

左旋攻螺纹循环指令 G74 与 G84 的区别是，进给时主轴反转，退回时为正转。G74 攻螺纹加工循环指令格式为：

G74　X_　Y_　Z_　F_　R_　;

### 6. G85（镗孔加工循环）

镗孔加工循环指令 G85 为主轴正转，刀具以进给速度向下运动镗孔，到达孔底位置后，立即以进给速度退回（无孔底动作），如图 5-45 所示。G85 镗孔加工循环指令格式为：

G85　X_　Y_　Z_　F_　R_　;

式中，Z 为孔底位置；F 为进给速度；R 为参考平面位置；X、Y 为孔的位置。

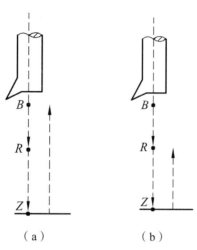

（a）　　　　　（b）

图 5-45　镗孔加工循环

### 7. G86（镗孔循环）

G86 指令与 G85 格式相同，区别是刀具到达孔底时主轴停止，然后快速退回。G86 镗孔加工循环指令格式为：

G86　X_　Y_　Z_　F_　R_　;

### 8. G89（镗孔循环）

G89 指令与 G85 区别是：刀具到达孔底时加进给暂停。G89 镗孔加工循环指令格式为：

G89　X_　Y_　Z_　F_　R_P_;

式中，P 为在孔底位置的暂停时间，单位符号为 ms。

### 9. G76（精镗循环）

G76 指令与 G85 区别是：G76 在孔底有 3 个动作：进给暂停、主轴定向停止、刀具沿刀尖所指的反方向移动 Q 值，然后快速退出。这样保证刀具不划伤孔的表面。G76 精镗循环指令格式为：

G76　X_　Y_　Z_　F_　R_P_　Q_;

式中，P 为在孔底位置的暂停时间，单位符号为 ms；Q 是偏移值。

加工过程说明如图 5-46 和 5-47 所示。

（1）加工开始刀具先以 G00 移动到指定加工孔的位置（$X$，$Y$）；

（2）以 G00 下降到设定的 $R$ 点（不做主轴定位）；

（3）以 G01 下降至孔底 $Z$ 点，暂停 $P$ 时间后以主轴定位停止钻头；

（4）位移镗刀偏心量 $\delta$ 距离（$Q = \delta$）；

（5）以 G00 向上升到起始点（G98）或 $R$ 点（G99）高度；

（6）启动主轴旋转。

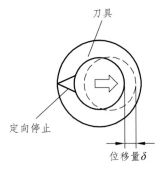

图 5-46　主轴定向示意图

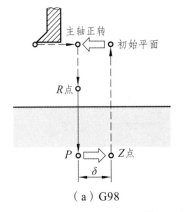

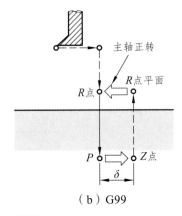

（a）G98　　　　　　　　　　　（b）G99

图 5-47　精镗加工循环

编程举例见表 5-9。

表 5-9　精镗加工程序表

| 程　序 | 说　　明 |
| --- | --- |
| S600. M03； | 设置参数 600 r/min，启动钻头正转 |
| G54 G90 G00 X0. Y0. Z10； | 移至起始点 |
| G76 G99 X5. Y5. Z-10. R-5. Q2. P5000. F800.； | 设定 $R$ 点、$Z$ 点及孔 1 的坐标，孔底位移量为 2.0 mm，暂停 5 s，速度 800 |
| X25.； | 孔 2 |
| X25.； | 孔 3 |
| G98 X5.； | 孔 4，且设定返回起始点 |
| X10. Y10. Z-20.； | 孔 5，且设定新的 $Z$ 点为 −20.0 |
| G80； | 取消固定循环 |
| M05； | 钻头停止转动 |
| M30； | 程序结束 |

### 10. G87（反镗循环）

反镗削循环也称背镗循环指令，刀具运动到起始点 $B(X, Y)$ 后，主轴定向停止，刀具沿刀尖所指的反方向偏移 $Q$ 值，然后快速运动到孔底位置，接着沿刀尖所指方向偏移回 $E$ 点，主轴正转，刀具向上进给运动，到 $R$ 点，主轴又定向停止，刀具沿刀尖所指的反方向偏移 $Q$ 值，快退，沿刀尖所指正方向偏移到 $B$ 点，主轴正转，本加工循环结束，继续执行下一段程序，如图 5-48 所示。G87 镗孔加工循环指令格式为：

G87  X_  Y_  Z_  F_  R_  Q_ ；

式中，Q 为偏移量。

### *5.3.3　车削固定循环编程

为了简化编程工作，数控车床的数控系统中设置了不同形式的固定循环功能，常用的有内外圆柱面循环、内外圆锥面循环、切槽循环和端面循环、内外螺纹循环、复合循环等，这些固定循环随不同的数控系统会有所差别，使用时应参考说明书。

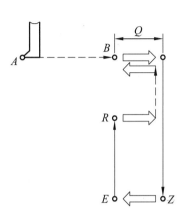

图 5-48　背镗加工循环

### 1. 单一形状圆柱或圆锥切削循环

圆柱切削（见图 5-49）循环程序段格式为

G90 X（U）_ Z（W）_  F_ ；

圆锥切削（见图 5-50）循环程序段格式为

G90 X（U）_ Z（W）_  I_  F_ ；

式中，X、Z 为圆柱或圆锥面切削终点坐标值；U、W 为圆柱面或圆锥切削终点相对循环起点的坐标增量；I 为锥体切削始点与切削终点的半径差。

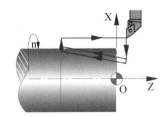

图 5-49　G90 用法（加工圆柱面）

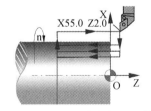

图 5-50　G90 用法（加工圆锥面）

### 2. 端面切削循环

端面切削（见图 5-51）循环程序段格式为：

G94 X（U）_ Z（W）_  F_ ；

式中，X、Z 为端面切削终点坐标值；U、W 为端面切削终点相对循环起点的坐标增量。

### 3. 螺纹切削循环

螺纹切削循环程序段格式为：

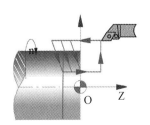

图 5-51　G94 用法

G92 X（U）_Z（W）_ I_ F_ ；

式中，G92 是模态指令；X、Z 为螺纹切削终点坐标值；U、W 为螺纹切削终点相对循环起点的坐标增量；I 为锥螺纹切削始点与切削终点的半径差；I 为 0 时，即为圆柱螺纹。切削循环过程如图 5-52 所示。

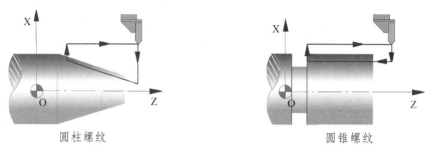

圆柱螺纹 　　　　　　　　　　　　　　圆锥螺纹

图 5-52　螺纹切削循环

### 4. 多重复合循环

多重复合固定循环是指对零件的轮廓定义之后，可完成从粗加工到精加工的全过程，使程序得到进一步简化。因为在多重循环中，只需指定精加工路线和粗加工的背吃刀量，系统就会自动计算出粗加工路线和走刀次数。

1）外圆粗车循环 G71

外圆粗车循环适用于外圆柱面需多次走刀才能完成的粗加工，外圆粗车循环的加工路线如图 5-53 所示。

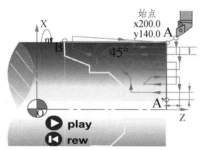

图 5-53　外圆粗车循环示例

动画：外圆粗车循环

2）端面车加工循环 G72

端面粗车循环适于 Z 向加工量小，X 向加工量大的棒料粗加工，其加工路线如图 5-54 所示。

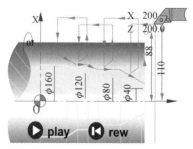

图 5-54　端面粗车循环示例

动画：端面粗车循环

3）封闭切削循环 G73

封闭切削循环是一种复合固定循环，适于对用粗加工、铸造、锻造等方法已初步成形的零件，对零件轮廓的单调性则没有要求，如图 5-55 所示。

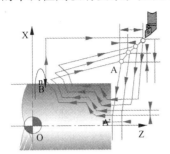

图 5-55　封闭切削循环加工示例

动画：封闭切削循环

4）深孔钻循环 G74

深孔钻循环功能适用于深孔钻削加工，如图 5-56 所示。

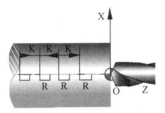

图 5-56　深孔钻循环示例

动画：深孔钻循环

5）外径切槽循环 G75

外径切削循环功能适合于在外圆面上切削沟槽或切断加工，如图 5-57 所示。

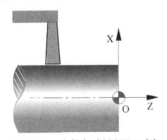

图 5-57　外径切削循环示例

动画：外径切削循环

6）螺纹切削循环指令 G76

螺纹切削循环指令 G76 的应用如图 5-58 所示。

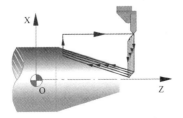

动画：螺纹切削循环

图 5-58　螺纹加工循环示例

# 5.4 简化编程功能（子程序及特殊编程功能）

子程序和镜像、旋转、缩放等特殊功能是数控铣床编程中简化程序编制的重要功能，它们又以子程序为基础，如果对子程序不熟悉，是无法进行简化编程的。

## 5.4.1 子程序

在编制数控加工程序时，有时会遇到一组程序段在程序中反复出现，或者在几个程序中都要用到的情况（即一个零件中有几处形状相同，或刀具运动轨迹相同）。为了简化程序，可以将这组程序单独抽出来，按一定的格式编制并命名，然后单独存储，这组程序段就称为子程序。

### 1. 子程序的概念

编程时，为了简化程序的编制，当一个工件上有相同的加工内容或者是递增、递减尺寸的内容时，编成一个程序，在重复动作时，多次调用这个程序。调用子程序的程序叫作主程序。子程序的编号与一般程序基本相同，只是程序结束字为 M99 表示子程序结束，并返回到调用子程序的主程序中，继续执行后面的程序段。

### 2. 子程序嵌套

目前数控系统中子程序功能具有嵌套功能，主程序可以调用子程序，子程序还可以调用子程序，嵌套可以 8 级。主程序与子程序的关系如图 5-59 所示。

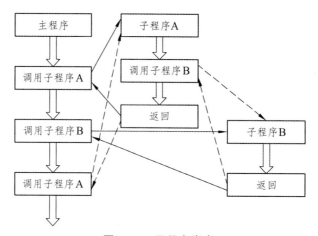

图 5-59 子程序嵌套

### 3. 子程序的编程格式

加工中心编程时，为了简化程序编制，使程序易读、易调试，常采用子程序技术。
FANUC 系统子程序格式为：

O′′′′；子程序号

...

M99；子程序返回

子程序用符号"O"开头，其后是子程序号。子程序号最多可以由 4 位数字组成，若前几位数字为 0，则可以省略。M99 为子程序结束指令，用来结束子程序并返回主程序或上一层子程序。M99 不一定要单独用一个程序段。

调用子程序的编程格式为：

$$M98\ P○○○\quad○○○○$$

式中，M98 为调用子程序指令字；地址 P 后面的前面 3 位数字为重复调用的次数；后 4 位数字为子程序号。系统允许重复调用次数为 999 次，如果只调用一次，此项可省略不写。

例如，M98　P0041006；表示 1006 子程序重复调用 4 次。子程序调用指令可以与移动指令放在一个程序段中。

### 4. 子程序的特殊使用方法

（1）用 P 指令返回地址。

如果在子程序结束指令 M99 后面加入 Pn（n 为主程序中的顺序号），则程序执行完后，返回由 P 指定的顺序号为 n 的程序段，而不返回主程序中调用指令所在的程序段的下一条。这种情况只能用于存储器工作方式，不能用于纸带方式。

（2）重复执行主程序。

如果在主程序中事先插入程序段 M99，执行主程序时，一执行到 M99，就返回到主程序开头的位置，并且继续重复执行主程序。如果在主程序中插入程序段 M99 Pn，则主程序执行到该段时，不返回程序开头，而是返回到顺序号为 n 的程序段。

（3）强制改变子程序重复执行的次数。

如果在子程序中插入程序段 M99 L○○○○将强制改变主程序中规定的对该子程序的调用次数。如主程序中的子程序调用指令为 M98 P0600200，表示 200 号子程序被重复调用 60 次。执行到 200 号子程序时，遇到程序段 M99 L65，则该子程序的重复执行次数被变为 65 次。

### 5. 编程举例

【例 3】　如图 5-60 所示，要加工 6 条宽 5 mm，长 34 mm，深 3 mm 的直槽，选用直径为 $\Phi5$ mm 的键槽铣刀加工。采用刀具半径补偿，刀具半径补偿值存放在地址为 D11 的存储器中。设刀具起点为图中 $P_0$ 点。利用子程序编写的程序，见表 5-10。

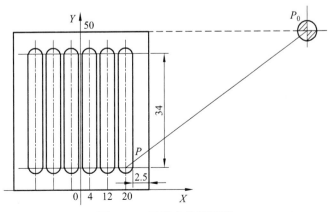

图 5-60　子程序编程图样

表 5-10　子程序编程举例

| 程　序 | 说　明 |
| --- | --- |
| O1000; | 主程序号 |
| N10 G92 X100. Y70.; | 设定工件坐标系，起刀点在 $P_0$ 点 |
| N20 G90 G00 X20. Y8. M03 S800; | 主轴启动，快进到 $P$ 点 |
| N30 Z10. M08; | 定位于初始平面，切削液开 |
| N40 M98 P30100; | 调用 100 子程序 3 次 |
| N50 G90 G00 Z30. M05; | 抬刀，主轴停 |
| N60 X100. Y70.; | 回起刀点 |
| N70 M30; | 主程序结束 |
| O100; | 子程序 |
| N100 G91 G01 Z-13. F200; | 由初始平面进刀到要求的深度 |
| N110 Y34.; | 铣第一条槽 |
| N120 G00 Z13.; | 退回初始平面 |
| N130 X-8.; | 移向第二条槽 |
| N140 G01 Z-13.; | $Z$ 向进刀 |
| N150 Y-34.; | 铣第二条槽 |
| N160 G00 Z13.; | 退回初始平面 |
| N170 X-8.; | 移向第三条槽 |
| N180 M99 | 返回主程序 |

## 5.4.2　镜像编程

镜像功能是数控系统用来简化数控编程的一种功能，是将数控加工刀具轨迹关于某坐标轴做镜像变换而形成加工轴对称零件的刀具轨迹。如果零件的被加工表面对称于 $X$ 轴、$Y$ 轴，只需编制其中的 1/2 或 1/4 加工轨迹，其他部分用镜像功能加工。对称轴（或镜像轴）可以是 $X$ 轴或 $Y$ 轴或原点。

镜像功能可改变刀具轨迹沿任一坐标轴的运动方向，它能给出对应工件坐标零点的镜像运动。如果只有 $X$ 或 $Y$ 的镜像，将使刀具沿相反方向运动。此外，如果在圆弧加工中只指定了一轴镜像，则 G02 与 G03 的作用会反过来，左右刀具半径补偿 G41 与 G42 也会反过来。

镜像功能的指令为 G24、G25，用 G24 建立镜像，由指定的坐标后的坐标值指定镜像位置。镜像一旦确定，只有使用 G25 指令来取消该轴镜像。

格式为：

G24 X__ Y__ Z__

M98 P_

G25 X__ Y__ Z__

式中，G24 为建立镜像；G25 为取消镜像；X、Y、Z 为镜像位置。

　　当工件相对于某一轴具有对称形状时，可以利用镜像功能和子程序，只对工件的一部分进行编程，而能加工出工件的对称部分，这就是镜像功能。当某一轴的镜像有效时，该轴执行与编程方向相反的运动。G24、G25 为模态指令，可相互注销，G25 为默认值。镜像加工零件如图 5-61 所示。

　　【例 4】　使用镜像功能编制如图 5-62 所示轮廓的加工程序：设刀具起点距工件上表面 50 mm，切削深度为 5 mm。预先在 MDI 功能中"刀具表"设置 01 号刀具半径值项 $D_{01} = 6.0$，长度值项 $H_{01} = 4.0$。

　　编程举例见表 5-11。

图 5-61　镜像加工零件

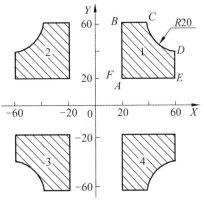

图 5-62　镜像功能

表 5-11　镜像功能编程举例

| 程　序 | 说　明 |
|---|---|
| %5008 | 主程序 |
| N10 G92 X0 Y0 Z50； | 建立工件坐标系 |
| N20 G91 G17 M03 S600； | 主轴顺时针旋转，转速为 600 mm/min |
| N30 M98 P100； | 加工① |
| N40 G24 X0.； | $Y$ 轴镜像，镜像位置为 $X = 0$ |
| N50 M98 P100； | 加工② |
| N60 G24 X0. Y0.； | $X$、$Y$ 轴镜像，镜像位置为（0，0） |
| N70 M98 P100； | 加工③ |
| N80 G25 X0； | 取消 $Y$ 轴镜像 |
| N90 G24 Y0.； | $X$ 轴镜像 |
| N90 M98 P100； | 加工④ |
| N100 G25 Y0； | 取消镜像 |
| N110 M30； | 主程序结束 |
| %100 | 子程序（①的加工程序）： |
| N130 G43 Z−48. H01； | $Z$ 接近工件上表面 |

| 程 序 | 说 明 |
|---|---|
| N140 G01 Z−7. F300; | $Z$ 进刀 |
| N150 G41 G00 X20. Y10. D01; | 建立刀补，$O \rightarrow A$ |
| N160 Y50.; | $A \rightarrow B$ |
| N170 X20.; | $B \rightarrow C$ |
| N180 G03 X20. Y−20. I20. J0.; | $C \rightarrow D$ |
| N190 G01 Y−20.; | $D \rightarrow E$ |
| N200 X−50.; | $E \rightarrow F$ |
| N210 G40 X−10. Y−20.; | F$\rightarrow O$，取消刀补 |
| N220 G49 G00 Z50.; | $Z$ 抬刀 |
| N230 M99 | 子程序结束并返回到主程序的断点处 |

### 5.4.3　旋转和缩放功能

在进行较复杂零件数控编程时，有时会遇到一些图案形状相同，但大小或位置发生改变的情况，编程时运用旋转、平移、缩放等功能，可以大大简化编程量。

#### 1. 旋转变换指令 G68，G69

用该功能（旋转指令）可将工件旋转某一指定的角度。另外，如果工件的形状由许多相同的图形组成，则可将图形单元编成子程序，然后用主程序的旋转指令调用。这样可简化编程，节省时间和存储空间。G68 为坐标旋转功能指令，G69 为取消坐标旋转功能指令。

格式：

G17 G68 X_ Y_ R_

G18 G68 X_ Z_ R_

G19 G68 Y_ Z_ R_

M98 P_

G69;

式中，X、Y、Z 为旋转中心坐标；R 为旋转角度，单位是度，$0° \leqslant R \leqslant 360°$。G68 以给定点（X，Y，Z）为旋转中心，将图形旋转 R 角；如果省略（X，Y，Z），则以程序原点为中心旋转。

在有刀具补偿的情况下，先旋转后刀补（刀具半径补偿、长度补偿）；在有缩放功能的情况下，先缩放后旋转。

【例 5】　使用旋转功能编制如图 5-63 所示的轮廓的加工程序，设刀具起点距工件上表面 50 mm，切削深度为 5 mm。其加工程序见表 5-12。

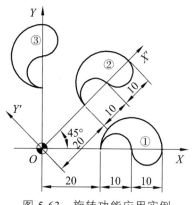

图 5-63　旋转功能应用实例

表 5-12 旋转功能加工程序

| 程 序 | 说 明 |
| --- | --- |
| %1234 | 主程序 |
| N10 G92 X0. Y0. Z50.; | 建立工件坐标系 |
| N15 G90 G17 M03 S600; | 设置加工参数 |
| N20 G43 Z-5. H02; | 下刀到工件底部，建立刀具长度补偿 |
| N25 M98 P100; | 加工① |
| N30 G68 X0. Y0. R45; | 旋转 45° |
| N40 M98 P100; | 加工② |
| N50 G68 X0. Y0. R90; | 旋转则 90° |
| N60 M98 P100; | 加工③ |
| M70 G49 Z50.; | Z 抬刀 |
| N80 G69 M05 M30; | 取消旋转 |
| %100 | 子程序（①的加工程序） |
| N100 G01 G41 D02 X20. Y-5. F100; | |
| N105 Y0.; | |
| N110 G02 X40. I10.; | |
| N120 X30. I-5.; | |
| N130 G03 X20. I-5.; | |
| N135 G00 Y-5.; | |
| N140 G40 X0. Y0.; | |
| N150 M99; | |

## 2. 缩放功能指令 G50、G51

一般来说，旋转与缩放变换是 CNC 系统的标准功能，目的是为了编程灵活。现代 CNC 系统也提供这一几何变换编程能力。但旋转和缩放变换不是数控系统的标准功能，不同的系统采用的指令代码及格式均不相同。

缩放功能指令为 G50、G51，其格式为：

G51 X_ Y_ Z_ P_

M98 P_

G50

式中，G51 中的 X、Y、Z 给出缩放中心的坐标值，P 后跟缩放倍数。如果省略（$X$，$Y$，$Z$），则以程序原点为缩放中心。G51 既可指定平面缩放，也可指定空间缩放。在有刀具补偿的情况下，先进行缩放功能，然后才进行刀具半径补偿和刀具长度补偿。

G51 指定缩放开，G50 指定缩放关。G51、G50 为模态指令，可相互注销，G50 为默认值。

【例 6】用缩放功能编制如图 5-64 所示的轮廓的加工程序。

已知三角形 *ABC*，顶点为 *A*（10，30），*B*（90，30），*C*（50，110），若 *D*（50，50）为中心，放大 0.5 倍，设刀具起点距工件上表面为 50 mm。该工件的加工程序见表 5-13。

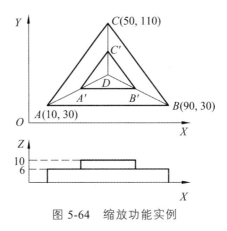

图 5-64　缩放功能实例

表 5-13　缩放功能加工程序

| 程　序 | 说　明 |
| --- | --- |
| %2234 | 主程序 |
| N10 G92 X0. Y0. Z50.; | 建立工件坐标系 |
| N15 G91 G17 M03 S600; | 设置加工参数 |
| N20 G00 X50. Y50.; | 定位到工件中心 |
| N25 G01 G43 Z-46. H01 F300; | 下刀到距离工件表面 4 mm，建立刀具长度补偿 |
| N30 #51 = 14 | 给局部变量#51 赋予 14 的值 |
| N35 M98 P100; | 调用子程序，加工三角形 *ABC* |
| N40 #51 = 8 | 重新给局部变量#51 赋予 8 的值 |
| N45 G51 X50. Y50. P0.5; | 缩放中心（50，50），缩放系数 0.5 |
| N50 M98 P100; | 调用子程序，加工三角形 *A'B'C'* |
| N55 G50; | 取消缩放 |
| M60 G49 Z46.; | 取消长度补偿 |
| N65 M30; | 主程序结束 |
| %100 | 子程序（三角形的加工程序） |
| N100 G00 X-50. Y-25.; | 快速移动到 *XOY* 平面的加工起点 |
| N105 Z［-#51］; | *Z* 轴快速向下移动局部变量#51 的值 |
| N100 G42 D02 X6. Y5.; | 建立半径补偿 |

| 程　　序 | 说　　明 |
|---|---|
| N110 G01 X84.； | 加工 A-B |
| N120 X-40. Y80.； | 加工 B-C |
| N130 X-44. Y-88.； | 加工 C-加工始点 |
| N140 G40 G00 X-6. Y-3.； | 取消半径补偿 |
| N135 Z［#51］； | 提刀 |
| N140 G00 X50. Y25.； | 返回工件中心 |
| N150 M99； | 返回子程序 |

## 5.5　编程综合实例

视频：编程案例讲解

本节针对零件的具体工艺要求来编制数控加工程序，采用 FANUC 数控系统的编程指令，限于篇幅原因，仅给出部分精加工程序，重点突出基本加工功能（如直线、圆弧、坐标系设置等）、刀具补偿功能等功能。

### 1. 编程案例

【例 7】　零件如图 5-65 所示，立铣刀直径为 $\phi20$ mm，完成铣削加工编程。加工程序见表 5-14。

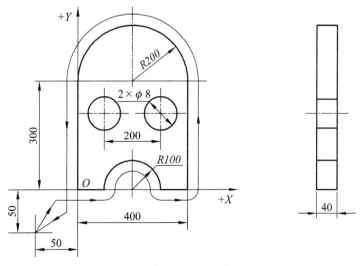

图 5-65　零件图

表 5-14  加工程序

| 程序 | 注释 |
| --- | --- |
| %1000 | 程序代号 |
| N010 G90 G54 G00 X-50.0 Y-50.0 | G54 加工坐标系，快速进给至 $X = -50$ mm，$Y = -50$ mm |
| N020 S150 M03 | 主轴正转，转速 150 r/min |
| N030 G43 G00 H12 | 刀具长度补偿 H12 = 20 |
| N040 G01 Z-20.0  F300 | $Z$ 轴工进至 $Z = -20$ mm |
| N050 M98 P1010 | 调用子程序%1010 |
| N060 Z-45.0 F300 | $Z$ 轴工进至 $Z = -45$ mm |
| N070 M98 P1010 | 调用子程序%1010 |
| N080 G49 G00 Z300.0 | $Z$ 轴快速移至 $Z = 300$ mm |
| N090 G28 Z300.0 | $Z$ 轴返回参考点 |
| N100 G28 X0 Y0 | $X$、$Y$ 轴返回参考点 |
| N110 M30 | 主程序结束 |
| %1010 | 子程序代号 |
| N010 G42 G01 X-30.0 Y0 F300 D22 | 切削液开，直线插补至 $X = -30$ mm，$Y = 0$，刀具半径右补偿 D22 = 10 mm |
| M08 | 开启冷却泵 |
| N020 X100.0 | 直线插补至 $X = 100$ mm，$Y = 0$ |
| N030 G02 X300.0 R100.0 | 顺圆插补至 $X = 300$ mm，$Y = 0$ |
| N040 G01 X400.0 | 直线插补至 $X = 400$ mm，$Y = 0$ |
| N050 Y300.0 | 直线插补至 $X = 400$ mm，$Y = 300$ mm |
| N060 G03 X0 R200.0 | 逆圆插补至 $X = 0$，$Y = 300$ mm |
| N070 G01 Y-30.0 | 直线插补至 $X = 0$，$Y = -30$ mm |
| N080 G40 G01 X-50.0 Y-50.0 | 直线插补至 $X = -50$ mm，$Y = -50$ mm，取消刀具半径补偿 |
| N090 M09 | 切削液关 |
| N100 M99 | 子程序结束并返回主程序 |

【例 8】  数控铣削编程实例。图 5-66 所示为一盖板零件，该零件的毛坯是一块此尺寸为 180 mm × 90 mm × 12 mm 的板料，要求铣削成图中粗实线所示的外形。由图可知，各孔已加工完，各边留有 5 mm 的铣削留量。

（1）工件坐标系的确定。

编程时，工件坐标系原点定在工件左下角 $A$ 点（见图 5-66）。

（2）毛坯的定位和装夹。

铣削时，以零件的底面和 2 × $\Phi$10H8 的孔定位，从 60 mm 孔对工件进行压紧。

（3）刀具选择和对刀点。

选用一把 10 mm 的立铣刀进行加工。对刀点在工件坐标系中的位置为（$-25$，10，40）。

（4）走刀路线。

刀具的切入点为 B 点，刀具中心的走刀路线为：对刀点 1—下刀点 2—b—c—c′ …—下刀点 2—对刀点 1。

（5）数值计算。

该零件的特点是形状比较简单，数值计算比较方便。现按轮廓编程，根据图 5-66 和图 5-67 计算各基点及圆心点坐标如下：

$A$（0，0）；$B$（0，40）；$C$（14.96，70）；$D$（43.54，70）；$E$（102，64）

$F$（150，40）；$G$（170，40）；$H$（170，0）；$O_1$（70，40）；$O_2$（150，100）

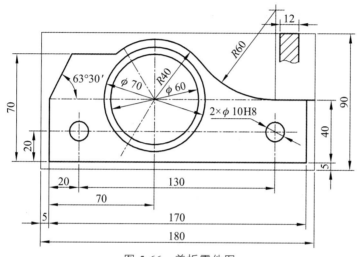

图 5-66　盖板零件图

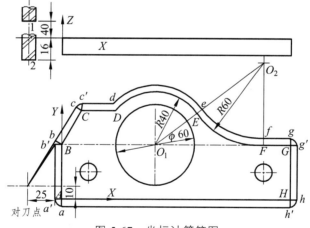

图 5-67　坐标计算简图

（6）程序编制。

依据以上数据和 FUNUC-BESK 6ME 系统的 G 代码进行编程，程序如下：

O0007

N01 G92 X-25.0 Y10.0 Z40.0；　　　　　（工件坐标系的设定）

N02 G90 G00 Z-16.0 S300 M03；　　　　（按绝对值编程）

N03　G41 G01 X0 Y40.0 F100 D01 M08；（建立刀具半径左补偿，调 1 号刀具半径值）

N04　X14.96 Y70.0；

N05　X43.54；

N06　G02 X102.0 Y64.0 I26.46 J-30.0；　（顺时针圆弧插补）

N07　G03 X150.0 Y40.0 I48.0 J36.0；　（逆时针圆弧插补）

N08　G01 X170.0；

N09　Y0；

N10　X0；

N11　G00 G40 X-25.0 Y10.0 M09；　　（取消刀补）

N12　Z40.0

N13　M30；　　　　　　　　　　　　（程序停止并返回）

## 2. 拓展练习

【练习1】　如图 5-68 所示，铣刀首先在 O 点对刀（设此点为加工编程原点），加工过程则从 O 点上方 100 mm 处开始，先移动到 1 点，开启主轴，安全高度为 10 mm，主轴向下移动到工件表面下 6 mm 处，加工时经过 2—3—4—5—6—7—8—9，机床停止运动，主轴再上升 100 mm，加工程序结束。针对下列编程，在空格处填写正确的或解释该段程序。

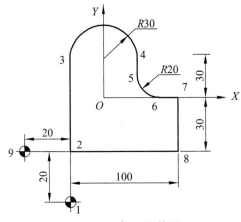

图 5-68　加工零件图

| G92 | X0 | Y0 | Z100 | | 设定坐标系 |
| G00 | X-40 Y-50 S900 M03 | | | | 刀具快速移动到 1 点处并开启主轴 900 r/min |
| G00 | Z-6 | | | | 快速下刀到工件表面下面 6 mm 处 |
| G01 | G41 | D01 X-30 Y-36 | F120 | | 建立左刀具半径补偿 |
| （ | | | ） | | 直线插补运动到 3 点 |
| G02 | X30 | Y30 | I30 | J0 | （　　　　　　　　　　） |
| G01 | Y20 | | | | 直线插补，由 4 点运动到 5 点 |
| （ | | ） | | | 逆时针加工 R20 的半圆 |

| G01　X70 | 直线插补，由 6 点运动到 7 点 | |
| （　　　　　　　） | 直线插补，由 7 点运动到 8 点 | |
| G01　X-30 | （　　　　　　　　　　　　） | |
| G00　G40　X-40　M05 | （　　　　　　　　　　　　） | |
| （　　　　　　　） | 刀具快速移动到 Z100 处 | |
| （　　　　　　　） | 程序结束 | |

【练习 2】　毛坯为 120 mm×60 mm×10 mm 的板材，5 mm 深的外轮廓已粗加工过，周边留 2 mm 余量，要求加工出如图 5-69 所示的外轮廓及 $\phi$20 mm 的孔。工件材料为铝。

练习 1　参考答案

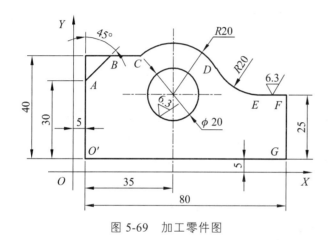

图 5-69　加工零件图

练习 2　参考答案

【练习 3】　铣削图 5-70 所示零件的外轮廓，采用刀具左补偿，刀具起点在坐标系原点上方 100 mm 处，工件厚度为 5 mm，刀具直径为 $\phi$12 mm，试编写精加工程序。

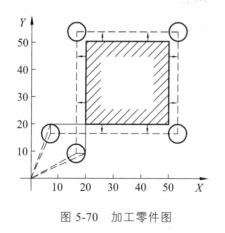

图 5-70　加工零件图

练习 3　参考答案

【练习 4】　分析图 5-71，由于编程问题，有可能产生进刀不足或进刀超差现象，寻求解决办法（刀具开始位置位于 O 点上方 80 mm，切削深度为 4 mm，刀具直径为 $\phi$12 mm 的立铣刀，采用左刀补）。

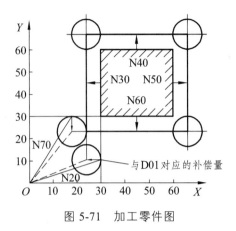

图 5-71　加工零件图

练习 4　参考答案

## 本章小结

本章是课程要求重点掌握的章节,它阐述了数控编程的意义和数控程序编制的一般过程。本章详细学习了数控编程 ISO 代码的指令格式及有关规定、数控机床坐标系的应用和有关规定、基本加工代码指令及其编程应用、数控加工中刀具补偿的编程应用方法,重点学习了数控机床手工加工程序的编制方法。

本章还讨论了如子程序、循环指令和其他特殊指令的用法,并通过实际案例的学习,达到全面掌握数控手工编程的方法的目的。

## 思考与练习题

本章练习(自测)

1. 数控编程中进行数学处理的意义是什么?
2. 数控编程中非圆曲线的数学处理方法有哪些?
3. 简述机床原点、机床参考点与编程原点之间的关系。
4. 简述绝对坐标的编程与相对坐标编程的区别。
5. 刀具补偿有何作用?
6. 在孔加工循环中 G98 和 G99 有何区别?

第 1 题参考答案

第 2 题参考答案

第 3 题参考答案

第 4 题参考答案　　　　第 5 题参考答案　　　　第 6 题参考答案

7. 在数控加工中，一般固定循环由哪 6 个顺序动作构成？

8. 根据图 5-72，在 $90 \times 90 \times 10$ 的有机玻璃板上铣一个"凹"形槽（铣至图中所示尺寸），槽深 2.5 mm，未注圆角 $R4$，铣刀直径为 $\phi 8$，试编程。（编程坐标原点设在有机玻璃板的左下角，编程过程中不用刀具半径补偿功能）

第 7 题参考答案

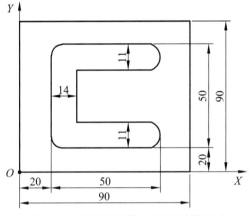

第 8 题参考答案

图 5-72　有机玻璃板上的凹形槽尺寸

9. 铣出图 5-73（a）、（b）所示的内、外表面，刀具直径为 $\phi 10$ mm，试采用刀具半径补偿指令编程。

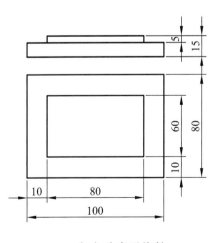

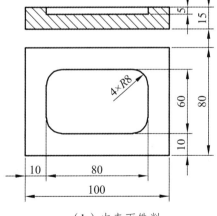

第 9 题参考答案

（a）外表面铣削　　　　（b）内表面铣削

图 5-73　内、外表面铣削尺寸

10. 如图 5-74 所示，精加工五边形外轮廓与圆柱内轮廓，每次切深不超 3 mm，刀具直径为 $\phi$8 mm，用刀具半径补偿和循环指令编程。

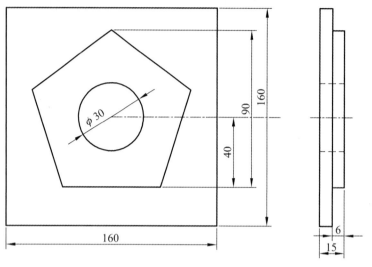

图 5-74　五边形外轮廓与圆柱内轮廓　　　　第 10 题参考答案

11. 如图 5-75 所示的零件，要加工 3 个直径为 25 mm 的孔，加工顺序为 $A \to B \to C$，在 $B$、$C$ 孔底停留 2 s。刀具起点在 $O$ 点，由于某种原因刀具在长度方向的实际位置偏离了编程位置 5 mm。采用刀具长度补偿指令编程，补偿值 $e = -5$ mm 存入地址为 H01 的存储器中。

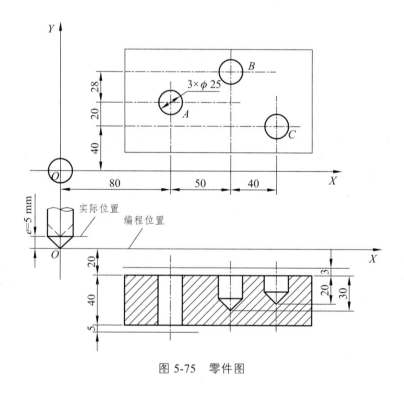

图 5-75　零件图

12. 如图 5-76 所示，零件材料为 45 钢，欲在某数控车床上进行精加工，编制零件的精加工程序。

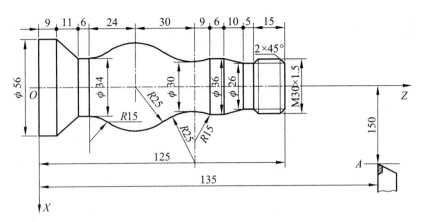

图 5-76　拟编程零件图

# 第6章　CAXA制造工程师的零件造型

数控机床是按编制好的加工程序自动对工件进行加工的高效自动化设备，数控程序的质量是影响数控机床加工质量和使用效率的重要因素。数控编程技术是随着数控机床的诞生而发展起来的，至今已经历了手工编程、语言自动编程（APT）和交互式图形自动编程（CAD/CAM）三个阶段。对于形状简单的零件，计算简单，加工程序量少，采用手工编程即可，但对于形状复杂，尤其是曲面和异型工件，则需要使用CAD/CAM软件来进行交互式图形自动编程。

交互图形编程的实现以CAD技术为前提，编程的核心是刀位点的计算。通过本章学习，应该熟悉CAXA的几何建模功能，掌握线框造型、曲面造型、实体造型等方法。这些内容是计算机自动生成刀具轨迹的依据。通过本章学习应该能够：

（1）掌握零件造型的常用方法，各种曲线、曲面的绘制和几何变换，曲面的生成和编辑。

（2）掌握通过草图并应用各种方式生成三维实体的造型方法。

（3）掌握在平面上绘制二维图形的方法，能根据图纸建立三维加工模型。

CAD/CAM交互图形编程如图6-1所示。

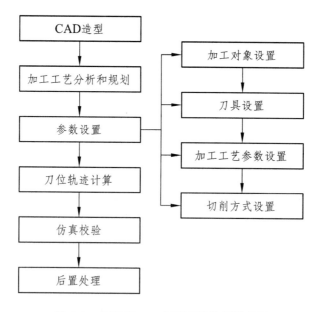

图6-1　CAD/CAM交互图形编程流程图

# 6.1  制造工程师造型功能

## 6.1.1  基础知识

### 1. 零件建模（造型）

零件建模是属于 CAD 范畴的一个概念。它大致研究 3 方面的内容：

（1）零件模型如何输入计算机。

（2）零件模型在计算机内部的表示方法（存储方法）。

（3）如何在计算机屏幕上显示零件。

根据零件模型输入、存储及显示方法的不同，现有的零件模型大致有四大类：

（1）线架造型。

（2）曲面造型。

（3）实体造型。

（4）模具功能。

4 种造型之间是有一定关系的：从线架造型到模具功能是一个表达信息不断完善的过程。低级模型是高级模型的基础；高级模型是低级模型的发展。适合数控编程的模型主要是曲面造型、实体造型及模具功能。表 6-1 为 CAXA 制造工程师的零件造型功能。

表 6-1  CAXA 制造工程师的零件造型功能列表

| 线架造型 | 曲面造型 | 实体造型 | 模具功能 |
| --- | --- | --- | --- |
| 直线，圆弧，圆，矩形，多边形，椭圆，样条线，公式曲线，二次曲线，等距线，相关线，投影线，圆弧/样条转换 | 直纹面，旋转面，扫描面，导动面，放样面，等距面，平面，边界面，网格面，实体表面 | 拉伸增/除料，旋转增/除料，放样旋转增/除料，导动增/除料，曲面增/除料，曲面裁剪实体，过渡，倒角，拔模，抽壳，打孔，筋板，特征阵列 | 材料缩放，型腔设定，分模处理，实体的布尔运算 |

本书的读者应该具有 CAXA 制造工程师入门基础学习或培训的经历，所以本章对基本功能和命令不予详解，读者可以参考帮助菜单或用户手册。

### 2. 加工部位建模

加工部位建模是利用 CAD/CAM 集成数控编程软件的图形绘制、编辑修改、曲线曲面及实体造型等功能将零件被加工部位的几何形状准确绘制在计算机屏幕上，同时在计算机内部以一定的数据结构对该图形加以记录，它是自动编程系统进行自动编程的依据和基础。

制造工程师的用户界面：状态栏指导用户进行操作并提示当前状态和所处位置；特征树记录了历史操作和相互关系；绘图区显示各种功能操作的结果；同时，绘图区和特征树为用户提供了数据的交互的功能，如图 6-2 所示。

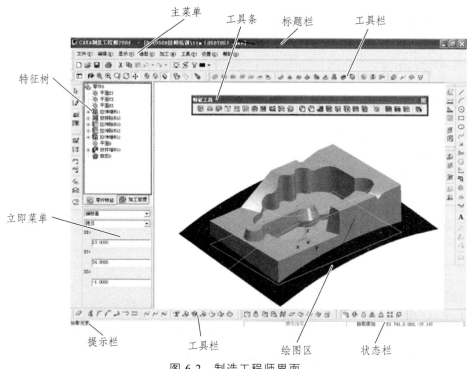

图 6-2　制造工程师界面

## 3.操作菜单

制造工程师工具条中每一个按钮都对应一个菜单命令，单击按钮和单击菜单命令是完全一样的。其基本的操作包括：

（1）文件的读入。

（2）文件打开。

（3）文件保存。

## 4.交互方式

1）坐标系

CAXA 制造工程师软件提供了两种坐标系：绝对坐标系和用户坐标系。系统默认的坐标系叫"绝对坐标系"，作图时自定义的坐标系叫"用户坐标系"。系统允许存在多个坐标系，其中正在使用的坐标系叫"当前工件坐标系"。当前坐标系用红颜色表示，而其他坐标系用灰白色表示。利用软件生成的刀具轨迹在生成和输出其机床代码时，是根据软件当前使用的坐标系来输出代码的。

（1）在创建用户坐标系时，首先确定工作坐标系原点、$X$ 轴正方向上的点和 $Y$ 轴正方向上的点，以此确定 $X$ 轴和 $Y$ 轴的方向，$Z$ 轴的方向则可由 $X$、$Y$、$Z$ 三轴之间的右手定则来判定。

（2）当前坐标系和绝对坐标系不能被删除。

（3）屏幕右下角的状态栏中随鼠标移动而变化的坐标数值，都是针对当前坐标系的。

2）视图平面、当前作图平面

系统有 3 个默认坐标平面，即"平面 XY""平面 XZ""平面 YZ"，其中有一个是当前系统默认的作图平面。选择视图平面就是选择用户的视向，决定向哪个坐标平面投影，而作图平面是决定在哪个坐标平面上生成图形。当前作图平面（当前面）是当前坐标平面（"平面 XY""平面 XZ""平面 YZ"中的一个），用来作为当前操作中所依赖的平面。当前面在坐标系中用红色短斜线标识。作图时，可以通过按 F9 键，在当前工作坐标系下任意设置当前面。表 6-2 是对视图平面、当前作图平面操作的归纳。

表 6-2  视图平面、当前作图平面

| 视图平面与当前作图平面 | 实　例 | 说　明 |
| --- | --- | --- |
| 视图平面 | 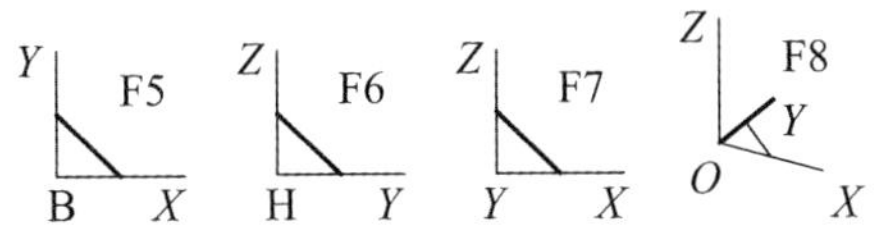 $Y$ F5 $B$ $X$　$Z$ F6 $H$ $Y$　$Z$ F7 $Y$ $X$　$Z$ F8 $O$ $Y$ $X$ | 通过 F5、F6、F7 和 F8 键的选择可得到不同的视图平面，其中按 F5、F6 和 F7 时作图平面与视图平面重合，F8 是轴测面 |
| 当前作图面 XY | 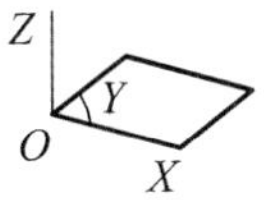 $Z$ $Y$ $O$ $X$ | 按 F9 使短斜线在 XOY 面 |
| 当前作图面 YZ | 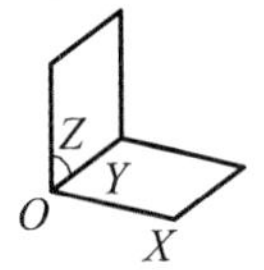 $Z$ $Y$ $O$ $X$ | 按 F9 使短斜线在 YOZ 面 |
| 当前作图面 XZ | 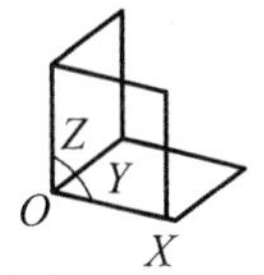 $Z$ $Y$ $O$ $X$ | 按 F9 使短斜线在 XOZ 面 |

3）空间点的输入

空间点的坐标一定是由 3 个坐标值所决定的。点的输入方式有 3 种：键盘输入的绝对坐标、键盘输入的相对坐标和鼠标捕捉的点。

在系统提示输入点的状态下，用键盘直接输入点的 X，Y，Z 坐标值（也可以按 Enter 键或数值键）。坐标的完全表达方式是，将一个点的坐标全部表示出来，每个坐标之间用半角输入状态下的"，"隔开，如坐标"10，0，30"。

在作图过程中，经常用鼠标捕捉的方式寻找精确的定位点（如切点、交点、端点等特殊点）。这时只要按空格键，即可弹出"点工具"菜单，进行项目的选取。

在下列情况下，可使用空格键：

（1）当系统提示输入点时，按空格键，弹出"点工具"菜单，显示可自动捕捉的点的类型，用快速捕捉的方式创建一个新点，如图 6-3（a）所示的点类型选项。

（2）有些操作中（如确定扫描或导动方向），当需要选择方向时，按空格键，弹出"矢量工具"菜单，从中选择合适的方向，如图 6-3（b）所示的方向选项。

（3）有些操作中（如平移全部图形），当需要拾取多个元素时，按空格键，弹出"选择集拾取工具"菜单，以确定元素拾取的方式，如图 6-3（c）所示的集合选项。

（4）有些操作中（如相互连接的曲线组合），要拾取元素时，按空格键，可以进行拾取方法选择，如图 6-3（d）所示的 3 种拾取方式选项。

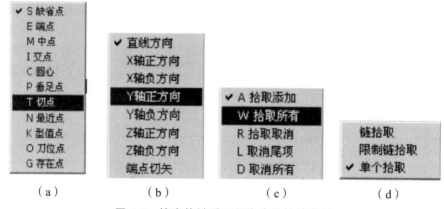

（a）　　　　　　　（b）　　　　　　　（c）　　　　　　　（d）

图 6-3　按空格键后可能产生的快捷菜单

### 5. 零件的显示

制造工程师为用户提供了图形的显示命令，他们只改变图形在屏幕上显示的位置、比例、范围等，不改变原图形的实际尺寸。图形的显示控制对复杂零件和刀具轨迹观察和拾取具有重要作用。用鼠标单击"显示"下拉菜单中的"显示变换"，在该菜单中的右侧弹出菜单项。

（1）显示全部：将当前绘制的所有图形全部显示在屏幕绘图区内。用户还可以通过 F3 键使图形显示全部。

（2）显示缩放：按照固定的比例将绘制的图形进行放大或缩小。用户也可以通过 PageUp 键或 PageDown 键来对图形进行放大或缩小。也可使用 Shift 键配合鼠标右键，执行该项功能。也可以使用 Ctrl 键配合方向键，执行该项功能。

（3）显示旋转：将拾取到的零部件进行旋转。用户还可以使用 Shift 键配合上、下、左、右方向键使屏幕中心进行显示的旋转。也可以使用 Shift 键配合鼠标左键，执行该项功能。

（4）显示平移：根据用户输入的点作为屏幕显示的中心，将显示的图形移动到所需的位置。用户还可以使用上、下、左、右方向键使屏幕中心进行显示的平移。

### 6.1.2　线架造型

本软件操作方法同二维平面 CAD 绘图是一致的，只是可以绘制空间曲线，所以叫作空间线架造型。线架造型的关键是掌握在 3D（三坐标）环境下的交互绘图方式、曲线生成参数选项和曲线的编辑及几何变换。

### 1. 曲线的绘制

CAXA 制造工程师为曲线绘制提供了 16 项功能：直线、圆弧、圆、矩形、椭圆、样条、点、公式曲线、多边形、二次曲线、等距线、曲线投影、相关线、样条⇒圆弧和文字等，如图 6-4 所示。可以利用这些功能，方便快捷地绘制出各种各样复杂的图形。利用 CAXA 制造工程师编程加工时，主要应用曲线中的直线、矩形工具绘制零件的加工范围。

矩形是图形构成的基本要素，有两点矩形和中心-长-宽等两种方式。

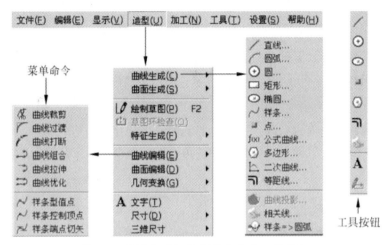

图 6-4　曲线生成与编辑的命令和工具按钮

## 2．曲线的编辑

曲线编辑包括曲线裁剪、曲线过渡、曲线打断、曲线组合和曲线拉伸五种功能。

曲线编辑安排在主菜单的下拉菜单和线面编辑工具条中。线面编辑工具条如图 6-5 所示。

图 6-5　线面编辑工具条

## 3．几何变换

几何变换对于编辑图形和曲面有着极为重要的作用。几何变换是指对线、面进行变换，对造型实体无效，而且几何变换前后线、面的颜色、图层等属性不发生变换。几何变换共有 7 种功能：平移、平面旋转、旋转、平面镜像、镜像、阵列和缩放，如图 6-6 所示。

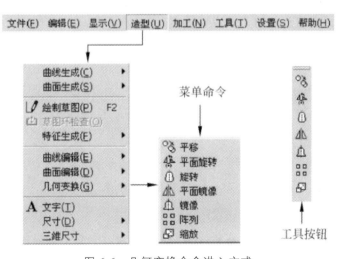

图 6-6　几何变换命令进入方式

1）平　移

对拾取到的曲线或曲面进行平移或复制。平移有两种方式：两点或偏移量。

两点：就是给定平移元素的基点和目标点，来实现曲线或曲面的平移或复制。

偏移量：就是给出 XYZ 在三轴上的偏移量，来实现曲线或曲面的平移或复制。

2）平面旋转

对拾取到的曲线或曲面进行同一平面上的旋转或旋转复制（见图 6-7）。平面旋转有复制和平移两种方式。复制方式除了可以指定旋转角度外，还可以指定复制份数。

（a）未旋转图形　　　　　　（b）平面旋转结果

图 6-7　平面旋转图形

3）旋　转

对拾取到的曲线或曲面绕空间直线轴进行空间的旋转或旋转复制（见图 6-8）。旋转有复制和平移两种方式。复制方式除了可以指定旋转角度外，还可以指定复制份数。

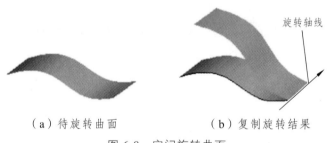

（a）待旋转曲面　　　　　　（b）复制旋转结果

图 6-8　空间旋转曲面

4）平面镜像

对拾取到的曲线或曲面以某一条直线为对称轴，进行同一平面上的对称镜像或对称复制，如图 6-9 所示。平面镜像有复制和平移两种方式。

（a）初始图形　　　　　　（b）复制平面镜像结果

图 6-9　图形的平面镜像

5）镜　像

对拾取到的曲线或曲面以某一条直线为对称轴，进行空间上的对称镜像或对称复制，如图 6-10 所示。镜像有复制和平移两种方式。

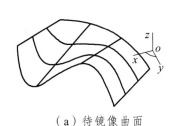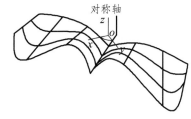

（a）待镜像曲面　　　　　　　（b）镜像（复制）结果

图 6-10　图形的空间镜像

6）阵　列

对拾取到的曲线或曲面，按圆形或矩形方式进行阵列复制。阵列分为圆形或矩形两种方式。

圆形阵列：对拾取到的曲线或曲面，按圆形方式进行阵列复制。

矩形阵列：对拾取到的曲线或曲面，按矩形方式进行阵列复制（见图 6-11）。

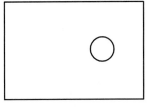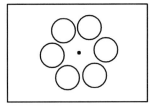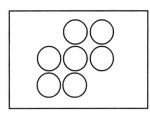

（a）待阵列图形　　　　　（b）圆形阵列　　　　　（c）矩形阵列

图 6-11　平面阵列图形

7）缩　放

缩放是指对拾取到的曲线或曲面按比例进行放大或缩小（见图 6-12）。缩放有复制和移动两种方式。

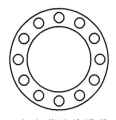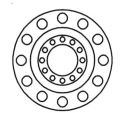

（a）待缩放图形　　　　　（b）复制缩放结果

图 6-12　图形的缩放

## 6.1.3　曲面造型

### 1. 曲面的生成

曲面生成与曲面编辑命令的使用有两种方式：一是菜单命令，二是工具按钮，曲面绘制与编辑命令进入方式如图 6-13 所示。

CAXA 制造工程师有丰富的曲面造型手段，构造完决定曲面形状的线架后，就可以在线架基础上，选用各种曲面的生成和编辑方法。共有 10 种生成方式：直纹面、旋转面、扫描面、导动面、等距面、平面、边界面、放样面、网格面和实体表面。

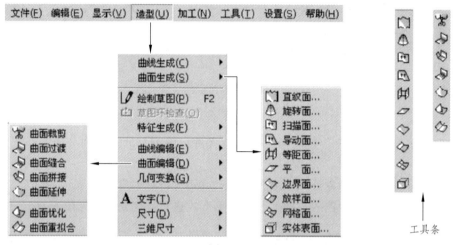

图 6-13　曲面绘制与编辑命令进入方式

在曲面造型功能中，除"实体表面"是由实体生成外，其他曲面的生成都是由在非草绘模式下绘制的曲线而生成面的。在进行曲线绘制的过程中，当系统提示输入点、拾取元素和拾取曲线、选择方向时，按空格键，均可弹出相应的立即菜单，对立即菜单中的选项意义的理解是提高作图效率的有效方法，具体内容请参看软件用户手册或帮助文档。下面总结一下曲面生成时的要点。

1）直纹面

直纹面就是一根直线两个端点分别在两曲线上匀速运动而形成的轨迹曲面。直纹面有 3 种生成方式：曲线 + 曲线，点 + 曲线，曲线 + 曲面。生成直纹面的操作极为方便实用，基本能够满足各种场合的需要。

（1）生成直纹面过程中当需要拾取曲线时，不能用链拾取，只能拾取单根线。如果一个封闭图形有尖角过渡，直纹面必须分别作出，才能围成直纹面图形，注意这时的直纹面不是一体的。当曲线的段数为一，如圆、圆弧、椭圆或组合曲线时，系统依据该曲线生成的直纹面将是一个整体的直纹面。

（2）当以曲线 + 曲线方式生成直纹面时，拾取的一组特征曲线应互不相交，方向一致，形状相拟，并且对应的段数要一样，否则应利用曲线编辑功能中的曲线打断或曲线组合命令，对其中的一条曲线进行分解或组合，使两曲线的段数一样。

（3）当以曲线 + 曲线方式生成直纹面时，应注意拾取两曲线的同侧对应位置，否则生成的直纹面会发生扭曲。

（4）当以曲线 + 曲面方式生成直纹面时，可以设定锥角。锥角为零，生成垂直的投影曲面；否则，生成有一定锥角的投影曲面。锥角是向外扩张还是向内收缩，由曲面生成过程中选择的锥度方向决定，但是不论有无锥角，曲线向曲面投影生成直纹面的过程中，均要保证曲线在曲面内的投影不能超出曲面，否则直纹面将不能生成。

2）旋转面

旋转面是按给定的起始角度和终止角度,将旋转母线绕旋转轴线旋转而生成的轨迹曲面。旋转轴线和旋转母线不能相交，在生成小于360°转角的旋转面时，要注意用右手法则来判定旋转方向。

3）扫描面

按照给定的起始位置和扫描距离将曲线沿指定方向以一定的锥度扫描生成的曲面就是扫描面。

（1）在生成扫描面的过程中，当系统提示输入方向时，可按空格键弹出矢量工具菜单，选择扫描方向。

（2）扫描面的产生以母线的当前位置为零起始位置。"起始距离"是相对坐标原点的相对值，它可正可负。

（3）生成扫描面时，可以设定锥角。此时要注意要判定锥角的方向。

4）导动面

让特征截面线沿着轨迹线（即导动线）的某一方向扫动所生成的曲面，称为导动面。

截面线：截面线用来控制曲面一个方向上的形状，截面线的运动形成了导动曲面。

导动线：导动线是确定截面线在空间的位置，约束截面运动的曲线，如图 6-14（a）所示。导动面生成方式较为复杂，总共有以下几种：平行导动、固接导动、导动线与平面、导动线与边界线、双导动线和管道曲面。平行导动、固接导动为常用功能，要注意其区别。

（1）平行导动和固接导动。

平行导动是指截面线沿导动线轨迹移动，截面线是平行移动，如图 6-14（b）所示。截面线在移动过程中始终和初始平面 *XOY* 平行。固接导动是指在导动过程中，截面线平面与导动线的切矢方向保持相对角度不变，如图 6-14（c）所示，固接导动时保持初始角（*XOY* 平面上截面线平面与导动线起点切矢的夹角）不变。固接导动有单截面线和双截面线两种。

（2）导动线方向选取的不同，产生的导动面的效果也不相同。

（3）导动线、截面线应当是光滑曲线，当导动线或截面线由多条线段组成时，应采用"曲线组合"命令将其分别组合成一条曲线。

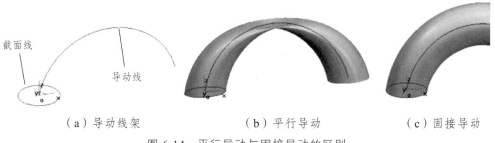

（a）导动线架　　　　　　　（b）平行导动　　　　　　　（c）固接导动

图 6-14　平行导动与固接导动的区别

5）等距面

它是按照给定距离和给定方向生成与已知曲面等距离的曲面。等距值不能大于曲面的最小曲率半径，等距面生成后，可能会扩大或缩小。

6）平　面

它是按曲面方式定义的平面。其功能含义不同于制造工程师的基准平面，基准平面是绘制草图的参考面，此处的平面则是实际存在的空间平面。

7）边界面

边界面是在由已知曲线围成的边界区域上生成的曲面。边界面包括三边面和四边面。拾取的四条曲线必须首尾相连，形成封闭环，才能作出四边面。拾取的曲线应当是光滑曲线，如果一条边由多条线构成，可以采用"曲线组合"的办法将其组合成一条光滑的曲线。

8）放样面

以一组互不相交、方向相同、形状相似的截面线为骨架蒙上的一张曲面称之为放样曲面。放样面的生成方式有截面曲线和曲面边界两种生成方式。

（1）生成放样面时，要求拾取的一组截面曲线应互不相交，方向一致，形状相似。

（2）截面线要保证光滑，须按截面线摆放的方位顺序拾取曲线。拾取曲线时须保证截面线方向一致。

（3）曲面边界方式可以做两曲面拼接，并且可以加控制线。曲面边界的拾取要选靠近边界的那条线。

9）网格面

以网格曲线为骨架，蒙上自由曲面生成的曲面称之为网格曲面。网格曲线由 $U$ 向和 $V$ 向两组相交曲线组成。

例如，扫描面生成的方法：按照给定的起始位置和扫描距离将曲线沿指定方向以一定的锥度扫描生成曲面，如图 6-15 所示。

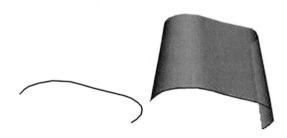

图 6-15　扫描面生成

（1）单击"应用"，指向"曲面生成"，单击"扫描面"，或者单击 按钮。

（2）填入起始距离、扫描距离、扫描角度和精度等参数。

（3）按空格键弹出矢量工具，选择扫描方向。

（4）拾取空间曲线。

（5）若扫描角度不为零，选择扫描夹角方向，扫描面生成。

起始距离：指生成曲面的起始位置与曲线平面沿扫描方向上的间距；

扫描距离：指生成曲面的起始位置与终止位置沿扫描方向上的间距；

扫描角度：指生成的曲面母线与扫描方向的夹角；

图 6-16 为扫描初始距离不为零的情况。

图 6-16　扫描初始距离不为零的情况

注意：扫描方向不同的选择可以产生不同的效果。

### 2. 曲面的编辑

曲面编辑是曲面造型不可缺少的组成部分，曲面编辑功能包括曲面裁剪、曲面过渡、曲面缝合、曲面拼接、曲面延伸、曲面优化和曲面重拟合。下面简述各功能的意义和注意点。

1）曲面裁剪

对已经生成的曲面进行修剪，去掉不需要的部分的过程称为曲面裁剪。曲面裁剪命令包括投影线裁剪、等参线裁剪、线裁剪、面裁剪和裁剪恢复几种方式。

2）曲面过渡

在给定的曲面之间，以一定的方式，作出给定半径或给定半径变化规律的圆弧过渡面，可以实现曲面之间的光滑过渡。曲面过渡就是用截面是圆弧的曲面将两张曲面光滑连接起来。过渡面不一定过原曲面的边界。

3）曲面拼接

曲面拼接是曲面光滑连接的一种方式。它通过多个曲面的对应边界，生成一张曲面与这些曲面光滑相接。曲面拼接的方式有两面拼接、三面拼接和四面拼接 3 种方式。

4）曲面缝合

曲面缝合是指将两张曲面光滑连接为一张曲面。曲面缝合有两种方式：曲面切矢和平均切矢。曲面缝合要求缝合的两个曲面首尾相连，缝合处长短一致。如果两个面成尖角，则不能进行缝合。

5）曲面延伸

把曲面按给定长度沿相切的方向延伸出去，扩大曲面，即为曲面延伸。曲面延伸不支持裁剪后的曲面操作，拾取延伸面时，应在要延伸边的附近拾取。

6）曲面优化

在实际应用中，有时生成的曲面的控制顶点很密很多，会导致对这样的曲面处理起来很慢，甚至会出现问题。曲面优化功能就是在给定的精度范围内，尽量去掉多余的控制顶点，使曲面的运算效率大大提高。曲面优化功能不支持裁剪曲面。

7）曲面重拟合

在很多情况下，生成的曲面是 NURBS 表达的，或者有重节点，这样的曲面在某些情况下不能完成运算。这时，需要把曲面修改为 B 样条表达形式（没有重节点）。曲面重拟合功能就是把 NURBS 曲面在给定的精度条件下拟合为 B 样条曲面。曲面重拟合功能不支持裁剪曲面。

## 6.1.4　实体造型

实体的特征造型设计是三维零件造型的核心内容。本章的重要知识点在于草图的运用，它是学会进行实体特征设计的基础，必须理解和掌握。关键是要理解空间曲线和草图曲线的区别和转换，熟悉各个特征生成和特征处理的命令或工具，要将特征操作和零件的形体分解结合起来，理解每个特征工具的参数输入对话框中各个选项含义，并注意临界条件和约束条件，通过学习实例讲解，并多做练习，才能掌握造型基本技巧。

### 1. 草图的建立

1）草图的建立

三维实体的特征造型有点像盖房子，先要有一个地基，然后一层一层堆砌形成房间，最后再完成阳台、楼、屋顶等。草图（也称轮廓），相当于建筑物的地基，是指生成三维实体必须依赖的封闭曲线组合，即为特征造型准备的一个平面图形，也可以是空间曲线在平面上的投影图形。草图必须存在于一个预先选定的基准平面上，每个基准平面上只能绘制一个草图。每个特征需要一个或多个草图，所以每生成一个实体特征必须经过 3 个步骤：确定基准面，在基准面上绘制草图，生成特征。零件越复杂用到的草图数量和特征种类越多。

2）基准面和草图

简单地说，基准面就好比建筑物必须依托的地面一样，它是草图必须依赖的一个假设平面。在建立草图前必须先准备好基准面，可以是特征树中已有的默认坐标平面（*XOY*，*YOZ*，*XOZ*），也可以是由用户选择实体上生成的某个平面，还可以利用实际存在的点、线、面等几何要素来构造出基准平面。

CAXA 提供了一个构建基准面的工具（见图 6-17），使用这个工具可以利用已有的空间点、线、面来构建新特征所需的草图基准平面。构造基准面的命令是：选择"应用"/"特征生成"/"基准面"，或者直接单击 ◇ 按钮，系统弹出如图 6-17 所示的"构造基准面"对话框。根据构造条件，填入所需的距离或角度，单击"确定"完成操作。

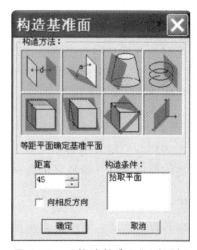

图 6-17　"构造基准面"对话框

构造条件中主要要用到距离和角度这两个参数：

距离：指生成平面距参照平面的尺寸值，可以直接输入所需数值，也可以单击按钮来调节。向相反方向，是指与默认的方向相反的方向。

角度：指生成平面与参照平面的所夹锐角的尺寸值，可以直接输入所需数值，也可以单击按钮来调节。

3）草图曲线与空间曲线的区别与转换

在零件设计时经常使用到"草图曲线"和"空间曲线"概念。所谓草图曲线，就是在草图状态下绘制的曲线，空间曲线是指在非草图状态下（草图开关按钮 未按下）绘制的曲线。它们的画法和编辑方法都一样，但功能或作用是不一样的，区别在于：

（1）草图曲线必须是封闭轮廓曲线（但筋板功能、分模功能、薄壁特征例外），曲线不能重叠或有断点，而空间曲线无此要求。

（2）草图曲线是平面曲线，只能用来进行增料和除料，而空间曲线是平面或三维曲线，既可以用来构建线架或曲面造型，也可以通过曲线投影功能转换成草图线用来构建实体特征。

（3）空间线可以转换成草图线，草图线不能转换成空间线。在草图状态不能编辑空间线，在非草图状态不能编辑草图线。系统提供的曲线投影功能就是专门用来将空间线转换成草图线的。

例如，图 6-18 所示的是在长方体上方有一空间曲线，现要在长方体上挖出一曲线轮廓的凹槽，可按下列步骤操作。

（1）拾取长方体顶面为基准面，按 F2 键进入草图状态 [见图 6-18（a）]；

（2）单击曲线投影按钮 ，按系统提示拾取曲线，即得到曲线在草图平面上的投影，生成草图曲线 [见图 6-18（b）]；

（3）运用拉伸除料命令生成曲线凹槽，结果如图 6-18（c）所示。

  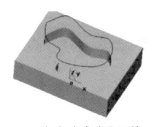

（a）拾取长方体顶面为基准面　　　（b）投影生成草图曲线　　　（c）生成曲线凹槽

图 6-18　应用曲线投影生成特征

4）草图的参数化

在绘制草图的时候，可以通过两种方式进行：第一，先绘制出图形的大致形状，然后通过草图参数化的功能，对图形进行修改，最终获得所期望的草图形状和尺寸；第二，也可以直接按照标准尺寸精确作图。在草图环境下，用户可以任意绘制曲线，大可不必考虑坐标和尺寸的约束。之后，对所绘制的草图标注尺寸，接下来只需改变尺寸的数值，二维草图就会随着给定的尺寸值而变化、达到最终希望的精确形状，这就是三维电子图板零件设计的草图参数化功能，它包括草图尺寸标注、草图尺寸编辑和尺寸驱动功能。

5）草图环检查

选择"应用"/"草图环检查"命令，或者直接单击草图环检查按钮 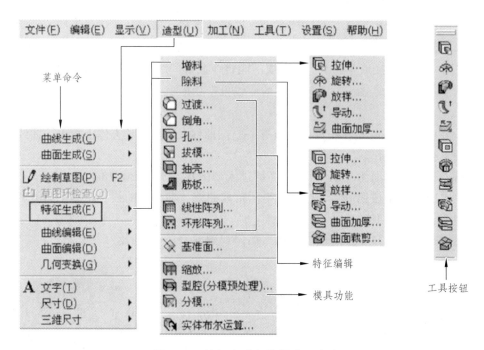，系统弹出草图是否封闭的提示，用来检查草图环是否封闭。当草图环封闭时，系统提示"草图不存在开口环"；当草图环不封闭时，系统提示"草图在标记处为开口状态"，并在草图中用红色的点标记出来。在绘制草图曲线时如果发生曲线重叠、曲线多余、断点等情况，将会出现"草图在标记处为开口状态"的提示。

2. 特征生成与特征编辑

CAXA 制造工程师提供基于实体的特征造型、自由曲面造型以及实体和曲面混合造型功能，可实现对任意复杂形状零件的造型设计。特征造型方式提供拉伸、旋转、导动、放样、倒角、过渡、打孔、抽壳、拔模、分模等功能，可创建参数化模型，如图 6-19 所示。

图 6-19　特征生成与编辑进入方式

掌握各个具体的特征造型功能需要平时大量的练习和经验积累，具体操作说明请参看软件用户手册或软件帮助文档，此处简述一些学习时常见的问题或注意点。

1）拉　伸

将草图平面内的一个轮廓曲线根据所选的拉伸类型做拉伸操作，用以生成一个增加或除去材料的特征。拉伸有拉伸增料和拉伸减料两种方式。

2）旋　转

通过围绕一条空间直线旋转一个或多个封闭轮廓，增加或除去材料生成一个特征。旋转有旋转增料和旋转减料两种方式。

3）导　　动

将某一截面曲线或轮廓线沿着另外一条轨迹线运动生成一个特征实体。截面线应为封闭的草图轮廓，截面线的运动形成了导动曲面。导动有导动增料和导动减料两种方式。导动包括"平行导动"和"固接导动"两种方式。

4）放　　样

根据多个截面线轮廓生成一个实体。截面线应为草图轮廓。放样有放样增料和放样减料两种方式。

5）曲面加厚

对指定的曲面按照给定的厚度和方向进行增加或减去材料的特征操作。

6）曲面裁剪

用生成的曲面对实体进行修剪，去掉不需要的部分。

7）过　　渡

是指以给定半径或半径规律在实体间作光滑过渡。过渡方式有两种：等半径和变半径。结束方式有三种：缺省方式、保边方式和保面方式。

8）倒　　角

是指对实体的棱边进行光滑过渡。

9）阵　　列

线性阵列：沿一个方向或多个方向快速进行特征复制的操作。

环形阵列：绕某基准轴旋转将特征阵列为多个特征的操作。

10）抽　　壳

是指根据指定壳体的厚度将实心物体抽成内空的薄壳体。

11）基准面

基准平面是草图和实体赖以生存的平面，它的作用是确定草图在哪个基准面上绘制，这就好像我们想用稿纸写文章，首先选择一页稿纸一样。基准面可以是特征树中已有的坐标平面，也可以是实体中生成的某个平面，还可以是通过某特征构造出的面。

12）筋　板

筋板就是在指定位置增加加强筋。筋板的加固方向应指向被加固的实体一侧，否则操作失败。筋板草图的形状不封闭。

13）孔

孔就是指在平面上直接去除材料生成各种类型的孔的操作。

打孔平面必须选择实体上的平面，打孔中心点如果无法用点功能菜单自动捕捉，可以在非草图状态下应用坐标点输入方式或屏幕直接拾取方式生成一个空间点，在出现"指定孔的定位点"提示后将此点拾取即可。打孔中心点位置还可以利用草图编辑方式来修正，办法是：

在特征树中选择打孔特征，编辑草图，进入的孔的草图状态后只有孔的中心位置点，这时可通过尺寸驱动或重新拾取点位置来进行孔位置的修正。

14）拔　模

是指保持中性面与拔模面的交轴不变（即以此交轴为旋转轴），对拔模面进行相应拔模角度的旋转操作。

15）型　腔

就是指以零件为型腔生成包围此零件的模具。

16）分　模

分模就是使模具按照给定的方式分成几个部分。型腔生成后，通过分模把型腔分开。图6-20 所示为香皂型腔分模。

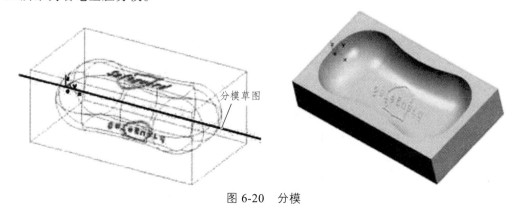

图 6-20　分模

17）实体布尔运算

实体布尔运算将另一个实体并入，与当前零件实现交、并、差的运算，形成新的实体。

## 6.2　零件的加工造型实例

### 6.2.1　五角星的框架绘制实例

#### 1. 五角星曲线生成

1）圆的绘制

单击曲线生成工具栏上的 ⊕ 按钮，进入空间曲线绘制状态，在特征树下方的立即菜单中选择作圆方式"圆心点_半径"，然后按照提示用鼠标点取坐标系原点，也可以按 Enter 键，在弹出的对话框内输入圆心点的坐标（0，0，0），半径 $R = 100$ 并确认，然后单击鼠标右键结束该圆的绘制。

注意：在输入点坐标时，应该在英文输入法状态下输入也就是标点符号是半角输入，否则会导致错误。

2）五边形的绘制

单击曲线生成工具栏上的  按钮，在特征树下方的立即菜单中选择"中心"定位，边数 5 条回车确认，内接。按照系统提示点取中心点，内接半径为 100（输入方法与圆的绘制相同）。然后单击鼠标右键结束该五边形的绘制。这样我们就得到了五角星的 5 个角点，如图 6-21 所示。

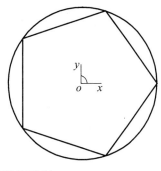

图 6-21　五边形绘制

3）构造五角星的轮廓线

通过上述操作我们得到了五角星的 5 个角点，使用曲线生成工具栏上的直线  按钮，在特征树下方的立即菜单中选择"两点线""连续""非正交"（见图 6-22），将五角星的各个角点连接。

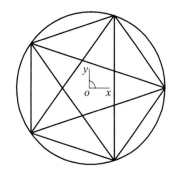

图 6-22　构造五角星的轮廓线

使用"删除"工具将多余的线段删除，单击 ⊘ 按钮，用鼠标直接点取多余的线段，拾取的线段会变成红色，单击右键确认，如图 6-23 所示。

裁剪后图中还会剩余一些线段，单击线面编辑工具栏中"曲线裁剪" 按钮，在特征树下方的立即菜单选择"快速裁剪""正常裁剪"方式，用鼠标点取剩余的线段就可以实现曲线裁剪。这样我们就得到了五角星的一个轮廓，如图 6-24 所示。

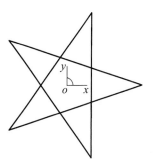

图 6-23　五角星雏形

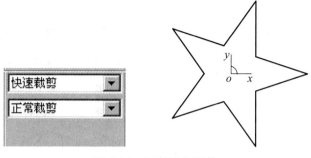

图 6-24　五角星的形状

4）构造五角星的空间线架

在构造空间线架时，我们还需要五角星的一个顶点，因此，需要在五角星的高度方向上找到一点（0，0，20），以便通过两点连线实现五角星的空间线架构造。

使用曲线生成工具栏上的直线 按钮，在特征树下方的立即菜单中选择"两点线""连续""非正交"，用鼠标点取五角星的一个角点，然后单击回车，输入顶点坐标（0，0，20），同理，作五角星各个角点与顶点的连线，完成五角星的空间线架，如图 6-25 所示。

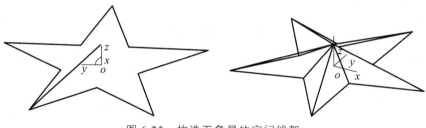

图 6-25　构造五角星的空间线架

## 2. 五角星曲面生成

1）通过直纹面生成曲面

选择五角星的一个角为例，用鼠标单击曲面工具栏中的直纹面 按钮，在特征树下方的立即菜单中选择"曲线＋曲线"的方式生成直纹面，然后用鼠标左键拾取该角相邻的两条直线完成曲面，如图 6-26 所示。

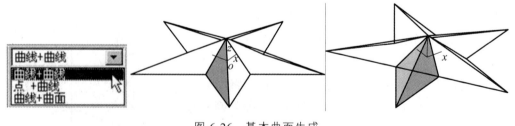

图 6-26　基本曲面生成

注意：在拾取相邻直线时，鼠标的拾取位置应该尽量保持一致（相对应的位置），这样才能保证得到正确的直纹面。

2）生成其他各个角的曲面

在生成其他曲面时，我们可以利用直纹面逐个生成曲面，也可以使用阵列功能对已有一个角的曲面进行圆形阵列来实现五角星的曲面构成。单击几何变换工具栏中的  按钮，在特征树下方的立即菜单中选择"圆形"阵列方式，分布形式为"均布"，份数为"5"，用鼠标左键拾取一个角上的两个曲面，单击鼠标右键确认，然后根据提示输入中心点坐标（0，0，0），也可以直接用鼠标拾取坐标原点，系统会自动生成各角的曲面，如图 6-27 所示。

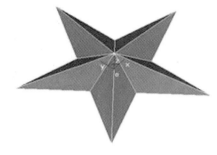

图 6-27　五角星曲面生成

注意：在使用圆形阵列时，一定要注意阵列平面的选择，否则曲面会发生阵列错误。因此，在本例中使用阵列前最好按一下快捷键"F5"，用来确定阵列平面为 XOY 平面。

3）生成五角星的加工轮廓平面

先以原点为圆心点作圆，半径为 110，如图 6-28 所示。

用鼠标单击曲面工具栏中的平面 工具按钮，并在在特征树下方的立即菜单中选择"裁剪平面"。用鼠标拾取平面的外轮廓线，然后确定链搜索方向（用鼠标点取箭头），系统会提示拾取第一个内轮廓线［见图 6-29（a）］，用鼠标拾

图 6-28　作出加工基圆

取五角星底边的一条线［见图 6-29（b）］，单击鼠标右键确定，完成加工轮廓平面，如图 6-29（c）所示。

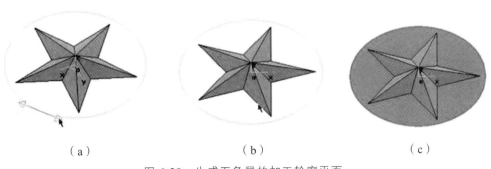

（a）　　　　　　　　（b）　　　　　　　　（c）

图 6-29　生成五角星的加工轮廓平面

### 6.2.2 鼠标的曲面线架绘制实例

**鼠标的曲面线架绘制实例**

### 6.2.3 实体造型实例——连杆模具型腔造型

**连杆模具型腔造型**

## 本章小结

　　本章介绍了零件特征造型的全部过程，详细学习了线架造型、曲面造型和实体造型功能。将产品的形状和配合的关系表达清楚，可以给加工轨迹提供准确的几何依据，重点学习了通过曲面与特征的完美结合的特征实体造型功能，它可以创造任意复杂的三维造型。

## 思考与练习题

**本章练习（自测）**

1. 叙述绘制草图的几个主要过程？
2. CAXA 制造工程师实体造型中，草图建立的主要环节有哪些？
3. 简单归纳 CAXA 制造工程师零件造型的基本功能。
4. 简单对比设计造型与加工造型的区别。

# 第 7 章　CAXA 制造工程师加工编程

本章主要应用 CAXA 制造工程师 CAD/CAM 系统，完成刀具轨迹生成的工作过程。从图 6-1 中可以看出，在完成了零件几何造型后，选择粗、精加工方法，根据工艺要求输入计算机加工参数，生成加工轨迹，应用加工仿真程序来验证加工轨迹的正确与否，最后根据后置处理生成加工代码。通过本章学习，应该熟悉人机交互方式下的自动编程系统的基本操作步骤及应用。

生成加工轨迹和造型使用同一窗口界面如图 7-1（a）所示，运行加工轨迹仿真则须启动专门的人机交互界面，如图 7-1（b）所示。

本书的读者应该已经具有 CAXA 制造工程师入门基础学习或培训的经历，所以本章对基本操作和命令不予讲解。

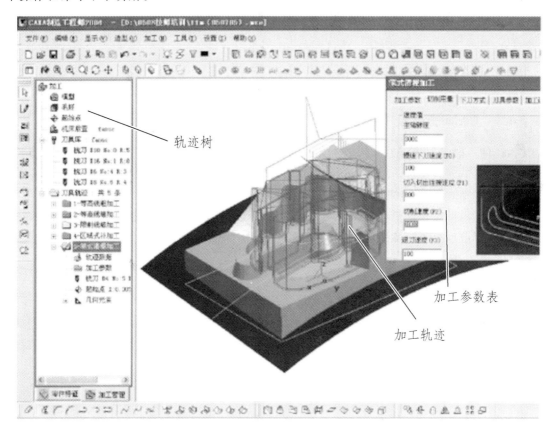

（a）生成加工轨迹用户界面

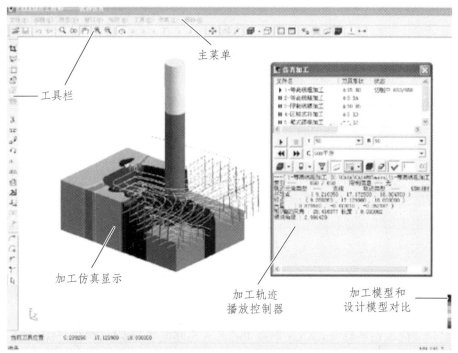

（b）加工轨迹仿真用户界面

图 7-1　CAXA 制造工程师的加工轨迹和轨迹仿真用户界面

# 7.1　CAM 重要术语与公共参数设置

## 7.1.1　CAM 重要技术术语

CAM 的一般工作流程是：构造毛坯，选择粗、精加工方法，确定切削用量和加工参数，分别生成各自的刀具轨迹，然后进行轨迹仿真，后置处理，选择配置机床，生成 G 代码。下面介绍 CAXA 制造工程师加工管理的主要术语。

图 7-2 所示的"轨迹树"记录了与生成加工轨迹有关的全部参数和操作记录。用户可以直接查看、修改或重置。主要的管理包括模型、毛坯、起始点、机床后置处理、刀具轨迹重置等。

### 1. 模　　型

"模型"功能提供视图模型显示和模型参数显示功能，模型一般表达为系统存在的所有线架、曲面和实体的总和。在该界面上显示模型预览和几何精度，用户可以对几何精度进行重新定义。

### 2. 毛　　坯

设置刀具路径前，应设置毛坯的尺寸，依次单击主菜单中"加工"→"定义毛坯"选项，选择参照模型单选项，单击参照模型按钮，设置好毛坯尺寸。CAXA 制造工程师 2004 版软件在生成实体或曲面的加工轨迹前，一定要先创建毛坯，否则将无法生成加工轨迹。2006 版就可以在不建立毛坯的情况下直接生成轨迹，在轨迹仿真界面系统会自动生成长方形毛坯，这对于生成二维线架造型，不用建立毛坯就可直接生成二维加工轨迹，操作较为方便。

两点方式：通过拾取毛坯的两个角点（与顺序、位置无关）来定义毛坯。

三点方式：通过拾取基准点，拾取定义毛坯大小的两个角点（与顺序、位置无关）来定义毛坯。

参照模型：系统自动计算模型的包围盒，以此作为毛坯。

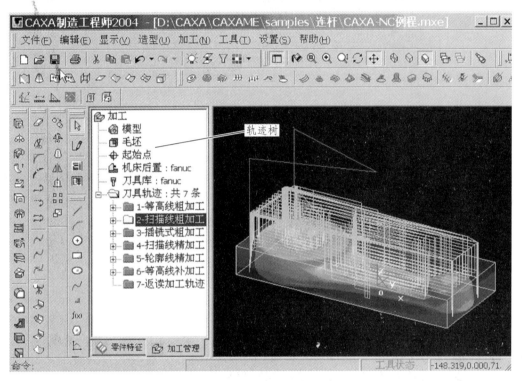

图 7-2　加工管理的轨迹树

### 3. 起始点

"起始点"功能是设定全局刀具起始点的位置，它和选择编程坐标系有关，零件的加工往往需要生成不同类型的刀具轨迹，如粗加工轨迹、精加工轨迹等，不同的加工轨迹都有各自不同的加工起点，其实是可以在刀具轨迹参数表中设置的。

### 4. 机床后置处理

后置处理系统是开放的，允许用户根据机床的不同进行设置，如图 7-3 所示。

### 5. 轨迹重置

一旦修改了几何模型的任何要素，原来的加工轨迹就不能用了。为了简化计算，系统提供此功能。在应用中如果填完参数表后，单击"悬挂"按钮，先不计算，仅在轨迹树上出现一个轨迹的节点。等空闲时，单击鼠标右键，运行轨迹重置，再进行运算。

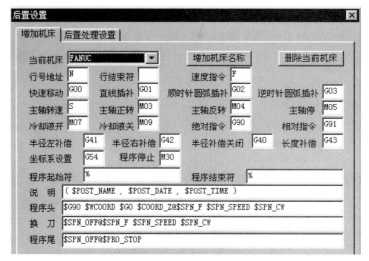

图 7-3　后置设置

## 7.1.2　公共参数设置

加工轨迹的生成是 CAM 软件的主要内容，一个零件往往可以生成多种加工轨迹，工艺员应该能够找出工艺性最优的一种。加工轨迹的生成是由加工参数设置决定的，每种轨迹功能实际上反映一种工艺策略,理解并实践它决定今后在实际工作中能够熟练地进行加工编程。

### 1. 刀具参数

CAXA 制造工程师的刀具设置主要针对数控铣和加工中心的模具加工。目前提供 3 种立铣刀的参数：球刀（$r = R$）、平底刀（$r = 0$）和圆角刀（又称 $R$ 刀、牛鼻刀）（$r < R$），其中 $R$ 为刀具的半径，$r$ 为刀角半径。刀具参数中还有刀杆长度 $L$ 和刀刃长度 $l$，如图 7-4 所示。

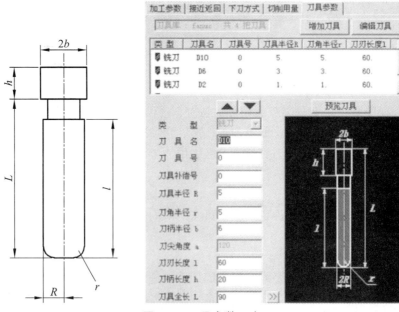

图 7-4　刀具参数示意

刀具库中能存放用户定义的不同的刀具，包括钻头和铣刀（球刀、圆角刀、平底刀），用户可以很方便地从刀具库中取出所需的刀具。

在两轴、两轴半加工中，由于加工对象以平面居多，所以刀具在加工过程中吃刀量比较均匀且刀具受力相对稳定，为了提高效率应尽量采用平底刀。在两轴加工中，为提高效率建议使用平底刀，因为相同的参数，球刀会留下较大的残留高度。

平面铣削最好用不重磨硬质合金端铣刀或立铣刀，一般走刀两次：第一次最好用平底铣刀连续粗铣（提高效率），吃刀宽度可达铣刀直径的 0.75 倍左右；第二次最好选用直径比较大的铣刀精铣（保证精度），铣刀的直径最好能够包容加工面的整个宽度。

平面零件的周边轮廓铣削，一般采用立铣刀。刀具半径应小于零件轮廓的最小曲率半径，一般取最小曲率半径的 0.8 ~ 0.9 倍。零件 Z 方向的吃刀深度，不要超过刀具半径。

在三轴加工中，当曲面形状复杂有起伏时，建议使用球刀，适当调整加工参数可以达到好的加工效果。加工曲面和变斜角轮廓时，由于曲面的变化，刀具在加工过程中吃刀量也在变化，刀具受力不均匀，所以刀具常用球头刀和圆角刀。特别是曲面形状复杂时，为了避免干涉，建议使用球头刀。

在刀刃长度和刀杆长度的选择时，刀刃的长度在大于被加工部分的深度的前提下要尽可能地短一些，以提高刀具的刚度，避免让刀。

## 2. 切削用量

包括主轴转速、慢速下刀速度（$F_0$）、切入切出连接速度（$F_1$）、切削速度（$F_2$）、退刀速度（$F_3$）、行间连接速度等，如图 7-5 所示。

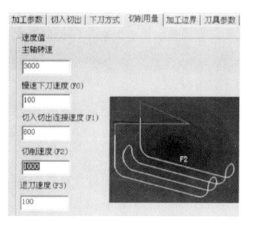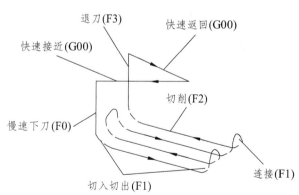

图 7-5　刀具运动轨迹的各种速度值

主轴转速：设定机床主轴角速度的大小，单位符号为位 r/min。

慢速下刀速度：设定慢速下刀轨迹段进给速度的大小，单位符号位 mm/min。

切入切出连接速度：设定切入轨迹段、切出轨迹段、连接轨迹段、接近轨迹段、返回轨迹段的进给速度的大小，单位符号位 mm/min。

切削速度：设定切削轨迹段进给速度的大小，单位符号位 mm/min。

退刀速度：设定退刀轨迹段进给速度的大小，单位符号位 mm/min。

### 3. 下刀方式

此参数表对话框主要规定刀具从高度方向切入零件时的轨迹，如图 7-6 所示。"下刀方式"参数表首先要设定进退刀时的距离，主要参数有以下几种。

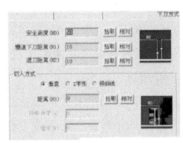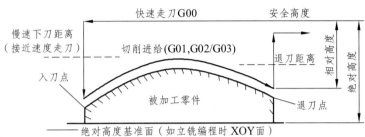

图 7-6　进刀退刀时的距离设置

安全高度：刀具快速移动而不会与毛坯或模型发生干涉的高度，有相对与绝对两种模式。单击"相对"或"绝对"按钮可以实现二者的互换，如选择"拾取"方式，则可以从绘图区选择任意位置作为高度点。

慢速下刀距离：在入刀点或切削开始前的一段刀位轨迹的长度，这段轨迹要设定慢速垂直下刀速度，选项内容同"安全高度"。

退刀距离：在退刀点或切削结束后的一段刀位轨迹的长度，这段轨迹要设定垂直向上退刀速度。选项内容同"安全高度"。

系统提供了 4 种通用的下刀切入方式，适用于几乎所有的铣削加工策略。4 种通用的切入方式是：

垂　　直：刀具沿垂直方向切入；

Z 字形：刀具以 Z 字形方式切入；

倾斜线：刀具以与切削方向相反的倾斜线方向切入；

螺　　旋：刀具沿螺旋线方式切入。

具体的参数设置如图 7-7 所示。刀具下刀方式的选择直接关系到加工质量和效率，还需要注意干涉问题。

### 4. 切入/切出

下刀方式主要针对在高度方向刀具切入零件时的策略，而切入切出参数表用来设置高度和水平方向切入/切出时的路径。

切入切出中基本方式有图 7-8 所示的 3 种常用轨迹方式和一种刀位点设置方式，分别是"XY 向""沿着形状""螺旋"和"接近点和返回点"。

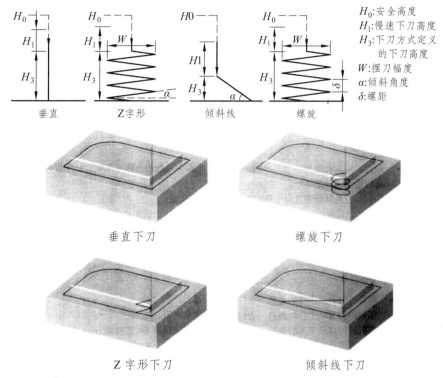

图 7-7　垂直方向的 4 种下刀切入方式

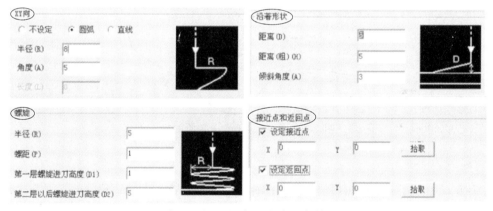

图 7-8　常用"切入切出"方式的参数设置选项

### 7.1.3　与轨迹生成有关的工艺选项与参数

加工轨迹的生成是 CAM 软件的主要工作内容，它是影响数控加工效率和质量的重要因素。一个零件往往可以生成多种加工轨迹，工艺员应该能够找出工艺性最优的一种。加工轨迹的生成是由加工参数设置决定的，每种轨迹功能实际上反映一种工艺策略，理解并实践轨迹工艺参数表中的选项及参数设定将决定今后在实际工作中能够熟练应用软件来进行辅助编程与加工。

按加工轴数的不同通常可将刀具轨迹的形式分成如图 7-9 所示 3 种刀具轨迹的形式。

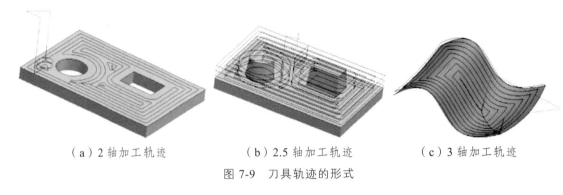

（a）2轴加工轨迹　　　　（b）2.5轴加工轨迹　　　　（c）3轴加工轨迹

图 7-9　刀具轨迹的形式

### 1. 轮廓、区域与岛（见图 7-10）

轮廓是指一系列首尾相接的曲线的集合。外轮廓用来界定加工区域的外部边界，如果轮廓是用来界定被加工区域的，则要求指定的轮廓是闭合的；如果加工的是轮廓本身，则轮廓也可以不闭合。

区域是指由一个闭合轮廓围成的内部空间，其内部可以有"岛"。由外轮廓和岛之间的部分，表示待加工的区域。

岛用来屏蔽其内部不需加工或需保护的部分。

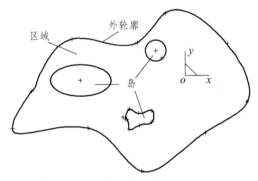

图 7-10　轮廓、区域与岛的关系

### 2. 走刀方式

走刀方式用来定义刀具在切削工件时的行走方式。CAXA 制造工程师的走刀方式有平行线、环切线、扫描线、摆动线、插铣线 5 种。

（1）环切线：指刀具围绕轮廓从里向外或从外向里循环去除材料的方式见图 7-11。在加工同一层过程中不需要抬刀，具有较高的效率，并且可以将轮廓及岛屿边缘加工到位，但加工过程中振动较大，适合于区域内部有岛的不规则内腔零件的粗精加工。

（2）平行线：分单方向和往复两种方式，如图 7-12 所示。其中单方向的刀具行进到加工边界后，抬刀到安全高度，再沿原路直线快速返回，

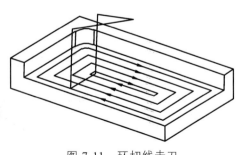

图 7-11　环切线走刀

走刀到下一行的起点，并沿着相同的方向进行下一刀位行的切削。刀具切削过程中始终朝一个方向进行切削加工。单向走刀有一致的走刀纹，表面质量较高。

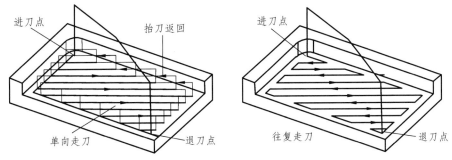

图 7-12　平行线走刀

单向走刀优点是：加工总是处于顺铣或逆铣的状态，加工表面刀痕一致，能够达到很高的加工精度，适于精加工；可以设定行进角度。但抬刀过程使得效率降低，边界精度降低。

往复走刀时刀具在达到加工边界后直接转向下一行的切削加工。往复走刀效率高，但由于顺逆铣交叉运用有行间连接，表面质量差，多用于粗铣。由于往复加工总是处于顺逆交替的状态，行进中没有抬刀过程，具有最高的效率，适合于粗加工。

平行方式可以设定行进角度，行进角度为切削方向与 载轴所成的角度。对于大部分以平直方向为主的零件，如果以 15°～45°的方向进行切削，有利于减小机床的振动，获得相对较好的切削效果。

（3）扫描线：也是按行距来进行切削，和平行线的主要区别是，相邻两行的起终点相接，具有区域识别和优化功能，在等高层切时可以根据曲面形状在高度方向变化轨迹，而平行或环切方式在等高层切时，在高度方向走刀方式不会变化，仍然是行切或环切。此扫描线轨迹属于高级的优化加工策略，粗精加工均可以用。

（4）摆动线：可以沿 X 轴、Y 轴或 Z 轴 3 个方向前进，摆线轨迹属于高级的优化加工策略，主要用于高速粗加工工序。摆线切削有利于平衡或降低刀具切削力，提高高速走刀时的平稳性。

（5）插铣线：刀具（通常必须有底刃）像钻削加工一样在 Z 轴方向重复升降切削零件，也有往复和单向两种切削方式（见图 7-13），往复方式用于粗加工，在平面方面移刀的路径有专门规则，移刀的路径越短越好。而单向方式用于侧壁的精加工，插铣加工主要针对深腔和壁深的零件，可以弥补刀具周铣时刚性不足引起的刀具变形。

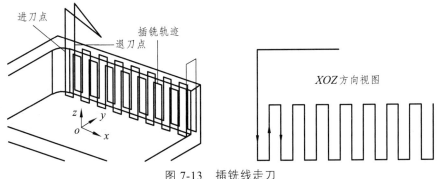

图 7-13　插铣线走刀

### 3. 刀具轨迹

刀具轨迹是系统按给定工艺要求生成的，对给定加工图形进行切削时刀具行进的路线，如图 7-14 所示。系统显示加工的刀具轨迹及其所有信息，并可在特征树中对这些信息进行编辑。在特征树中的图标为展开后可以看到所有信息。系统的刀具轨迹是按刀尖位置来计算和显示的。

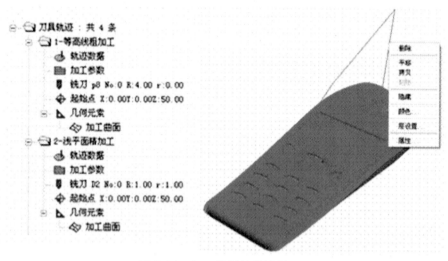

图 7-14　加工实例的轨迹显示

### 4. 区域加工顺序

对于有多个凸台或者凹槽的零件做等高切削时形成不连续的加工区域，其加工顺序可有两种选择，如图 7-15 所示。

（1）层优先：层优先时生成的刀路轨迹是将这一层即同一高度内的所有内外型加工完以后，再加工下一层，也就是所有被加工面在某一层（相同的 Z 值）加工完以后，再下降到下一层。刀具会在不同的加工区域之间跳来跳去。

（2）区域优先：则在加工凸台或者凹槽时，先将这部分的形状加工完成，再跳到其他部分。也就是一个区域一个区域进行加工，将某一连续的区域加工完成后，再加工另一个连续的区域。

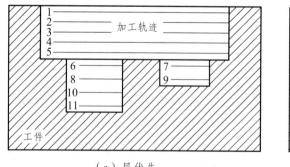

（a）层优先

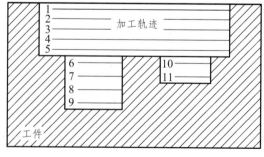

（b）区域优先

图 7-15　等高线加工层降顺序

层优先的特点是各个凸台或者凹槽最后获得的加工尺寸一致，但是其表面光洁度不如区域优先加工，同时其不断抬刀也将消耗一定的时间。在粗加工，一般使用区域优先；精加工对各个凸台或者凹槽的尺寸一致性要求较高时，应采用层优先。

### 5. 刀具补偿

针对轮廓加工方式时的轨迹生成，系统根据用户设定可以自动进行刀具半径补偿，如图 7-16 所示。可采用 3 种补偿选项。对于封闭的轮廓线会有 3 种参数选择，即刀具是在轮廓上、轮廓内或轮廓外。

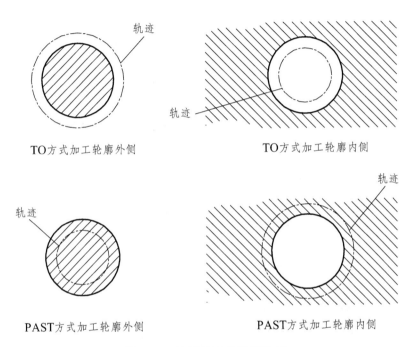

图 7-16　轮廓的刀具半径补偿

ON：刀具中心线与轮廓线相重合，即不考虑补偿。

TO：刀具中心不到轮廓上，而刀具的侧边到轮廓上，即相差一个刀具半径。

PAST：刀具中心越过轮廓线，超过轮廓线一个刀具半径。

机床自动补偿：选择该项机床自动偏置刀具半径，那么在输出的代码中会自动加上 G41/G42（左偏/偏）、G40（取消补偿）。输出代码中是自动加 G41 还是 G42，与拾取轮廓时的方向有关。

### 6. 加工精度与步长

在 CAD 造型时，模型的曲面是光滑连续（法矢连续）的，如球面就是一个理想的光滑连续的面。这样的理想模型，我们称为几何模型。但 CAM 加工模型一般是由一系列三角片所构成的模型。加工模型与几何模型之间的误差，我们称为几何精度。加工精度是按轨迹加工出来的零件与加工模型之间的误差，当加工精度趋近于 0 时，轨迹对应的形状就是加工模型了（忽略残留量），如图 7-17 所示。

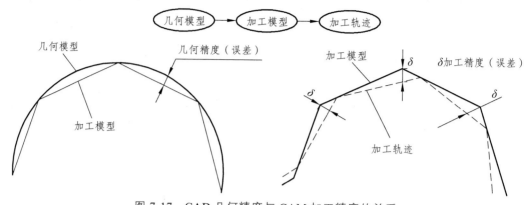

图 7-17 CAD 几何精度与 CAM 加工精度的关系

在实际加工时，加工精度可以由走刀的步长来控制，步长是指刀具行进的最小步距，即刀具步进方向上每两个刀位点之间的距离。对样条线进行加工时用折线段逼近（拟合）样条时会产生加工误差。加工精度指刀具轨迹同加工模型之间的最大允许偏差，如图 7-18 所示。

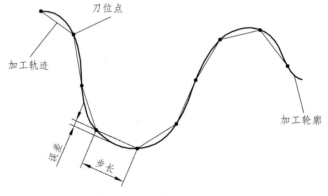

图 7-18 步长与加工误差

可根据实际工艺要求给定加工误差。如在进行粗加工时，加工误差可以较大，否则加工效率会受到不必要的影响；而进行精加工时，需要根据表面要求等给定加工误差。加工精度越高，折线段越短，加工代码越长，加工效率越低。

### 7. 行间走刀的连接方式

刀具轨迹行与行之间的连接方式有 4 种。

（1）抬刀连接。

刀具加工到一行刀位的终点后，抬刀到安全高度，再沿直线快速走刀（G00）到下一行首点所在位置的安全高度，然后按给定下刀方式进刀并沿着相同的方向进行加工。

（2）直线连接。

相邻两行间的刀位首末点直线连接。这种直接移刀方法使零件表面质量不佳，且进给速度不能太高，不能用于高速切削。

（3）圆弧连接。

相邻两行间的刀位首末点以圆弧方式连接。

（4）S 形连接。

相邻两行间的刀位首末点以 S 线形连接。圆弧和 S 形连接方式可避免刀具方向的急剧变化，有利于保证零件表面质量，对刀具的磨损影响也较小，有利于高速切削。图 7-19 所示为环切加工时常用的 3 种连接方式。

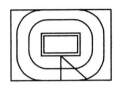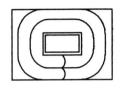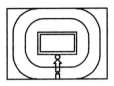

图 7-19　环切行间连接方式

走刀轨迹的拐弯半径对保证加工的平稳与效率也同样重要，它同样可以避免由于机床的运动方向发生突变而产生切削负荷的大幅度变化，同时也解决了由于机械惯性及切削阻力的关系。在路径拐角处较容易有过切的情况，拐角的设定常根据如下情况决定：

（1）当轮廓的两边夹角大于 90°时，可以采用尖角过渡；

（2）当轮廓的相交两边夹角小于 90°时，一般要选用圆角过渡。可以直接设定圆角半径，或者设定刀具半径/过渡半径比，系统自动算出实际过渡半径。

### 8．干　涉

在切削被加工表面时，如果刀具切到了不应该切的部分，则称为出现干涉现象，或者叫作过切。如在小角度拐弯处、进刀位置、层间行间连接处等常易干涉过切，而对于三维曲面加工，由于存在零件自身干涉的问题，必须依靠 CAM 技术来解决。在制造工程师系统中，解决自身干涉可以采用构造限制线和限制面的方式来避免过切，如图 7-20 所示。

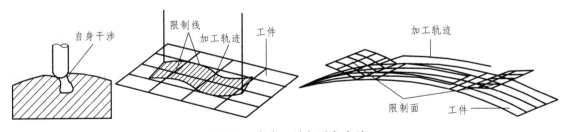

图 7-20　自身干涉与避免办法

### 9．切削用量的设置

（1）切削层深度。

切削深度也称为背吃刀量，在机床、工件和刀具刚度允许的情况下，切削深度等于加工余量，增加切削深度是提高生产率的一个有效措施。软件通过参数表设定层高或残留高度两种方法可以控制切削深度的大小。

① 当加工的曲面曲率半径较大或精度要求不高时，建议使用层高来定义吃刀量，以提高

运算速度；当加工的曲面曲率半径较小或精度要求较高时，建议使用残留高度定义吃刀量，以在较陡面获得更多的走刀次数。

② 对于加工曲面和斜面而言，较小的切深产生的加工层数较多，残留高度较小，表面加工质量较好，但刀具轨迹计算和加工时间都较长，效率低。而较大的切深则相反，效率较高，但是残留高度大，表面质量较差。在实际加工中应在满足加工质量的前提下，尽量加大切深以提高效率。

（2）切削宽度（*XY* 切入）。

在 CAM 软件中切削宽度称为行距，行距是加工轨迹相邻两行刀具轨迹之间的距离。行距的宽度与刀具直径成正比，与切削深度成反比。刀次是同一种加工轨迹在切削宽度方向上的重复次数，用同一把刀加工同样形状与大小的表面时，刀次越多，行距越小，残留高度越小，加工质量越好。在粗加工中，行距取得大一些有利于提高加工效率。平底端铣刀的粗加工行距一般为（0.6 ~ 0.9）*D*（*D* 为刀具直径）。精加工时，行距的确定首先应考虑零件的精度和表面粗糙度，在满足加工精度要求的前提下，尽量加大行距。

（3）加工余量。

利用 CAM 软件生成加工轨迹的过程中，加工余量"可正可负"这一点在实际加工中很有意义，可以利用余量的"正"或"负"进行加工中的补偿，如余量、刀具磨损、让刀等的补偿问题。

切削用量的选择是一个综合因素作用的结果，它和机床（机床刚性、最大转速、进给速度等）、刀具（刀具几何规格、刀具材料、刀柄规格）、工件（材质、热处理性能等）、装夹方式、冷却情况（油冷、气冷等）有密切关系，掌握切削用量的选择是靠工作经验的积累获得的。

## 7.2 基本加工功能及其应用实例

### 7.2.1 基础知识

CAXA 制造工程师（2004 版）提供其加工轨迹的生成方法分粗加工、精加工、补加工和槽加工四大类，其中粗加工有 7 种加工方法，精加工有 9 种加工方法，补加工有 3 种方法，槽加工有 2 种方法。这部分的学习主要是 CAXA 制造工程师（2004 版）的加工轨迹的主要生成方法。我们应该了解数控刀具轨迹生成的概念，了解各种加工方法及功能，明确参数设置的内容。

视频：零件图纸设计与 G 代码的自动生成

1. 刀具轨迹产生方法

（1）基于点、线、面和体的 NC 刀轨生成方法。

在二维绘图与三维线框阶段，数控加工主要以点、线为驱动对象，如孔加工、轮廓加工、平面区域加工等。在曲面和实体造型发展阶段，出现了基于实体的加工，是特征加工的基础。

（2）基于特征的 NC 刀轨生成方法。

复杂零件数控加工流程图如图 7-21 所示。

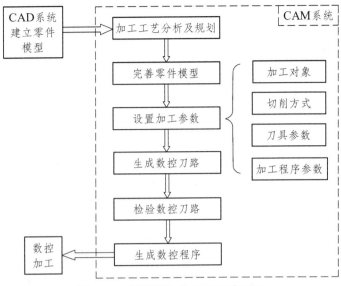

图 7-21　复杂零件数控加工流程图

## 2. CAM 系统的编程基本步骤

CAM 系统加工方法如图 7-22 所示。

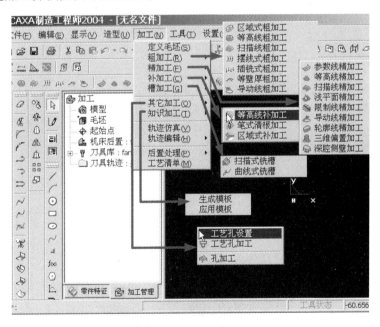

图 7-22　CAM 系统加工方法

CAM 系统的基本操作步骤：

（1）理解二维图纸或其他的模型数据。

（2）建立加工模型或通过数据接口读入。

（3）确定加工工艺（装卡、刀具等）。

（4）生成刀具轨迹。

（5）加工仿真。

（6）产生后置代码。

（7）输出加工代码。

### 7.2.2　粗加工方法

#### 1. 区域式粗加工

粗加工功能主要是用于生成大量去除毛坯材料的刀具轨迹。该加工方法属于两轴加工，其优点是不必有三维模型，只要给出零件的外轮廓和岛屿，就可以生成加工轨迹，如图 7-23 所示。

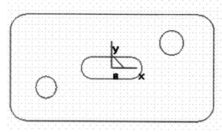

（a）零件俯视图　　　　　　　　（b）区域式粗加工轨迹

图 7-23　区域式粗加工

#### 2. 等高线粗加工

是较通用的粗加工方式，高效地去除毛坯的大部余量，并可根据精加工要求留出余量，也可指定加工区域，优化空切轨迹。图 7-24 是一等高线粗加工的例子。

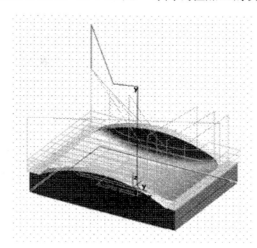

图 7-24　等高线粗加工

#### 3. 扫描线粗加工

该加工方式是适用于较平坦零件的粗加工方式，图 7-25 是一扫描线粗加工的例子。

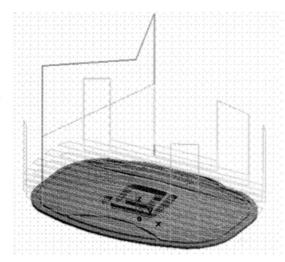

图 7-25　扫描线粗加工

### 4. 导动线粗加工

导动线粗加工方式是二维加工的扩展，可以理解为平面轮廓的等截面加工，是用轮廓线沿导动线平行运动生成轨迹的方法。其截面轮廓可以是开放的也可以是封闭的，导动线必须是开放的。其加工轨迹是二轴半轨迹。

截面认识方法有以下两种选择。

（1）向上方向：对于加工领域，指定朝上的截面形状（倾斜角度方向），生成轨迹如图 7-26（a）所示。

（2）向下方向：对于加工领域，指定朝下的截面形状（倾斜角度方向），生成轨迹如图 7-26（b）所示。

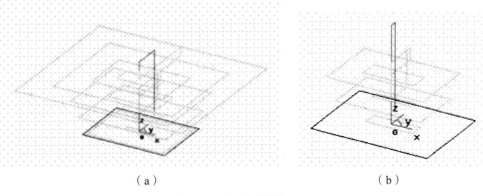

（a）　　　　　　　　　　　　　　　（b）

图 7-26　导动线粗加工

## 7.2.3　精加工方法

### 1. 参数线精加工

参数线精加工是生成单个或多个曲面的按曲面参数线行进的刀具轨迹，如图 7-27 所示。

对于自由曲面一般采用参数曲面方式来表达，因此，按参数分别变化来生成加工刀位轨迹十分方便。

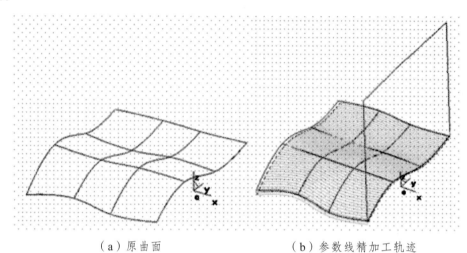

（a）原曲面　　　　　　　　（b）参数线精加工轨迹

图 7-27　参数线精加工

当刀具遇到干涉面时，可以选择"抬刀"，也可以选择"投影"来避让。

CAM 系统对限制面与干涉面的处理不一样，碰到干涉面，刀具轨迹让刀；碰到限制面，刀具轨迹的该行就停止。在不同的场合，要灵活应用。

## 2. 等高线精加工

等高线精加工可以完成对曲面和实体的加工，轨迹类型为 2.5 轴，可以用加工范围和高度限定进行局部等高加工；可以通过输入角度控制对平坦区域的识别，并可以控制平坦区域的加工先后次序。图 7-28 所示为香皂模型的等高线精加工轨迹。

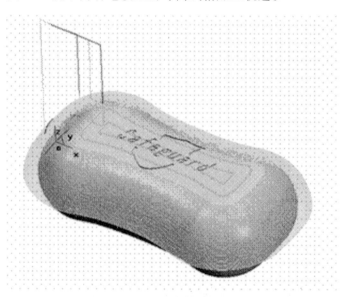

图 7-28　等高线精加工

## 3．扫描线精加工

扫描线精加工在加工表面比较平坦的零件能取得较好的加工效果，图 7-29 所示为某装饰品的扫描线精加工轨迹。

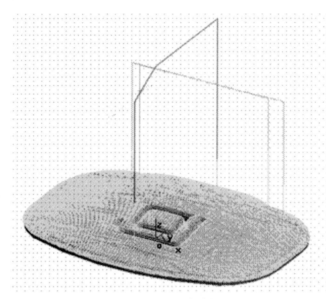

图 7-29　扫描线精加工

## 4．浅平面精加工

浅平面精加工能自动识别零件模型中平坦的区域，针对这些区域生成精加工刀路轨迹，图 7-30 所示为手机模型的浅平面精加工轨迹。

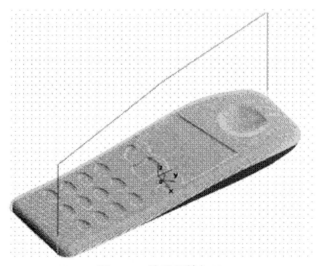

图 7-30　浅平面精加工

## 5．导动线精加工

导动线精加工通过拾取曲线的基本形状与截面形状，生成等高线分布的轨迹。

### 6. 轮廓线精加工

这种加工方式在毛坯和零件形状几乎一致时最能体现优势。图 7-31 所示为手机模型的轮廓线精加工轨迹。

图 7-31　轮廓线精加工

### 7. 限制线精加工

这种加工方式利用一组或两组曲线作为限制线，可在零件某一区域内生成精加工轨迹。也可用此方法生成特殊形状零件的刀具轨迹，适用于曲面分布不均或加工特定形状的场合。

## 7.2.4　补加工方法

### 1. 等高线补加工

等高线补加工是等高线粗加工的补充，当大刀具做完等高线粗加工之后，一般用小刀具做等高线补加工，去除残余的余量。

### 2. 笔式清根加工

笔式清根加工是在精加工结束后在零件的根角部再清一刀，生成角落部分的补加工刀路轨迹。图 7-32 所示为花盘零件的笔式清根加工刀路轨迹。

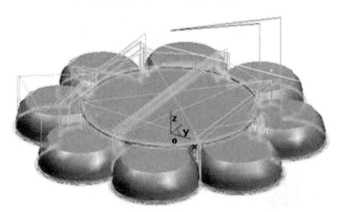

图 7-32　笔式清根加工刀路轨迹

加工方法设定有顺铣、逆铣、上坡式、下坡式 4 种选择。上坡式、下坡式如图 7-33 所示。

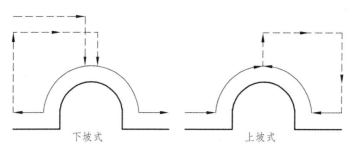

7-33　上坡式和下坡式清根加工方式

### 3. 区域式补加工

区域式补加工用以针对前一道工序加工后的残余量区域进行。图 7-34 所示为凹槽模型的等高线补加工刀路轨迹。区域式补加工的加工参数如图 7-35 所示。

切削方向的设定有以下两种选择。

（1）由外到里：生成从外往里，从一个单侧加工到另一个单侧的轨迹。

（2）由里到外：生成从里往外，从一个单侧加工到另一个单侧的轨迹。

"参考"有以下选项：

（1）前刀具半径：前一加工策略采用的刀具的直径（球刀）。

（2）偏移量：通过加大前把刀具的半径，来扩大未加工区域的范围。偏移量即前把刀具半径的增量，如前刀具半径为 10 mm，偏移量指定为 2 mm 时，加工区域的范围就和前刀具 12 mm 时产生的未加工区域的范围一致。

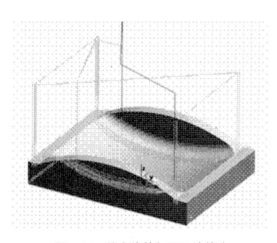

图 7-34　等高线补加工刀路轨迹

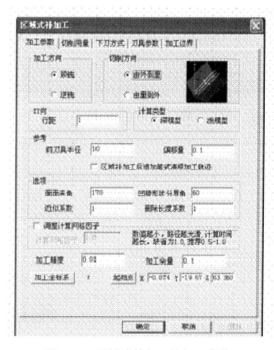

图 7-35　区域式补加工的加工参数

### 7.2.5　等高线粗加工、等高线精加工、参数线精加工——连杆加工

本例以 6.2.3 节完成的连杆零件造型为加工对象，假定毛坯尺寸是 220 mm × 100 mm × 30 mm，进行粗精加工并生成加工轨迹。

本零件的表面形状以曲面和带斜度的立面为主，所以安排下列 3 个工序。

（1）使用 $\Phi16$ 端面立铣刀，应用等高粗加工方式进行粗加工，层高 = 3 mm，行距 = 8 mm，余量 1 mm，Z 向以 Z 字形方式下刀。

（2）使用 $\Phi16$ 球头铣刀进行等高线精加工，设定残留高度为 0.1 mm。

（3）使用 $\Phi16$ 球头铣刀对球形凹槽曲面进行参数线精加工。

#### 1. 等高线粗加工

（1）首先定义毛坯，如图 7-36 所示，将编程原点设定在零件底面中心（即 XY 平面），点取直线图标，使用"两点线"，直接输入以下各点：（ –115，–50）、（105，–50）、（105，50）、（–115，50）得出一个矩形线框，再过（105，50，30）、（–115，50，30）两点绘制一条直线，选择"定义毛坯"命令中的"拾取两点"，对应图 7-36 中两箭头所指位置，即可生成一个毛坯模型，作为粗加工对象。

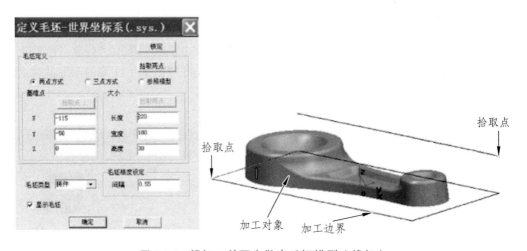

图 7-36　粗加工前要先做出毛坯模型（线架）

（2）选择"加工"→"粗加工"→"等高线粗加工"命令，在参数表中输入合理的参数，"加工参数 2"不选"稀疏化加工"，"区域切削类型"选"仅切削"，如图 7-37 所示。

（3）拾取连杆为加工对象，矩形线框为加工边界，系统自动生成轨迹。

#### 2. 等高线精加工

等高线精加工应用非常广泛，用于大部分直壁或者斜度不大的侧壁精加工。如果限定高度值，只作一层切削，可以进行局部等高加工、清角加工。可通过输入角度控制对平坦区域的识别和加工顺序。精加工时在层高平面上切入时采用圆弧方式，可以避免过切。对于不同斜度的表面，可以使用"最大层间距"和"最小层间距"分别控制轨迹密度（见图 7-38）。"加工参数 2"的路径生成方式选"不加工平坦部"。

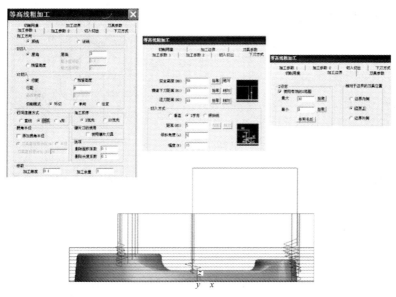

图 7-37　等高线粗加工的加工参数与轨迹生成

等高线粗加工的"加工参数 1"中的参数解释如下。

Z 切入：指刀具沿垂直方向以相同的切入量（层高）切入，是等高线粗加工的加工特征。Z 向切入深度的设定有"层高"和"残留高度"两种方式。

层高：Z 向每加工层的切削深度。

残留高度：以残留高度来定义层高，它是通过输入【残留高度】值的方式间接地给定层高值，系统会根据残留高度的大小计算 Z 向层高，并以对话框提示。

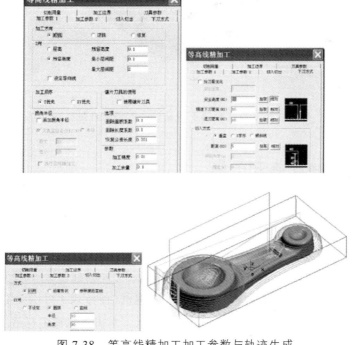

图 7-38　等高线精加工加工参数与轨迹生成

用"残留高度"高度来定义 Z 向切入深度时，在较陡或较平坦处可能出现层高过大或过小的现象，最大层间距与最小层间距如图 7-39 所示。图中，$\delta$ = 残留高度，$d_{max}$ = 最大层间距，$d_{min}$ = 最小层间距。采用同样大小的残留高度加工同一曲面，较陡面处层高要比在较平坦面处大很多，为了避免这种现象，可用设定最小层间距和最大层间距的方法加以限制，使层高值在一个合理范围之内。

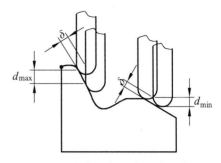

图 7-39　最大层间距与最小层间距

### 3. 参数线精加工

参数线精加工功能即生成沿曲面参数线 UV 方向的加工轨迹，这种加工方式允许选取数个曲面作为加工对象，加工出的零件具有表面光滑的特点。此方式所选择的多个曲面必须是相接的，而且其参数方向最好保持一致，以保证产生的刀具轨迹是连续的。

选择"加工"→"精加工"→"参数线精加工"命令，在"加工参数"输入参数，如图 7-40 所示，"接近返回"中输入圆弧接近 R10，选 R5 球刀。

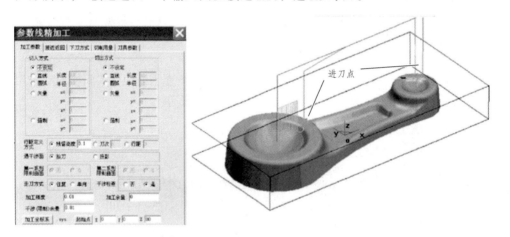

图 7-40　曲面参数线精加工的参数设置和轨迹生成

## 7.3　加工轨迹仿真和编辑

### 7.3.1　刀位轨迹的验证及后置处理

完成零件加工建模和参数输入操作后，编程系统将根据这些参数进行分析判断，自动完成有关基点、节点的计算，并对这些数据进行编排形成刀位数据，存入指定的刀位文件中。而刀具轨迹生成后，对于具备刀具轨迹显示及交互编辑功能的系统，还可以将刀具轨迹显示出来，如果有不太合适的地方，可以在人工交互方式下对刀具轨迹进行适当的编辑与修改。这是自动编程系统必备的环节。

## 1. 刀位轨迹的验证与仿真

对于生成的刀位轨迹数据，还可以利用系统的验证与仿真模块检查其正确性与合理性。所谓刀具轨迹验证（Cldata Check 或 NC Verification）是指零用计算机图形显示器把加工过程中的零件模型、刀具轨迹、刀具外形一起显示出来，以模拟零件的加工过程，检查刀具轨迹是否正确，加工过程是否发生过切，所选择的刀具、走刀路线、进退刀方式是否合理，刀具与约束面是否发生干涉与碰撞。而仿真是指在计算机屏幕上，采用真实感图形显示技术，把加工过程中的零件模型、机床模型、夹具模型及刀具模型动态显示出来，模拟零件的实际加工过程。

## 2. 后置处理

CAM 的最终目的是生成数控机床可以识别的代码程序，把刀位数据文件转换为数控系统所能接收的数控加工程序就依靠后置处理。CAXA 后置处理如图 7-41 所示。

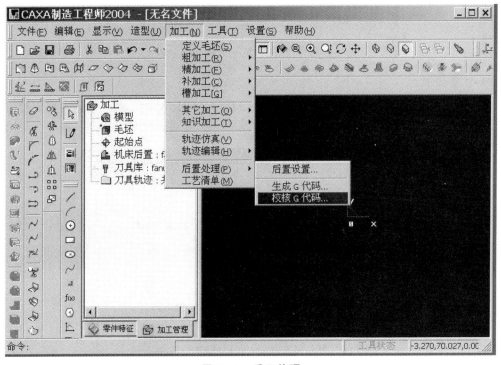

图 7-41　后置处理

后置处理分成三部分，分别是后置设置、生成 G 代码和校核 G 代码。

1）机床信息

单击"增加机床"按钮，可以输入新的机床名称，机床信息提供了不同机床的参数设置和速度设置，针对不同的机床、不同的数控系统，设置特定的数控代码、数控程序格式及参数，并生成配置文件。生成数控程序时，系统根据该配置文件的宏指令定义生成用户所需要的特定代码格式的加工指令。

包括机床选定、机床参数设置、程序格式设置等，如图 7-42 所示。

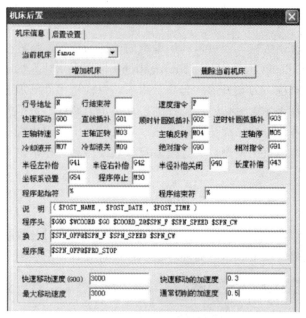

图 7-42  "机床信息"选项设置内容

2）后置设置

后置设置就是针对特定的机床，结合已经设置好的机床配置，对后置输出的数控程序的格式，如程序段行号、程序大小、数据格式、编程方式、圆弧控制方式等，如图 7-43 所示。

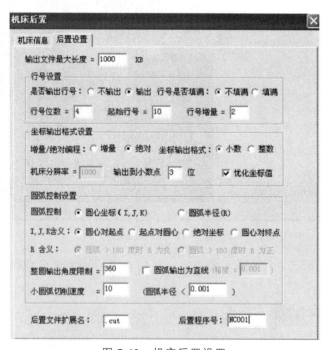

图 7-43  机床后置设置

3）G 代码的生成

生成 G 代码就是按照当前机床类型的配置要求，把已经生成的刀具轨迹转化成 G 代码数据文件，即 CNC 数控程序，后置生成的数控程序是数控编程的最终结果，有了数控程序就可以直接输入机床进行数控加工。

单击主菜单中"加工"→"后置处理"→"生成 G 代码"命令，系统弹出"选择后置文件"对话框，输入要保存的文件名和保存路径，单击"保存"按钮。系统提示"拾取加工轨迹"，拾取要生成 G 代码的轨迹，右击，系统弹出"记事本"文字编辑程序，显示加工程序的 NC 代码，如有必要可以用文字编辑方式进行修改。系统给出 *.cut 格式的 G 代码文本文档格式。

### 4）G 代码的校核

所谓校核 G 代码是指将已经生成的 G 代码文件反读过来，生成刀具轨迹，以检查生成的 G 代码的正确性。

单击主菜单中"加工"→"后置处理"→"校核 G 代码"，系统弹出"选择后置文件"对话框，输入要打开的文件名，单击"打开"按钮，即可将 G 代码文件反读，显示所选文件的刀具轨迹。此刀具轨迹可以被仿真程序编辑以生成新的轨迹，然后再应用"生成 G 代码"命令生成新的 G 代码。校核 G 代码时，如果在程序中存在圆弧插补，则后置设置应选择对应的圆心的坐标编程方式，否则会导致出错。

### 5）自动生成工艺表单

为便于机床操作者以及车间其他人员对零件加工数据的管理，选择"加工"→"工艺清单"命令可以生成 HTML 格式和 TXT 格式（纯文本）的加工工艺表单。表单由系统提供了一套关键字机制，用户以网页方式制作。

单击"加工"→"工艺清单"，系统弹出"工艺清单"对话框，如图 7-44 所示。如下填写各参数。

（1）"指定目标文件的文件夹"设定生成工艺清单文件的位置。

（2）填写"零件名称""零件图图号""零件编号""设计""工艺""校核"参数。

（3）使用模板：系统提供了 8 个模板供用户选择。

（4）拾取轨迹：单击"拾取轨迹"按钮后，可在绘图区内拾取相关的若干条加工轨迹，然后右击重新弹出工艺清单对话框。

（5）生成清单：单击"生成清单"按钮后，系统会自动计算，生成工艺清单。

### 6）知识加工与工艺模板

CAXA 制造工程师可将某类零件的加工步骤、使用刀具、工艺参数等加工条件保存为工艺模板，形成类似工艺知识库的文件，以后类似的零件的加工只要通过调用此工艺

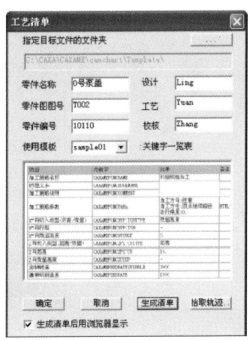

图 7-44　工艺清单

模板进行轨迹重置就可完成。这有利于经验的继承和避免重复工作，从而提高工作效率。

现用等高精加工加工一个球面为例加以说明。

（1）生成模板。

针对造型零件，选择"加工"→"知识加工"→"生成模板"菜单命令，系统提示"拾取轨迹"，单击轨迹树中等高精加工轨迹，右击，弹出存储对话框，输入文件名（*.cpt），单击"保存"，如图 7-45（a）所示。

（2）应用模板。

现有一顶部削平的球体零件，选择"加工"→"知识加工"→"应用模板"菜单命令，在弹出的对话框中找到刚才保存的 *.cpt 文件并打开，注意此时轨迹树中出现一条没有运算的同名轨迹，选择轨迹后右击，选择"轨迹重置"命令，此时在新零件上生成新的加工轨迹，如图 7-45（b）所示。

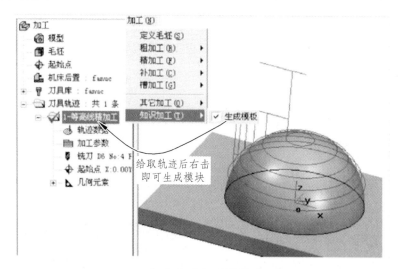

（a）生成加工模板

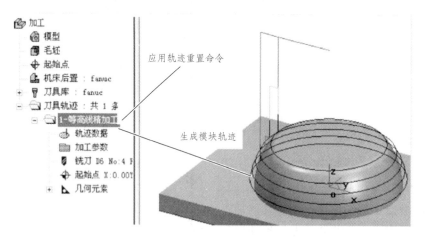

（b）应用模板轨迹

图 7-45　知识加工过程

## 7.3.2　刀具轨迹仿真和编辑

刀具轨迹生成后,对于具备刀具轨迹显示及交互编辑功能的系统,还可以将刀具轨迹显示出来,如果有不太合适的地方,可以在人工交互方式下对刀具轨迹进行适当的编辑与修改。

### 1.刀具轨迹编辑

对于很多复杂曲面零件及模具而言,刀具轨迹计算完成后,都需要对刀具轨迹进行编辑与修改。

刀具轨迹的编辑一般分为文本编辑和图形编辑两种。文本编辑是编程员直接利用任何一个文本编辑器对生成的刀位数据文件进行编辑与修改。而图形编辑方式则是在快速生成的刀具轨迹图形上直接修改。目前基于 CAD/CAM 的自动编程系统均采用了后一种方法。刀位轨迹编辑一般包括刀位点、切削段、切削行、切削块的删除、复制、粘贴、插入、移动、延伸、修剪、几何变换,刀位点的匀化,走刀方式变化时刀具轨迹的重新编排以及刀具轨迹的加载与存储等,如图 7-46 所示。

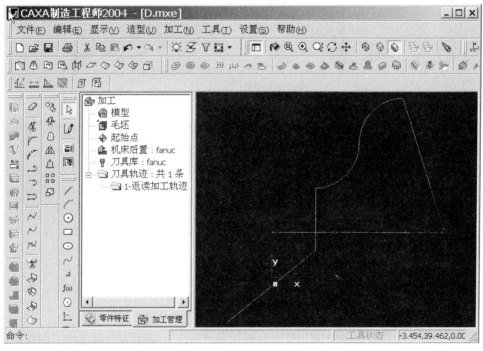

图 7-46　刀具轨迹编辑

### 2.加工轨迹编辑的内容

系统提供多种刀具轨迹编辑和仿真手段,主要用于对生成的刀位进行必要的调整和裁剪。系统提供包括到位裁剪、刀位反向、插入刀位、删除刀位、两点刀位、清除刀位、轨迹打断、轨迹连接、轨迹仿真、参数修改等 9 项功能。

(1)刀位裁剪:用曲线对三轴加工刀具轨迹 *XOY* 平面进行裁剪。裁剪后刀具通过裁剪区通常会产生抬刀动作,以避免某些干涉,轨迹裁剪如图 7-47 所示。

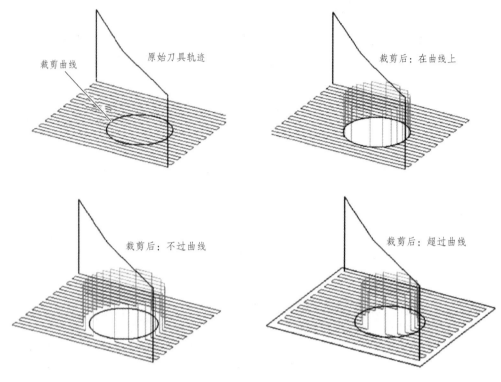

图 7-47　轨迹裁剪

（2）刀位反向：反转生成的二轴和三轴刀具轨迹中刀具的走向，以实现加工中顺逆铣的互换，如图 7-48 所示。

图 7-48　轨迹反向

编程时，由于刀具轨迹的方向与拾取曲面轮廓的方向、岛的方向以及加工时的进给方向等都有很大的关系，常有生成的刀具轨迹在实际加工过程中方向不合理的现象，利用"轨迹反向"功能，可以方便地实现刀位的反向。不过，刀具反向会导致进刀点的变化，编程时应引起重视。系统默认情况下，刀具进刀是粉红色，退刀是红色。轨迹反向后两线颜色互换，也就是进刀点与退刀点互换。

（3）插入刀位：在三轴刀具轨迹中某刀位点插入刀位点，如图 7-49 所示。选择插入刀位点后，系统提示的"拾取点"是新插入刀位点的参考点。对要插入刀位点的地方，要注意保证插入的刀位点不能发生过切。

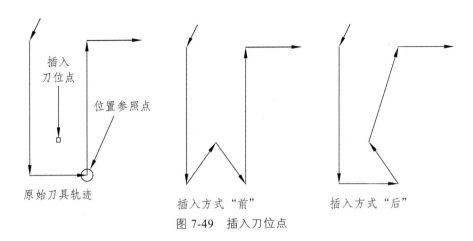

图 7-49　插入刀位点

（4）删除刀位：即把所选的刀位点删除掉，并改动相应的刀具轨迹。删除刀位点后改动的刀具轨迹有两种选择，一种是抬刀，另一种是直接连接，如图 7-50 所示。

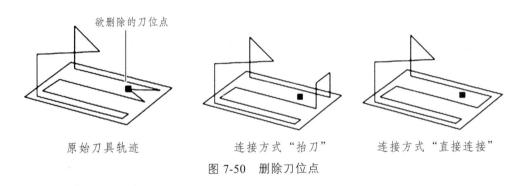

图 7-50　删除刀位点

（5）清除刀位：清除刀具轨迹中的抬刀点。它有两种选择，一是全部删除，二是指定删除，如图 7-51 所示。

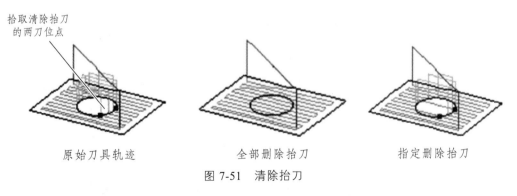

图 7-51　清除抬刀

（6）轨迹打断：在被拾取的刀位点处把刀具轨迹分为两个独立部分，称为轨迹打断。首先拾取刀具轨迹，然后再拾取轨迹要被打断的刀位点，结果由一条轨迹变成两条独立轨迹，刀具起点未变，但进刀点和退刀点有变化，如图 7-52 所示。

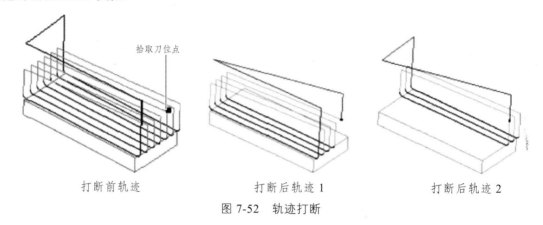

打断前轨迹　　　　　　　打断后轨迹 1　　　　　　　打断后轨迹 2

图 7-52　轨迹打断

（7）轨迹连接：将多段独立的两轴或三轴刀具轨迹连在一起。按照提示要拾取刀具轨迹。轨迹连接的方式有两种选择，如图 7-53 所示。

两条独立轨迹　　　　　　　直接连接　　　　　　　抬刀连接

图 7-53　轨迹连接

直接连接：第一条刀具轨迹结束后，不抬刀就和第二条刀具轨迹的相近轨迹连接，其余的刀具轨迹不发生变化。因为不抬刀，很容易发生过切。

抬刀连接：第一条刀具轨迹结束后，首先抬刀，然后再和第二条刀具轨迹的相近轨迹连接，其余的刀具轨迹不发生变化。

轨迹连接的前提条件是：

① 所有轨迹使用的刀具必须相同；

② 两轴与三轴轨迹不能互相连接；

③ 被连轨迹的安全高度应该一致，如果前一个刀具轨迹的抬刀高度低于后一个刀具轨迹的安全高度时，可能发生刀具与工件的碰撞。

（8）两点间抬刀（见图 7-54）：拾取三轴加工刀具轨迹连的两点，则这两点间的所有点均抬刀处理，即刀具在这两点间不切削而作快速移动。两点间抬刀的高度以安全高度为基准。

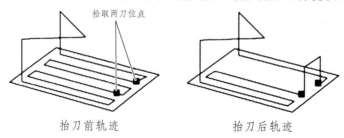

抬刀前轨迹　　　　　　　　抬刀后轨迹

图 7-54　两刀位点间抬刀

## 3．刀位轨迹的验证

目前，刀具轨迹验证的方法较多，常见的有显示法验证、截面法验证、数值验证和加工过程仿真验证 4 种方法。

显示验证就是将生成的刀位轨迹、加工表面与约束面及刀具在计算机屏幕上显示出来，以便编程员判断所生成刀具轨迹的正确性与合理性。

截面法验证就是先构造一个截面，然后求该截面与待验证的刀位点上刀具外形表面、加工表面及其约束面的交线，构成一幅截面图在计算机屏幕上显示出来，从而判断所选择的刀具是否合理，检查刀具与约束面是否发生干涉与碰撞，加工过程是否存在过切。

距离验证是一种定量验证方法。它通过不断计算刀具表面和加工表面及约束面之间的距离，来判断是否发生过切与干涉。

## 4．加工轨迹仿真

加工过程动态仿真验证是通过在计算机屏幕上模仿加工过程来进行验证的。随着虚拟现实技术的引入和刀具、零件、夹具和机床模型的完善（特别是力学及材料模型的建立与完善），加工过程动态仿真将更加逼真、准确。

选择仿真命令或单击加工仿真图标按钮后系统进入加工仿真过程演示状态。如图 7-55 所示，图中播放器控制栏中的按钮主要控制演示速度、进辍停状态、切削阶段控制、干涉信息选择；显示方式选择栏中的按钮可以对刀具、夹具、毛坯显示方式，轨迹和毛坯尺寸设定，信息显示等多种演播方式进行切换；仿真轨迹列表区内的每条轨迹可以单独操作（选择轨迹后右击即可），如进行计算或暂停等；加工信息显示区是和轨迹动画播放同步的，实时显示位置、抬刀、插补步数等加工信息；交互界面的左上角和右下角还可分别用色谱显示层降高度和加工模型与毛坯模型对比，通过模型对比可以看出过切和少切的部位。

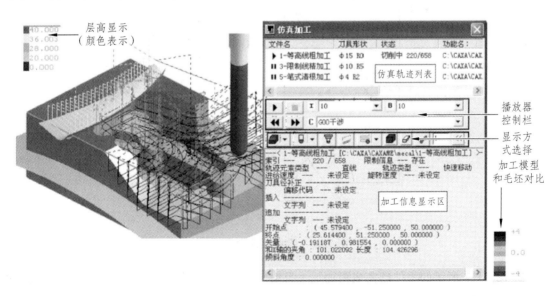

图 7-55　仿真演示用户操作界面

## 本章小结

本章主要内容是自动编程的原理与应用。它系统性地阐述了 CAM 原理，着重介绍工艺参数设置及与轨迹生成有关的基本知识。通过本章学习了运用 CAM 软件进行零件的加工轨迹生成、编辑、仿真、刀具库设置、后置处理等操作，学习者能根据零件的不同，选择相应的加工方法，生成合适的加工轨迹和合理的加工参数。

## 思考与练习题

**本章练习（自测）**

1. 说明安全高度、起止高度、慢速下刀高度这三者的关系是什么？
2. 分析导动加工的优点有哪些？
3. 单向和往复铣削的区别是什么？选择原则是什么？
4. 简述用 CAXA 制造工程师编程的一般流程。
5. 简述 CAXA 后置处理的功能与加工代码生成的过程。
6. 采用实体曲面混合造型方法，完成图 7-56 所示的零件的实体或曲面造型，并选用合适的加工方法对沟槽曲面部分加工生成 CAM 加工轨迹（不分粗精加工）。

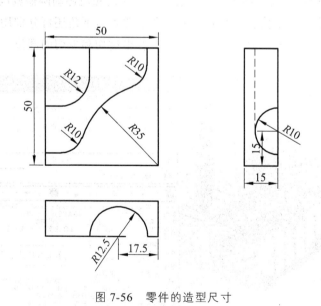

图 7-56 零件的造型尺寸

7. 图 7-57 所示的零件已完成粗加工（目前留有 0.2 mm 余量），请完成柱面 A，平面 B 和 C 三个面的精加工轨迹。

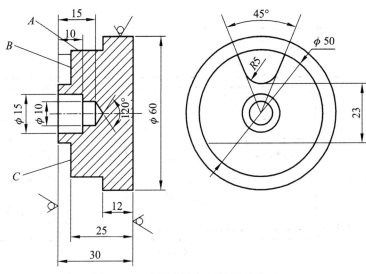

图 7-57　已完成粗加工的零件尺寸

8. 根据图 7-58 所示的数据，完成下列圆柱凸轮的实体造型，并生成 3～4 种曲面的加工轨迹，通过加工仿真来检查并修改轨迹，并分析轨迹的加工合理性。（提示：先构建空间基圆曲线，然后用扫描面裁剪实体）

9. 应用平面区域加工和平面轮廓加工功能，加工如图 7-59 所示的零件，毛坯尺寸为 $80 \times 100 \times 35$，右图为槽深及拔模斜度示意图。

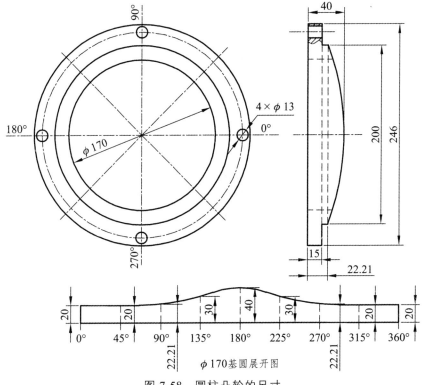

$\phi 170$ 基圆展开图

图 7-58　圆柱凸轮的尺寸

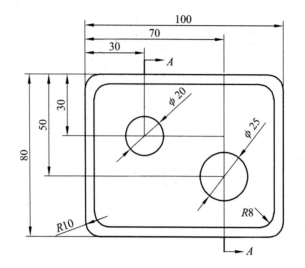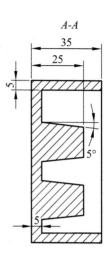

图 7-59　零件图

# 第8章　机床操作

数控铣床/加工中心经常进行钻孔、扩孔、铰孔、镗孔、攻丝等孔系加工，以及铣平面、斜面、轮廓、槽、曲面等多工序复合加工，加工操作内容主要包括工具系统（刀具、夹具、量具）的使用，数控装置操作面板的使用，机床本体的操作。其中刀具/刀柄的使用和带 CRT 操作面板的使用是核心技能。

## 8.1　机床操作安全与故障诊断

由于数控机床属于机电一体化的高技术金属加工设备，在设备组成和结构上比普通机床要复杂得多，一旦出现操作事故，引起的损失很大。故操作者必须严格按照操作规程操作，才能保证机床正常运行。操作机床前，必须了解加工零件的要求、工艺路线、机床特性后，方可操作机床完成各项加工任务。另外还需要在机床空闲时对机床进行必要的维护和保养。为了保证正确合理地使用数控机床，保证数控机床的正确运转，必须制定比较完整的数控机床操作规程。

### 8.1.1　机床操作安全与保养

数控铣床及加工中心的安全操作规程是企业对数控机床及加工中心生产操作时的行为规范，是进行安全操作的重要保证和安全教育的重要内容。数控机床的维护保养是延长机床使用寿命及机械部件的磨损周期，掌握机床的日常维护保养知识，防止工作中意外恶性事故的发生，达到提高机床工作效率目的。

1. 数控车间安全规定

数控车间安全规定

2. 数控机床及加工中心的安全操作规程

数控机床安全操作规程

### 3. 数控机床的维护保养

**数控机床的维护保养**

## 8.1.2 机床常见安全故障诊断

### 1. 故障诊断的方法

对于数控机床发生的大多数故障，总体上说可采用下述几种方法来进行故障诊断。

（1）直观法。

（2）系统自诊断法。充分利用数控系统的自诊断功能，根据 CRT 上显示的报警信息及各模块上的发光二极管等器件的指示，可判断出故障的大致起因。进一步利用系统的自诊断功能，还能显示系统与各部分之间的接口信号状态，找出故障的大致部位。它是故障诊断过程中最常用、有效的方法之一。

（3）参数检查法。

（4）功能测试法。

（5）部件交换法。所谓部件交换法，就是在故障范围大致确认，并在确认外部条件完全正确的情况下，利用同样的印制电路板、模块、集成电路芯片或元器件替换有疑点的部分的方法。部件交换法是一种简单，易行、可靠的方法，也是维修过程中最常用的故障判别方法之一。这些操作步骤应严格按照系统的操作说明书、维修说明书进行。

（6）测量比较法。

（7）原理分析法。

各种检查方法各有特点，维修人员可以根据不同的故障现象加以灵活应用，以便对故障进行综合分析，逐步缩小故障范围，排除故障。总结起来就是"问""看""听""摸" 4 个字。

在检测故障过程中还应掌握以下原则：

（1）先外部后内部。数控机床的检修要求维修人员掌握先外部后内部的原则，即当数控机床发生故障后，维修人员应先用望、听、闻等方法，由外向内逐一进行检查。

（2）先机械后电气。先机械后电气就是在数控机床的维修中，首先检查机械部分是否正常，行程开关是否灵活，气动液压部分是否正常等。在故障检修之前，首先注意排除机械的故障。

（3）先静后动。维修人员本身要做到先静后动，不可盲目动手，应先询问机床操作人员故障发生的过程及状态，阅读机床说明书及图纸资料，进行分析后，才可动手查找和处理故障。

（4）先公用后专用。只有先解决影响一大片的主要矛盾，局部的、次要的矛盾才可迎刃而解。

（5）先简单后复杂。应首先解决容易的问题，后解决难度较大的问题，常常在解决简单故障过程中，难度大的问题也可变得容易，或者在排除简易故障时受到启发，对复杂的故障的认识更为清晰，从而也有了解决办法。

（6）先一般后特殊。在排除某一故障时，要首先考虑最常见的可能原因，然后再分析很少发生的特殊原因。

## 2. 故障形式

（1）进给伺服的故障形式。

当进给伺服系统出现故障时，通常有 3 种表现形式：一是在 CRT 或操作面板上显示报警内容或报警信息；二是进给伺服驱动单元上用报警灯或数码管显示驱动单元的故障；三是运动不正常，但无任何报警。进给伺服的常见故障有以下几种。

① 超程：超程分软件超程、硬件超程和急停保护 3 种。

② 过载：当进给运动的负载过大、频繁地正反向运动以及进给传动润滑状态和过载检测电路时不良时，都会引起过载报警。

③ 窜动：在进给时出现窜动现象一般是由于测速信号不稳定，速度控制信号不稳定或受到干扰，接线端子接触不良，反响间隙或伺服系统增益过大所致。

④ 爬行：发生在起动加速段或低速进给时，一般是由于进给传动链的润滑状态不良、伺服系统增益过低以及外加负载过大等因素所致。

⑤ 振动：应分析机床振动周期是否与进给速度有关。

⑥ 伺服电机不转：数控系统至进给单元除了速度控制信号外，还有使能控制信号，使能信号是进给动作的前提。

⑦ 位置误差：当伺服运动超过允许的误差范围时，数控系统就会产生位置误差过大报警，包括跟随误差、轮廓误差和定位误差等。主要原因有系统设定的允差范围过小，伺服系统增益设置不当，位置检测装置有污染，进给传动链累积误差过大，主轴箱垂直运动时平衡装置不稳。

⑧ 漂移：当指令为零时，坐标轴仍在移动，从而造成误差。可通过漂移补偿或驱动单元上的零位调整来消除。

⑨ 回基准点故障：机床不能返回基准点，一般有 3 种情况：偏离基准点一个栅格距离、偏离基准点任意位置、微小偏移。一般情况是：基准点用的接近开关的位置不当、外界干扰、电缆连接器接触不良或电缆损坏等原因造成的。

（2）软件故障诊断与维修。

数控系统软件由管理软件和控制软件组成。管理软件包括 I／O 处理软件、显示软件、诊断软件等。控制软件包括译码软件、刀具补偿软件、速度处理软件、插补计算软件、位置控制软件等。

软件故障一般由软件中文件的变化或丢失而造成。机床软件一般存储在 RAM 中，软件故障可能形成的原因如下：

① 误操作：在调试用户程序或者修改参数时，操作者删除或更改了软件内容，从而造成了软件故障。

② 供电电池电压不足：为 RAM 供电的电池或电池电路短路或断路、接触不良等都会造成 RAM 得不到维持电压，从而使系统丢失软件及参数。

③ 干扰信号：有时电源的波动或干扰脉冲会窜入数控系统总线，引起时序错误或使数控装置停止运行。

④ 软件死循环：运行比较复杂程序或进行大量计算时，有时会造成系统死循环，引起系统中断，造成软件故障。

⑤ 系统内存不足：在系统进行大量计算时，或者是误操作，引起系统的内存不足，从而引起系统的死机。

⑥ 软件的溢出：调试程序时，调试者修改参数不合理，或进行了大量错误的操作，引起了软件的溢出。

（3）与 PLC 有关的故障特点。

① 与 PLC 有关的故障首先要确认 PLC 的运行状态，判断是自动运行方式还是停止方式。

② 在 PLC 正常运行情况下，分析与 PLC 相关的故障时，应先定位不正常的输出结果，定位了不正常的结果，即故障查找的开始。

③ 大多数有关 PLC 的故障是外围接口信号故障，所以在维修时，只要 PLV 有些部分控制的动作正常，都不应该怀疑 PLC 程序。如果通过诊断确认运算程序有输出，而 PLC 的物理接口没有输出，则为硬件接口电路故障。

④ 硬件故障多于软件故障。例如，当程序执行 M07（冷却液开），而机床无此动作，大多是由于外部信号的问题或执行元件的故障，而不是 CNC 与 PLC 接口信号的故障。另外还有主轴单元的故障，主要现象是：主轴不转，电动机转速异常或转速不稳定，主轴转速与进给不匹配，主轴异常噪声或振动，主轴定位抖动。

## 8.2  机床加工操作

以 FANUC-0M 系统操作面板为对象，学习镗铣加工操作工作过程，如图 8-1 所示。

图 8-1  操作机床

### 8.2.1  数控机床的一般操作方法

#### 1. 数控铣床的控制面板

数控铣床配置的数控系统不同，其操作面板的形式也不相同，但其各种开关、按键的功能及操作方法大同小异。

FANUC 系统的操作面板如图 8-2 所示。

数控铣床的操作主要通过操作面板来进行。一般数控铣床的操作面板由显示屏、手动数据输入、机床操作等 3 部分组成。

（1）显示屏主要用来显示相关的坐标位置、程序、图形、参数、诊断、报警等信息。

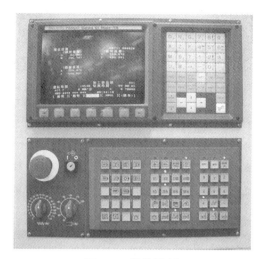

图 8-2  操作面板

（2）手动数据输入部分主要包括字母键和数值键以及功能按键等，可以进行程序、参数以及机床指令的输入。

（3）机床操作面板主要进行机床调整、机床运动控制、机床动作控制等，一般有急停、模式选择、轴向选择、切削进给速度调整、快速进给速度调整、主轴的起停、程序调试功能及其他 M、S、T 功能等。

### 2. 开/关机操作

（1）开机。

打开外部电源开关，启动机床电源，将操作面板上的紧急停止按钮右旋弹起，按下操作面板上的电源开关，若开机成功，显示屏显示正常，无报警。

视频：机床操作—
操作面板详细介绍

（2）机床回原点。

机床只有在回原点之后，自动方式和 MDI 方式才有效，未回原点之前只能手动操作。一般在以下情况需要进行回原点操作，以建立正确的机床坐标系：

① 开机后。

② 机床断电后再次接通数控系统电源。

③ 超过行程报警解除以后。

④ 紧急停止按钮按下后。

回零的操作方法：

① 将功能键置于手动回零模式。

② 调整适当快速进给速度。

③ 先将 $Z$ 轴回零，然后 $X$ 或 $Y$ 轴回零，最后是回转坐标回零，即按 $+Z$、$+X$、$+Y$、$+A$ 的顺序操作。

④ 当坐标零点指示灯亮时，表示回零操作成功，此时坐标显示中的机械坐标均为零。

（3）关机。

关机顺序和开机顺序相反。

视频：机床操作-开机　　　　　　视频：机床操作-关机

### 3. 数控铣床坐标轴运动的手动操作

手动操作一般有微调操作和快进（点动）两种方式。微调操作通过手动脉冲发生器进行，主要用于微量而精确地调整机床位置，如对刀时调整刀具位置。快进操作则是用快速进给速度移动机床，到达所需的位置。快进操作应选择适当的速度，保证运动方向正确。

（1）微调操作方法。

① 进入微调操作模式，再选择移动量和要移动的坐标轴。

② 按正确的方向摇动手动脉冲发生器手轮。

③ 根据坐标显示确定是否达到目标位置。

（2）快进操作方法。

① 进入快速移动操作模式，再选择进给速度。

② 确定要移动的坐标轴和方向。

③ 按正确的坐标方向键。

视频：机床操作-
JOG手动操作

### 4. 程序编辑

数控铣床都具有手工输入程序和通过 RS-232 接口将手工或 CAM 编程生成的程序传送到机床的功能。当机床的存储空间大于程序大小时，可以传输后调出程序执行；当机床的存储空间小于程序大小时，应采用在线加工方式，可以分段传输。

（1）程序的输入。

在编辑模式状态，按功能键的"程序"，使显示屏显示程序画面，使用键盘中的插入键或输入键就可输入程序。

（2）程序的修改。

在编辑状态下，使用插入、更改和删除按键来修改程序。

（3）程序的调出。

一般在编辑模式下，输入程序名，按光标移动键即可调出程序。

（4）程序的删除。

在编辑状态下，输入程序名，按删除键。

（5）程序的存储。

在程序编辑状态下，输入程序存储名称，在传送软件的传输状态下，设定好端口、代码标准、波特率及其他参数后，找到所要传送的程序后确认。

（6）在线加工。

首先将数控铣床设置成"在线加工"状态，在自动运行模式下，按加工开始键，在传送软件的传输状态下，设定好端口、代码标准、波特率及其他参数后，找到所要传送的程序后确认。

视频：机床操作-
程序编辑及运行

### 6. 程序的调试

程序的调试就是在数控铣床上运行该程序，根据机床的实际运动位置、动作以及机床的报警等来检查程序是否正确。一般可以采用两种：

（1）利用机床的程序预演功能。

程序输入完以后，把机械运动、主轴运动以及 M、S、T 等辅助功能锁定，在自动循环模式下让数控铣床静态地执行程序，通过观察机床坐标位置数据和报警显示判断程序是否有语法、格式或数据错误。

（2）抬刀运行程序。

向 +Z 方向平移工件坐标系，在自动循环模式下运行程序，通过图形显示的刀具运动轨迹和坐标数据等判断程序是否正确。

### 7. 对刀操作

对刀操作目的是确定工件坐标系在机床坐标系中的位置，并将对刀数据输入到相应的存储位置，步骤如下：

（1）根据现有条件和加工精度要求选择对刀方法。可采用试切法、机内对刀仪对刀、寻边器对刀、自动对刀等。

（2）使用刀具或对刀工具确定 X、Y 和 Z 方向的对刀数据。

（3）将以上数据输入机床，一般使用 G54~G59 代码存储对刀参数。

视频：机床操作-
对刀

### 8. 刀具补偿值的输入和修改

（1）刀具长度补偿。

将程序中所使用的刀具长度补偿号和通过对刀确定的刀具长度补偿值，输入到刀具补偿页面相应的补偿地址中。

（2）刀具半径补偿。

将程序中所使用的刀具半径补偿号和刀具半径值，输入到刀具补偿页面相应的补偿地址中。

### 9. 首件试切加工

在通过程序试运行检查了程序没有错误后，可以进行工件的试切加工。在实际加工状态中应进一步检查工艺和程序设计的正确性和合理性，一般可采用两种方法。

（1）沿 +Z 在方向平移工件坐标系 2~5 mm，执行程序，观察刀具的运动轨迹和机床动作，通过坐标轴剩余移动量判断程序及参数设置是否正确，同时检验刀具与工装、工件是否有干涉。

（2）将工件坐标系平移回原位，执行程序，同时适当减小进给速度，观察加工状态，随时注意中断加工，直到加工完毕。在程序运行中，要重点观察显示屏上的几种显示信息。

① 坐标显示：可了解目前刀具运动在机床坐标系及工件坐标系中的位置和剩余移动量。

② 工作寄存器和缓冲寄存器显示：可了解正在执行程序段各状态指令和下一段程序的内容。

③ 主程序和子程序：可了解正在执行程序段的内容。

首件加工后进行检验，如果有不合格的部位要查明原因，修改后再进行试加工，直至符合加工要求。当工件加工有一定批量，在经过首件试加工后，确认加工工艺、刀具轨迹、加工程序、工装、刀具、加工参数正确无误后，就可以在自动加工模式下，按循环启动键对工件进行加工。若是模具零件等单件加工，首件试加工就是正式加工，应通过多种措施保证加工成功。

## 8.2.2 数控铣床操作过程实例

### 1. 加工要求

加工如图 8-3 所示零件。零件材料为 LY12，单件生产。零件毛坯已加工到尺寸。选用设备：XK714B 数控铣床。

### 2. 准备工作

加工以前完成相关准备工作，包括工艺分析及工艺路线设计、刀具及夹具的选择、程序编制等。

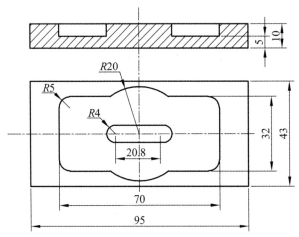

图 8-3 加工零件图

### 3. 操作步骤及内容

（1）开机，各坐标轴手动回机床原点。

（2）刀具安装。

根据加工要求选择 $\phi 10$ 高速钢立铣刀，用弹簧夹头刀柄装夹后将其装上主轴。

视频：机床操作-
安装刀具

（3）清洁工作台，安装夹具和工件。

将平口虎钳清理干净装在干净的工作台上，通过百分表找正、找平虎钳，再将工件装正在虎钳上。

（4）对刀设定工件坐标系。

① 用寻边器对刀，确定 X、Y 向的零偏值，将 X、Y 向的零偏值输入到工件坐标系 G54 中；

② 将加工所用刀具装上主轴，再将 $Z$ 轴设定器安放在工件的上表面上，确定 $Z$ 向的零偏值，输入到工件坐标系 G54 中。

（5）设置刀具补偿值。

将刀具半径补偿值 5 输入到刀具补偿地址 D01。

（6）输入加工程序。

将计算机生成好的加工程序通过数据线传输到机床数控系统的内存中。

（7）调试加工程序。

把工件坐标系的 $Z$ 值沿 + $Z$ 向平移 100 mm，按下数控启动键，适当降低进给速度，检查刀具运动是否正确。

（8）自动加工。

把工件坐标系的 $Z$ 值恢复原值，将进给倍率开关打到低档，按下数控启动键运行程序，开始加工，机床加工时，适当调整主轴转速和进给速度，并注意监控加工状态，保证加工正常。

（9）取下工件，用游标卡尺进行尺寸检测。

（10）清理加工现场。

（11）关机。

### 8.2.3　刀柄的用法

刀柄的用法

### 8.2.4　对刀及定位装置

对刀及定位装置

### 8.2.5　加工中心换刀

加工中心上的自动换刀装置由刀库和刀具交换装置组成，用于交换主轴与刀库中的刀具或工具。

#### 1. 对自动换刀装置的要求

（1）刀库容量适当。

（2）换刀时间短。

（3）换刀空间小。

（4）动作可靠、使用稳定。

（5）刀具重复定位精度高。

（6）刀具识别准确。

## 2. 刀库类型

一般有盘式、链式及鼓轮式刀库几种。

盘式刀库：刀具呈环行排列，空间利用率低，容量不大但结构简单，如图 8-4 所示。

链式刀库：结构紧凑，容量大，链环的形状也可随机床布局制成各种形式而灵活多变，还可将换刀位突出以便于换刀，应用较为广泛，如图 8-5 所示。

图 8-4　盘式刀库　　　　　　　　　　　　图 8-5　链式刀库

鼓轮式或格子式刀库：占地小，结构紧凑，容量大，但选刀、取刀动作复杂，多用于 FMS 的集中供刀系统，如图 8-6 所示。

## 3. 换刀方式

加工中心的换刀方式一般有两种：机械手换刀和主轴换刀。

（1）机械手换刀。

由刀库选刀，再由机械手完成换刀动作，这是加工中心普遍采用的形式。机床结构不同，机械手的形式及动作均不一样。

（2）主轴换刀。

通过刀库和主轴箱的配合动作来完成换刀，适用于刀库中刀具位置与主轴上刀具位置一致的情况。

图 8-6　鼓轮式刀库

视频：机床操作-换刀

#### 4. 刀具识别方法

加工中心刀库中有多把刀具，如何从刀库中调出所需刀具，就必须对刀具进行识别，刀具识别的方法有两种：刀座编码和刀柄编码，如图 8-7 和图 8-8 所示。

图 8-7　刀座编码

识别码块

识别传感器

图 8-8　刀柄编码

在刀柄上编有号码，将刀具号首先与刀柄号对应起来，把刀具装在刀柄上，再装入刀库，在刀库上有刀柄感应器，当需要的刀具从刀库中转到装有感应器的位置时，被感应到后，从刀库中调出交换到主轴上。

#### 5. 换刀程序

（1）有机械手的自动换刀程序。

有机械手的自动换刀程序，根据选刀的时间不同，其自动换刀程序的编制，一般有两种方法。

方法一：

G91 G28　Z0.　T02 ；

M06 ；

说明：一把刀具加工结束，主轴返回机床原点后准停，然后刀库旋转，将需要更换的刀具停在换刀位置，接着进行换刀，再开始加工。选刀和换刀先后进行，机床有一定的等待时间。

方法二：

G01　X_　Y_　Z_ T02 ；

…

G91　G28 Z0. M06 ；

G01　X_　Y_　Z_ T03 ；

说明：这种方法的找刀时间和机床的切削时间重合，当主轴返回换刀点后立即换刀，因此，整个换刀过程所用的时间比第一种要短一些。在单机作业时，可以不考虑这两种换刀方法的区别，而在柔性生产线上则有实际的应用。

（2）无机械手的自动换刀程序。

无机械手换刀，是由刀库和机床主轴的相对运动实现的刀具交换。换刀时，必须首先将用过的刀具送回刀库，然后再从刀库中取出新刀具，这两个动作不可能同时进行，因此换刀时间长，其具体程序编制如下：

G91　G28 Z0 ；

T02　M06 ；

…

G91　G28 Z0.；

T05 M06 ；

说明：无机械手的自动换刀，选刀和换刀指令通常放在一个程序段中，它必须先换回主轴中的刀具，然后再调用要用的刀具。由于它的机械结构所限，提前选刀没有意义。另外，有的加工中心，不必定义 G91 G28 Z0 程序段，只要遇到 T2 M06 程序段，系统自动返回换刀位置进行换刀。

### 8.2.6　加工要素的测量

加工要素的测量

### 8.2.7　数控加工仿真

数控加工仿真

## 本章小结

通过本章学习，应该熟悉数控机床的操作规程，掌握数控机床加工操作的基本方法，对数控机床的故障现象和简单的诊断方法有一定的了解。数控机床控制面板及功能的掌握，数控刀柄的正确使用，尤其熟练掌握数控对刀，是操作机床的基本要求。通过本章学习，应该与数控实践环节结合起来，达到能运用数控铣床操作加工出合格零件的能力。

## 思考与练习题

本章练习（自测）

1. 控制面板上方式开关所控制的增量进给（步进给）和手动连续进给（点动）有什么区别？

2. 面板上的"进给保持"按键有什么用处？它和程序指令中的 M00 在应用上有什么区别？

3. 急停按钮有什么用处？急停后重新启动时，是否能马上投入持续加工状态？一般应进行些什么样的操作处理？

4. 什么叫 MDI 操作？用 MDI 操作方式能否进行切削加工？

5. 铣凹模（见图 8-9），毛坯料尺寸为（$100 \pm 0.07$）×（$100 \pm 0.07$）×（$20 \pm 0.065$），材料为 45 钢。

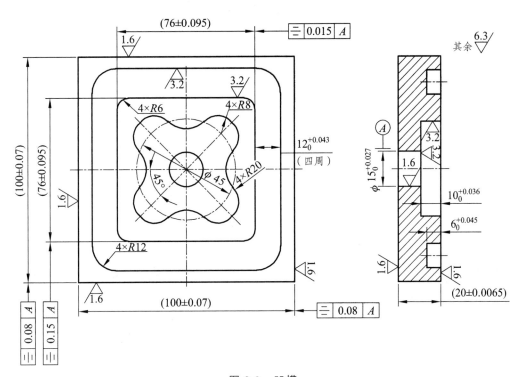

图 8-9　凹模

# 参考文献

[ 1 ]　杨伟群，宋放之.数控工艺培训教程[M].2 版.北京：清华大学出版社，2008.

[ 2 ]　胡占齐.机床数控技术[M].3 版.北京：机械工业出版社，2014.

[ 3 ]　董玉红.数控技术[M].3 版.北京：高等教育出版社，2007.

[ 4 ]　李斌，李曦.数控技术[M].武汉：华中科技大学出版社，2010.

[ 5 ]　朱晓春.数控技术[M].2 版.北京：机械工业出版社，2011.

[ 6 ]　严育和.数控技术[M].修订版.北京：清华大学出版社，2012.

[ 7 ]　蒲志新.数控技术[M].北京：北京理工大学出版社，2014.

[ 8 ]　马志诚.数控技术[M].北京：北京理工大学出版社，2012.

[ 9 ]　吴海华.数控技术[M].北京：中国电子出版社，2007.

[10]　刘玲.数控技术[M].北京：化学工业出版社，2014.

[11]　廖效果，杨叔子等.数控技术及装备[M].3 版.武汉：华中科技大学出版社，2011.

[12]　任同，马有良.数控加工工艺学[M].西安：西安电子科技大学出版社，2008.

[13]　刘荣忠.数控技术[M].成都：成都科技大学出版社，1998.

[14]　张建钢.数控技术[M].武汉：华中科技大学出版社，2000.

[15]　毕疏杰.机床数控技术[M].北京：机械工业出版社，1996.

# 附　录

附录 1：远程实验简介

附录 2：虚拟仿真实验简介

附录 3：自学考试真题模拟

附录 4：综合测试

视频：数控机床远程实验平台操作讲解

视频：数控机床远程加工实验讲解

视频：虚拟仿真加工讲解